国防科技工业无损检测人员资格鉴定与认证培训教材

涡 流 检 测

《国防科技工业无损检测人员资格鉴定与认证培训教材》编审委员会 编

主 编 徐可北 周俊华

主 审 任吉林

机械工业出版社

本书是涡流检测人员资格鉴定与认证培训教材。它系统全面地阐述了涡流检测的物理基础、检测方法、检测装置、相关标准、具体应用实践、涡流检测规程与检测工艺卡等知识。

本教材以Ⅱ级人员培训内容为主，涵盖了Ⅲ级人员的教学内容，因此适用于Ⅱ级和Ⅲ级人员的培训教学。亦可供从事涡流检测工作的技术人员和大专院校相关专业师生参考。

图书在版编目（CIP）数据

涡流检测/《国防科技工业无损检测人员资格鉴定与认证培训教材》编审委员会编 . —北京：机械工业出版社，2004.7（2025.6 重印）

国防科技工业无损检测人员资格鉴定与认证培训教材

ISBN 978-7-111-14602-5

Ⅰ．涡… Ⅱ．国… Ⅲ．涡流检验—技术培训—教材 Ⅳ．TG115.28

中国版本图书馆 CIP 数据核字（2004）第 052593 号

机械工业出版社（北京市百万庄大街 22 号　邮政编码 100037）
责任编辑：武　江　吕德齐
封面设计：鞠　杨　　责任印制：张　博
固安县铭成印刷有限公司印刷
2025 年 6 月第 1 版第 23 次印刷
184mm×260mm・12.25 印张・274 千字
标准书号：ISBN 978-7-111-14602-5
定价：39.00 元

封底无防伪标均为盗版

电话服务　　　　　　　　网络服务
客服电话：010-88361066　　机 工 官 网：www.cmpbook.com
　　　　　010-88379833　　机 工 官 博：weibo.com/cmp1952
　　　　　010-68326294　　金　书　网：www.golden-book.com
　　　　　　　　　　　　　机工教育服务网：www.cmpedu.com

编审委员会

主　任：马恒儒

副主任：陶春虎、郑鹏

成　员：（以姓氏笔画为序）

王自明　王任达　王跃辉　史亦韦　叶云长　叶代平　付　洋
任学冬　吴东流　吴孝俭　何双起　苏李广　杨明纬　林猷文
郑世才　徐可北　钱其林　郭广平　章引平

审定委员会

主　任：吴伟仁

副主任：徐思伟、耿荣生

成　员：（以姓氏笔画为序）

于　岗　王海岭　王晓雷　王　琳　史正乐　任吉林　朱宏斌
朱春元　孙殿寿　刘战捷　吕　杰　花家宏　宋志哲　张京麒
张　鹏　李劲松　李荣生　庞海涛　范岳明　赵起良　柯　松
宫润理　徐国珍　徐春广　倪培君　贾慧明　景文信

编委会办公室

主　任：郭广平

成　员：（以姓氏笔画为序）

任学冬　朱军辉　李劲松　苏李广　徐可北　钱其林

序　言

无损检测技术是产品质量控制中不可缺少的基础技术，随着产品复杂程度增加和对安全性保证的严格要求，无损检测技术在产品质量控制中发挥着越来越重要的作用，已成为保证军工产品质量的有力手段。无损检测应用的正确性和有效性一方面取决于所采用的技术和设备的水平，另一方面在很大程度上取决于无损检测人员的经验和能力。无损检测人员的资格鉴定是指对报考人员正确履行特定级别无损检测任务所需知识、技能、培训和实践经历所作的验证；认证则是对报考人员能胜任某种无损检测方法的某一级别资格的批准并作出书面证明的程序。对无损检测人员进行资格鉴定是国际通行做法。美国、欧洲等发达国家都建立了有关无损检测人员资格鉴定与认证标准，国际标准化组织1992年5月制定了国际标准ISO 9712，规定了人员取得级别资格与所能从事工作的对应关系，通过人员资格鉴定与认证对其能力进行确认。无损检测人员资格鉴定与认证对确保产品质量的重要性日益突出。

改革开放以来，船舶、核、航天、航空、兵器、化工、煤炭、冶金、铁道等行业先后开展了无损检测人员资格鉴定与认证工作，对提高无损检测人员素质，确保产品质量发挥了重要作用。随着社会主义市场经济体制不断完善，国防科技工业管理体制改革逐步深化，技术进步日新月异，特别是高新技术武器装备科研生产对质量工作提出的新的更高要求，现有的无损检测人员资格鉴定与认证工作已经不能适应形势发展的要求。未来十年是国防科技工业实现跨越发展的重要时期，做好无损检测人员资格鉴定与认证工作对确保高新技术武器装备研制生产的质量具有极为重要的意义。

为进一步提高国防科技工业无损检测技术保障水平和能力，《国防科工委关于加强国防科技工业技术基础工作的若干意见》提出了要研究并建立与国际惯例接轨，适应新时期发展需要的国防科技工业合格评定制度。2002年国防科技工业无损检测人员的资格鉴定与认证工作全面启动，各项工作稳步推进，2002年9月正式颁布GJB 9712—2002《无损检测人员的资格鉴定与认证》；2003年8月出版了《国防科技工业无损检测人员资格鉴定与认证考试大纲》；2003年9月国防科工委批准成立国防科技工业无损检测人员资格鉴定与认证委员会，授权其统一管理和实施承担武器装备科研生产的无损检测人员资格鉴定与认证工作，标志着国防科技工业合格评定制度的建立开始迈出了重要的第一步。鉴于国内尚无一套能满足GJB 9712和《国防科技工业无损检测人员资格鉴定与认证考试大纲》要求的教材，为了做好国防科技工业无损检测人员资格鉴定与认证考核工作，国防科工委科技与质量司组织有关专家编写了这套国防科技工业无损检测人员资格鉴定与认证培训教材。

本套教材比较全面、系统地体现了GJB 9712—2002《无损检测人员的资格鉴定与认

序 言

证》和《国防科技工业无损检测人员资格鉴定与认证考试大纲》的要求，包括了对无损检测Ⅰ、Ⅱ、Ⅲ级人员的培训内容，以Ⅱ级要求内容为主体，注重体现Ⅲ级所要求的深度和广度，强调实际应用；同时教材体现了国防科技工业无损检测工作的特色，增加了典型应用实例、典型产品及事故案例的介绍，并力图反映无损检测专业技术发展的最新动态。全套教材共11册，包括《无损检测综合知识》、《涡流检测》、《渗透检测》、《磁粉检测》、《射线检测》、《超声检测》、《声发射检测》、《计算机层析成像检测》、《全息和散斑检测》、《泄漏检测》和《目视检测》。

由于无损检测技术涉及的基础科学知识及应用领域十分广泛，而且计算机、电子、信息等新技术在无损检测中的应用发展十分迅速，教材编写难度较大。加之成书比较仓促，难免存在疏漏和不足之处，恳请培训教师和学员以及读者不吝指正。愿本套教材能够为国防科技工业无损检测人员水平的提高和促进无损检测专业的发展起到积极的推动作用。

本套教材参考了国内同类教材和培训资料，编写过程中得到许多国内同行专家的指导和支持，谨此致谢。

《国防科技工业无损检测人员
资格鉴定与认证培训教材》编审委员会
2004年3月

前 言

根据《国防科技工业无损检测人员资格鉴定与认证培训教材》的编写要求，我们承担了《涡流检测》教材的编写，并贯彻以下编制原则：一是紧密围绕考试大纲，强调解决实际问题；二是突出体现国防科技工业无损检测工作特色，适当增加典型应用及案例的介绍；三是教材内容编排应按照基础理论、相关标准、编制检测规程和实验与操作四大部分安排章节。

本教材共 8 章。第 1、2、5 章由周俊华编写，第 3、4、6、7、8 章由徐可北编写，全书由徐可北统稿。

本教材主要特点：一是电磁场理论部分给出了一些基本的、必要的、也是重要的公式，为加深学员对公式的理解和提高应用理论知识解决实际问题的能力，在给出重要公式之后，再通过例题形式作进一步讲解，以求学员能够正确地掌握；二是"涡流检测技术的应用"一章紧密结合涡流检测技术在国防科技工业的实际应用，不仅包括了管棒材原材料涡流检测技术方面的内容，而且较多地增加了涡流检测技术的其他应用，如采用内穿过式线圈检测热交换器管道、采用放置式线圈检测非规则形状零件、电导率测量及覆盖层厚度测量等；三是以较大的篇幅介绍了国内外涡流检测标准和检测工艺规程（卡）编制方面的知识；四是在最后一章以实验课的形式安排了关于涡流检测原理、仪器性能测试及应用方面的实际操作练习，有利于学员对相关基础理论、基本概念的学习和对实际操作基本技能的掌握。

本教材目录中标有"*"号章节的内容仅适用于Ⅲ级涡流检测人员的培训与学习，Ⅱ级人员的培训在教学过程中可以舍弃。

本教材在编写过程中，参考了国内、外出版的一些专著、教材、手册、标准等文献，并直接摘录和选用了一些参考资料上的内容及图片，编写人对相关的作者表示衷心的感谢；教材初稿完成后，请任吉林、雷银照、贾慧明、马振亚、许万忠、伍颂、李劲松、肖春燕等多位涡流检测方面的专家进行了审查，他们都提出了很好的意见和建议。编写人员根据他们的意见和建议进行了修改和补充，在此表示诚挚的感谢。

由于编者水平有限，教材中的错误和疏漏在所难免，热诚欢迎培训教师、学员及其他读者提出宝贵意见。

《涡流检测》编写组
2004 年 3 月

目 录

编审委员会
序言
前言

第1章 涡流检测的物理基础 1
  1.1 涡流检测的发展背景 1
  1.2 涡流检测的特点 1
    1.2.1 涡流检测的优点 1
    1.2.2 涡流检测的缺点 2
  1.3 涡流检测的基础知识 2
    1.3.1 材料的导电性 2
    1.3.2 材料的磁特性 6
    1.3.3 正弦交流电 15
    1.3.4 阻抗及其矢量图 20
  复习题 20

第2章 涡流检测技术 21
  2.1 电磁感应及涡流 21
    2.1.1 电磁感应现象 21
    2.1.2 涡流及其集肤效应 23
  2.2 阻抗分析法 25
    2.2.1 线圈的阻抗和归一化阻抗 25
    2.2.2 有效磁导率和特征频率 27
    2.2.3 穿过式线圈的阻抗分析 30
    2.2.4 放置式线圈的阻抗分析 39
  复习题 44

第3章 涡流检测装置 45
  3.1 涡流检测线圈 45
    3.1.1 检测线圈的分类 45
    3.1.2 各类检测线圈的特点 47
    3.1.3 涡流信号的形成 48
  3.2 涡流检测仪器 49
    3.2.1 检测仪器的分类 49
    3.2.2 检测仪器的组成及各部分的作用 50
    3.2.3 检测信号的分析与处理技术 52
    3.2.4 智能化的涡流检测仪器 57
  3.3 涡流检测辅助装置及其使用 60
  3.4 标准试样与对比试样 62
  3.5 检测仪器（系统）的性能评价 68
  复习题 72

第4章 涡流检测技术的应用 73
  4.1 概述 73
  4.2 涡流探伤 73
    4.2.1 涡流探伤适用的典型缺陷及响应特点 76
    4.2.2 涡流探伤应用的分类 76
    4.2.3 管、棒材探伤 77
    4.2.4 热交换器管道探伤 81
    4.2.5 非规则形状材料和零件探伤 88
  4.3 电导率测量与材质分选 90
    4.3.1 非铁磁性金属电导率的涡流检测 91
    4.3.2 铁磁性材料的电磁分选 92
  4.4 覆盖层厚度测量 93
    4.4.1 非导电覆盖层厚度的涡流法测量 93
    4.4.2 非铁磁性覆盖层厚度的磁性法测量 97
  4.5 涡流检测技术在军工行业的典型应用与分析 98
    4.5.1 原材料的涡流探伤 98
    4.5.2 零件的涡流探伤 100
    4.5.3 核设施的涡流探伤 104
    4.5.4 铝合金材料电导率的涡流检测 107
    4.5.5 叶片热障涂层厚度的涡流检测 110

  复习题 …………………………………… 112

*第 5 章　电磁涡流检测新技术的发展
**　　　　与应用** ………………………… 114
  5.1　概述 …………………………………… 114
  5.2　远场涡流检测技术 …………………… 114
   5.2.1　远场涡流效应原理 ……………… 114
   5.2.2　远场涡流技术的特点 …………… 116
   5.2.3　远场涡流检测设备 ……………… 116
  5.3　电流扰动检测技术 …………………… 117
   5.3.1　电流扰动的方法原理 …………… 117
   5.3.2　电流扰动线圈 …………………… 117
   5.3.3　电流扰动设备 …………………… 119
   5.3.4　电流扰动法的应用 ……………… 119
  5.4　磁光涡流检测技术 …………………… 120
   5.4.1　基本原理 ………………………… 120
   5.4.2　磁光涡流检测的优点 …………… 121
   5.4.3　应用示例 ………………………… 122
  5.5　涡流阵列检测技术 …………………… 123
   5.5.1　涡流阵列检测的方法原理 ……… 123
   5.5.2　涡流阵列检测技术的优点
      及应用 …………………………… 124
  复习题 …………………………………… 126

第 6 章　涡流检测标准 ………………… 127
  6.1　涡流检测标准概述 …………………… 127
   6.1.1　标准的基本知识 ………………… 127
   6.1.2　国际、国外标准与国内标准
      的代号 …………………………… 128
   6.1.3　国内外涡流检测标准概况 ……… 129
  6.2　国内主要涡流检测标准 ……………… 131
   6.2.1　GJB 2908—1997《涡流
      检验方法》……………………… 131
   6.2.2　GB/T 4956—2003《磁性基体上
      非磁性覆盖层　覆盖层厚度
      测量　磁性法》………………… 133
   6.2.3　GB/T 4957—2003《非磁性基体上
      非导电覆盖层　覆盖层厚度
      测量　涡流法》………………… 135

   6.2.4　GB/T 12966—1991《铝合金电导
      率涡流测试方法》……………… 136
   6.2.5　GB/T 7735—2004《钢管涡流探
      伤检验方法》…………………… 139
   *6.2.6　GB/T 14480—1993《涡流探伤
      系统性能测试方法》…………… 140
  *6.3　国外相关标准 ………………………… 143
   6.3.1　美国军用标准（American Military
      Standards）……………………… 143
   6.3.2　美国材料试验学会（ASTM）
      主要相关标准 …………………… 146
  6.4　验收标准 ……………………………… 148
   6.4.1　GB/T 7735—2004《钢管涡流
      探伤检验方法》………………… 149
   6.4.2　GJB 2894—1997《铝合金电导率
      和硬度要求》…………………… 151
   6.4.3　BAC 5946U《铝合金状态检验》…153
   6.4.4　BSS 7351《涡流电导率检验——
      直接读数法》…………………… 154
  复习题 …………………………………… 156

第 7 章　涡流检测规程与检测工艺卡 …… 157
  7.1　概述 …………………………………… 157
   7.1.1　相关术语的定义与技术文件
      的层次划分 ……………………… 157
   7.1.2　检测规程与检测工艺卡的一般
      要求与区别 ……………………… 158
  7.2　典型涡流检测规程与检测工艺卡的
    编制与分析 …………………………… 159
   7.2.1　零件或结构的探伤 ……………… 160
   7.2.2　管棒材检测 ……………………… 164
   7.2.3　铝合金电导率测量规程与
      工艺卡 …………………………… 167
   7.2.4　覆盖层厚度的涡流测量 ………… 170
   7.2.5　飞机轮毂的检测 ………………… 171
  复习题 …………………………………… 171

第 8 章　涡流检测实验 ………………… 172
  8.1　基础实验 ……………………………… 172

目 录

实验一　涡流有效透入深度实验 ……… 172
实验二　边缘效应实验 ………………… 173
实验三　提离效应实验 ………………… 174
实验四　检测频率、相位与增益变化
　　　　对响应信号的影响 …………… 174
实验五　涡流仪器增益线性评价实验 … 175
8.2　涡流探伤实验 ………………………… 176
实验六　铝合金管材探伤实验 ………… 176
实验七　带铁磁性支撑板的铜合金
　　　　管探伤实验 ……………………… 177
实验八　典型零件探伤实验 …………… 177
8.3　电导率测试实验 ……………………… 178

实验九　铝合金棒材电导率测试实验 … 178
实验十　铝合金板材电导率测试实验 … 178
8.4　覆盖层厚度测量实验 ………………… 179
实验十一　钢板表面镀铬层厚度的
　　　　　测量实验 ………………………… 179
实验十二　铝合金表面漆层厚度的
　　　　　测量实验 ………………………… 180
实验十三　叶片热障涂层测量实验 …… 180
8.5　金属薄板厚度测量实验 ……………… 181
实验十四　铝合金薄板涡流测厚实验 … 181
复习题 …………………………………… 182

参考文献 ………………………………… 183

第1章 涡流检测的物理基础

1.1 涡流检测的发展背景

涡流现象的发现已经有近二百年的历史。早在1820年，Oersted（奥斯特）就发现当一个导体通有电流时，会产生环绕导体的磁场。同年，Ampere（安培）发现在靠近导体的区域通一同样大小方向相反的电流将会抵消该导体电流产生的磁场。1824年，Arago发现当一个摆动的磁针放置于一个无磁性导体盘附近时，磁针的摆动会迅速衰减下来，这就是第一个验证涡流存在的实验。1831年，Faraday（法拉第）发现了电磁感应现象，并在实验的基础上提出了电磁感应原理。1873年，Maxwell（麦克斯韦）用完整的数学方程式将前人的这些成果表示出来，建立了系统严密的电磁场理论，时至今日，Maxwell方程组仍然是电磁现象的研究基础，亦是涡流检测的理论基础。

随着电磁理论及其试验的不断发展与完善，促使了涡流检测等电磁无损检测与评估技术的不断发展。在1879年，Hughes（休斯）首先将涡流检测应用于实际——判断不同的金属和合金，进行材质分选。1926年，第一台涡流测厚仪问世。但真正在理论和实践上完善涡流检测技术的是德国的Förster（福斯特）博士。从20世纪40年代初，Förster在基础实验和理论推导的基础上发表了大量有关涡流检测的论文，并创办了福斯特研究所。他的涡流检测理论与技术设备极大地推动了全世界涡流检测技术的发展。除前西德以外，美国、前苏联、法国、英国、日本也先后做了大量的开发性工作，发表了大量的论文，并研制生产了一些高水平的涡流检测设备。

我国于20世纪60年代开始开展涡流检测研究工作，70年代中期成功研制了FQR7501型和FQR7502型涡流电导仪、FQR7503型和FQR7504型膜层测厚仪以及FQR7505型涡流探伤仪等一系列涡流检测设备。此后又相继成功研制了YY—17、YS—1、WTS—100、TC—200、ED—251、T—5、NE—30等多种涡流检测仪器，至20世纪90年代，研制生产了EEC—96型数字涡流检测设备。这些设备在我国的航空航天、冶金、机械、电力、化工、核能等领域都曾经发挥过或正在发挥着重要的作用。

1.2 涡流检测的特点

涡流检测是以电磁感应原理为基础的一种常规无损检测方法，它适用于导电材料。在实际检测中，有着其自身特有的一些优势和不足之处。

1.2.1 涡流检测的优点

1）检测时，线圈不需接触工件，也无需耦合介质，所以检测速度快。对管、棒材检测，一般每分钟可检查几十米；线材每分钟可检查几百米甚至更多。易于实现现代化的自动检测，特别适合在线普查。

2）对工件表面或近表面的缺陷，有很高的检出灵敏度，且在一定的范围内具有良好的线性指示，可对大小不同的缺陷进行评价，所以可以用作质量管理与控制。

3）由于检查时不需接触工件又不用耦合介质，所以可在高温状态下进行检测。由于探头可伸入到远处作业，所以可对工件的狭窄区域、深孔壁（包括管壁）等进行检测。

4）能测量金属覆盖层或非金属涂层的厚度。

5）除了能进行导电金属材料的检测外，还可以检验能感生涡流的非金属材料，如石墨等。

6）由于检测信号为电信号，所以可对检测结果进行数字化处理，并将处理后的结果进行存储、再现及进行数据比较和处理。

1.2.2 涡流检测的缺点

1）涡流检测的对象必须是导电材料，且由于电磁感应的原因，只适用于检测金属表面缺陷，不适用于检测金属材料深层的内部缺陷。

2）金属表面感应的涡流的渗透深度随频率而异，激励频率高时金属表面涡流密度大，检测灵敏度高，但是涡流渗透深度低；随着激励频率的降低，涡流渗透深度增加，但表面涡流密度下降，检测灵敏度降低。所以检测深度与表面伤检测灵敏度是相互矛盾的，很难两全。当对一种材料进行涡流检测时，须要根据材质、表面状态、检验标准作综合考虑，然后再确定检测方案与技术参数。

3）采用穿过式线圈进行涡流检测时，线圈覆盖的是管、棒或线材上一段长度的圆周，获得的信息是整个圆环上影响因素的累积结果，对缺陷所处圆周上的具体位置无法判定。

4）旋转探头式涡流检测方法可准确探出缺陷位置，灵敏度和分辨率也很高，但检测区域狭小，在检验材料需作全面扫查时，检验速度较慢。

尽管涡流检测存在一些不足之处，但它独特的专长是其他无损检测方法所无法取代的，因此它在无损检测技术领域中具有重要的地位。

1.3 涡流检测的基础知识

1.3.1 材料的导电性

1. 金属导电的物理本质

根据物质的导电性能可将各种物质分为导体、绝缘体和半导体三种类型。例如金、银、铜、铝、铁等金属都是具有良好导电性能的导体；而橡胶、陶瓷、云母、塑料、竹木等都是导电性能很差的绝缘体；另外还有一类物质的导电性介于导体和绝缘体之间，称它们为半导体，例如硅、锗等就是常用的半导体材料。需要指出的是，导体和绝缘体的界限不是绝对的，它们在一定的条件下可以相互转化，例如玻璃在常温时是绝缘体，高温熔化后就变成了导体。

一切物质都是由原子组成的，而原子又是由带正电的原子核和带负电的电子所组成。

电子在原子核外分层不停地绕核运动。原子核所带的正电荷数量和核外电子所带的负电荷数量相等，所以原子平时呈现电中性。不同物质的原子核所带正电荷数和核外电子数都是不同的。

由于原子核带正电，电子带负电，它们之间就有相互吸引力，电子被束缚在原子核周围绕核作旋转运动。在金属物质的原子中，外层电子受原子核的吸引力较小，在其余电子的排挤下，挣脱了原子核的吸引，使它在金属中自由"游荡"，成为自由电子。失去了外层电子的原子变成带正电的离子，在平衡位置附近作热振动，所以，金属是由热振动的正离子和无规则运动的自由电子组成的。自由电子在电场的作用下会作定向移动，形成电流，从而金属等材料会导电。而绝缘体中的原子，由于外层电子受原子核的束缚力很大，不容易形成自由电子，从而在电场作用下电流不能流过，所以导电性能很差。

2. 电流和电阻

自由电子受电场作用力的影响会向反方向作定向移动，从而形成电流。电流的强弱可用电流强度 I 来表示，它代表单位时间内通过导体横截面的电量，单位是 A（安培）。如果一个导体两端的电位差为 U，导体的电阻为 R，则根据欧姆定律，通过导体的电流可表示为

$$I = \frac{U}{R} \tag{1-1}$$

自由电子在运动中总要与金属晶格中的正离子碰撞，碰撞的次数非常频繁（每秒约 10^{15} 次）。这种碰撞会阻碍自由电子的定向移动，从而减小电流。这种阻碍电荷移动的能力称为电阻，其大小与导体的长度 l 成正比，与导体的横截面积 S 成反比，还与导体的材料有关，可以用下式表示

$$R = \rho \frac{l}{S} \tag{1-2}$$

式中　ρ ——导体的电阻率，表示单位长度、单位截面积的电阻，单位是 $\Omega \cdot m$，用于研究金属时的电阻率用 $\mu\Omega \cdot cm$（或 $10^{-8}\Omega \cdot m$）为计量单位。

电阻率的倒数称为电导率，用符号 σ 表示，单位是 S/m（西门子/米）。

$$\sigma = 1/\rho \tag{1-3}$$

在工程技术中还可用 IACS（国际退火铜标准）单位来表示电导率，这种单位规定退火工业纯铜（电阻率在温度 20℃ 时为 $1.7241 \times 10^{-8}\Omega \cdot m$）的电导率作为 100%IACS。则其他金属的电阻率 ρ_x、电导率 σ_x 若用它的百分数表示，即为

$$\sigma_x = \left[\frac{标准退火铜电阻率}{金属的电阻率}\right] \times 100\%(IACS) \tag{1-4}$$

显然，电阻率值愈小，电导率值愈大，材料的导电性能就愈好。一些常用金属材料的电阻率、电导率及温度系数见表 1-1。

表 1-1 一些金属的电阻率、电导率和温度系数

金属	20℃时的电阻率 μΩ·cm	温度系数（20℃）	电导率 %IASC	电导率 MS/m
铝	2.824	0.0039	61.05	35.4
锑	41.7	0.0036	4.13	2.40
砷	33.3	0.0042	5.18	3.0
铋	120	0.004	1.44	0.83
黄铜	7	0.002	25	14.3
镉	7.6	0.0038	22	13.2
高电阻铁镍合金	87	0.0007	2.0	1.15
钴	9.8	0.0033	18	10.2
康铜	49	0.00001	3.5	2.0
铜（退火）	1.7241	0.00393	1.0×10^2	58.00
铜（冷拉）	1.771	0.00382	97.35	56.46
气体碳	5000	-0.0005	0.03	0.02
德银（18%Ni）	33	0.0004	5.2	3.0
金	2.44	0.0034	70.7	41.0
铁（99.8%纯）	10	0.005	17	10.0
铅	22	0.0039	7.8	4.5
镁	4.6	0.004	38	22
锰铜（锰镍铜合金）	44	0.00001	3.9	2.3
汞	95.783	0.00089	1.8	1.044
钼（拉拔）	5.7	0.004	30	17.5
锰乃尔合金	42	0.002	4.1	2.4
镍铬合金	100	0.0004	1.72	1.0
镍	7.8	0.006	22	12.8
钯	11	0.0033	16	9.1
磷青铜	7.8	0.0018	22	12.8
铂	10	0.003	17	10
银	1.59	0.0038	108	63
锰钢	70	0.001	2.5	1.43
	15.5	0.0031	11.1	6.5
西罗铜铝锰合金	47	0.00001	3.7	2.1
锡	11.5	0.0042	15.0	8.7
钨（拉拔）	5.6	0.0045	31	17.9
锌	5.8	0.0037	30	17.2
钢（最高质量）	10.4	0.005	16.6	9.6
钢（滚珠轴承）	11.9	0.004	14.5	8.4
钢（平炉）	18	0.003	9.6	5.6

3. 影响金属导电性的主要因素

影响金属导电性的因素很多，主要有温度、化学成分、应力、形变以及热处理等。

（1）温度的影响 温度升高，导致自由电子与金属晶格中的正离子碰撞加剧，使电阻增大。当温度接近熔点或接近 0K 时，电阻与温度呈线性关系：

$$R = R_0[1 + \alpha(T - T_0)] \tag{1-5}$$

式中 R —— 温度 T 时的电阻;
R_0 —— 温度 T_0 时的电阻;
α —— 电阻温度系数。

电阻温度系数随所选择的起始温度 T_0 而异。当电阻率与温度呈线性关系时,对不同起始温度的电阻温度系数,可用下式进行换算

$$\alpha_2 = \frac{\alpha_1}{1 + \alpha_1(T_2 - T_1)} \tag{1-6}$$

式中 α_1、α_2 —— 温度 T_1、T_2 时的电阻温度系数。

由于金属在熔化时点阵的规律性被破坏了,原子之间的键也有所变化,所以熔化金属的电阻比固态时大 2 倍,而且液态金属的电阻还随温度的升高而增大。

(2)杂质的影响 纯金属具有规则的晶格,因此电阻率 ρ 很小。杂质,即使含量极少,也会导致金属晶格的畸变,造成电子散射,使电阻率增加。

(3)应力的影响 在弹性范围内单向拉伸或者扭转应力能提高金属的电阻率 ρ,并存在下面的关系:

$$\rho = \rho_0(1 + \alpha_r \sigma) \tag{1-7}$$

式中 ρ_0 —— 无负荷时的电阻率;
α_r —— 应力系数;
σ —— 拉应力,单位是 Pa(或 N/m²)。

显然,应力使电阻率增加了,其原因是在拉伸时应力使原子的间距增大,同时晶格也产生了扭曲。

但是在单向压应力作用下,对于大多数金属来说使电阻率降低。如果此时的电阻率为 ρ_p,则它和压应力间存在如下关系

$$\rho_p = \rho_v(1 + \varphi p) \tag{1-8}$$

式中 ρ_v —— 真空下的电阻率;
p —— 压应力,单位是 Pa(或 N/m²);
φ —— 压应力系数,其值为负。

在压应力作用下电阻率降低可用原子振幅的减小来解释。

(4)形变的影响 金属冷加工引起的变形对电阻亦有影响,其原因是冷加工使晶体点阵发生了畸变或产生缺陷,造成电场的不均匀性,从而导致电子波散射的增加。当冷变形度超过 10% 时,电阻稍有增加,通常纯金属由冷变形引起的电阻率的增加约为 2%~6%。

(5)热处理的影响 导电金属经冷变形后,强度和硬度增高,导电性降低。退火后,其电导率可得到恢复。退火温度对硬铜线电导率的影响见图 1-1

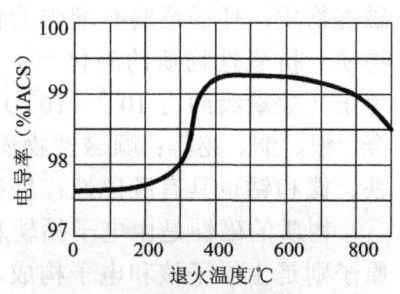

图1-1 退火温度对硬铜线电导率的影响(铜99.92%,冷变形度90%)

4. 典型材料的导电性

涡流检测是一种适用于导电材料质量检测的电磁检测技术。下面从涡流检测的机理和某些物理现象的应用对该检测方法适用材料的导电性作一介绍。

橡胶、油漆、金属氧化物、塑料、搪瓷等是涡流检测中会遇到的非导电材料，这些材料常被涂敷于导电材料表面，具有防止内部金属腐蚀的保护作用。搪瓷，又称"珐琅"，是一种由石英、长石、硝石和碳酸钠等加上铅和锡的氧化物涂于钢质、铜质或银质器物表面经烧制而成的具有不同颜色的保护层。金属氧化物虽由金属经氧化而得，但由于金属原子外层起导电作用的自由电子被氧原子"俘获"而形成氧化物，从而失去导电性。虽然某些金属氧化物，如采用电化学方法形成的 Al_2O_3 的阳极氧化膜层，仍然具有良好的金属光泽，因其完全丧失了导电性而成为一种典型的非导电材料。

银、铜、铝、铁、钛是工程上常见的金属材料，具有良好的导电性。但就纯金属而言，这些金属的导电能力依照上述列出的顺序依次降低，当对于更广泛应用的合金材料来说，导电能力会发生很大的变化。如退火状态下纯铜的电导率为 58MS/m，而康铜的电导率仅为 2.0MS/m；同样纯银的电导率为 63MS/m，添加 18%的镍经合金化形成的德银电导率也只有 3.0MS/m；铝及铝合金的电导率范围约为 8~36MS/m，其中导电性最差的是铝合金，纯铝的电导率最高，为 36MS/m；钢的电导率范围约为 5~10MS/m，其导电性一般优于钛合金，钛合金的电导率变化范围约为 0.5~2MS/m。

石墨是碳的一种同素异构体，由于原子结构排列的特殊性，石墨材料具有一定的导电能力，与硅、锗元素同属半导体。以石墨（碳）纤维为增强体的树脂基复合材料在工程上有着广泛应用，正是由于其具有导电特性，因此国内外有一些采用涡流技术检测石墨及其复合材料制品的文献报导。

1.3.2 材料的磁特性

1. 物质的磁性

磁性是物质的基本属性之一。当外磁场发生改变时，物质的能量也随之改变，这时就表现出物质的宏观磁性；从微观角度看，物质中带电粒子的运动形成了物质的元磁矩，当元磁矩取向为有序时，便形成了物质的磁性。

根据物质磁化后对磁场的影响，可以把物质分为三大类：使磁场减弱的物质称为抗磁性物质；使磁场略有增强的物质称为顺磁性物质；使磁场剧烈增加的物质称为铁磁性物质。抗磁性物质的磁化率 χ 为负（数量级约为 $-10^{-6} \sim -10^{-3}$），顺磁性物质的磁化率 χ 为正（数量级约为 $10^{-6} \sim 10^{-2}$），而铁磁性物质的磁化率 χ 很大。抗磁性物质有氢、水、金、银、铜、铋等；顺磁性物质有氧、空气、铝、铂等，在较高温度下（高于居里温度），铁、镍和钴也具有顺磁性；铁磁性物质有铁、镍和钴。

物质的磁性是由电子循轨和自旋运动产生的。众所周知，物质是由原子组成的，而原子则是由原子核和电子构成。近代物理证明，每个电子都参与两种运动，即环绕原子核的运动和电子本身的自旋运动。这两种运动都可看作为形成了一个个闭合电流，由此产生了一个个磁矩，形成了磁效应。电子绕核运动产生的磁矩称为轨道磁矩，而电子的自旋运动产生的磁矩称作为自旋磁矩。那么原子有没有磁矩呢？理论证明，当原子中一个电子层已经排满时，这个层电子磁矩的总和就等于零，该原子就没有磁矩；若一个原子的电子层未被排满，电子磁矩的总和就不为零，该原子就有了磁矩。当原子结合成分子时，它们的外层电子磁矩就发生变化，所以分子磁矩并不是各单个原子磁矩的总和。由于不同的原子具有不同的磁矩，故当由这些原子组成不同的物质时，物质就表现出不同的磁性。

通常在无外加磁场时，物体本身内部电子的自旋和轨道磁矩和为零，所以物体对外不显磁性。但如对物体加上一个外磁场，物体被磁化后就会表现出一定的磁性。

2. 磁畴

铁磁性的基本特点是自发磁化和磁畴。由于物质内部自身的能量，使任一小区域内的所有原子磁矩都按一定规则排列起来的现象，称为自发磁化。目前已经十分清楚，自发磁化的原因是由于相邻原子中电子之间的交换作用。当原子相互接近时，它们的电子就要发生相互的交换，并由于电子的交换作用而产生一定的交换能，从而使小区域内的所有原子磁矩按一定规则排列。电子间的这一交换作用直接与电子自旋之间的相对取向有关。

人们不禁要问：既然铁磁物质的任一小区域内，由于自发磁化，所有原子磁矩都朝一个方向排列了，为什么除了磁铁（吸铁石）以外的其他铁磁物质却不具有自发吸铁的本领呢？也就是说，这些铁磁物质的总磁矩为什么不显示出来对外表现出磁性呢？这是因为铁磁物质内部存在磁畴。在铁磁物质的内部，分成了许多小的区域，这些小的区域就称为磁畴。图1-2为铁磁体某一截面上的磁畴示意图。虽然每一个小区域内的原子磁矩都整齐地排列起来了，但这些小区域的磁矩分别取不同的方向，因此，所有小区域的磁矩叠加起来仍然为零，即总磁矩为零。这样从铁磁体的整体来看，磁化强度为零，对外不显示磁性，如图1-3a所示。

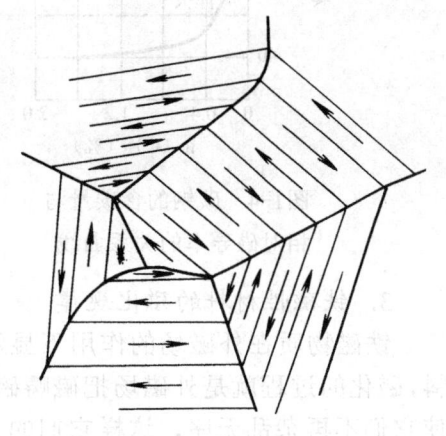

图1-2 磁畴示意图

如果将铁磁性物质置于外磁场中，磁场作用使磁畴的磁矩从各个不同的方向转到接近磁场的方向或与磁场的方向一致，因此对外呈现较强的磁性（见图1-3b和1-3c所示），这一过程就是磁化过程。

a)

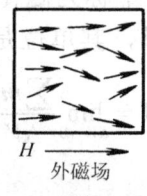
b)

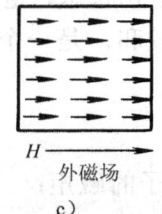
c)

图1-3 铁磁物质在磁场中磁矩改变示意图
a) 未磁化时　b) 未磁化到饱和时　c) 磁化到饱和时

磁畴与磁畴之间有一过渡层，称为畴壁，其厚度约等于几百个原子间距。磁畴的形状、大小及它们之间的搭配方式，统称为磁畴结构。从稳定性的角度来看，实际上存在的磁畴结构，一定是能量最小的。磁畴结构的运动变化是磁性好坏的内因。

磁化是通过磁畴的转动和磁畴畴壁的移动来完成的，磁畴磁矩转动和畴壁移动会有阻力，外界必须对它做功以克服这种阻力。若铁磁性物质需要的磁化能量小，说明它容易磁化；反之就难于磁化。各种铁磁性材料由冷加工、淬火热处理、杂质等引起的晶格变化，会阻碍畴壁的移动，一般来说，它会使磁导率 μ 降低。如果进行退火热处理，消除这种影响因素，磁导率 μ 就上升，图 1-4 是含碳量不同的碳钢，在淬火和退火状态下的磁导率变化情况。

图 1-5 是冷轧低碳钢板退火温度与磁导率的关系曲线。从图中可以看出，铁磁性材料的磁导率会受到机械加工及热处理的影响。

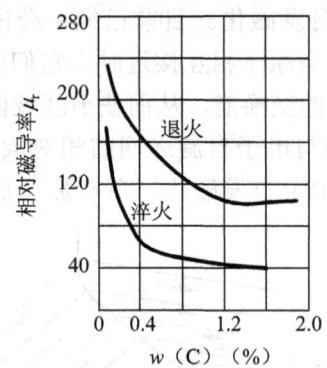

图1-4　碳钢的含碳量与
相对磁导率的关系曲线

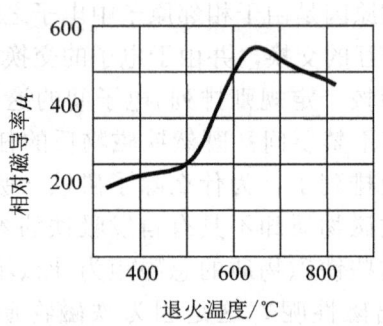

图1-5　退火温度与相对磁导率
的关系曲线（低碳冷轧钢）

3. 铁磁性材料的磁化规律

铁磁物质在外磁场的作用下显示出磁性就称为磁化，又叫技术磁化。对于铁磁性材料，磁化的过程就是外磁场把磁畴磁矩从各个不同的方向转到磁场方向或接近磁场方向，使它们不再杂乱无序，这样它们的合成作用对外就显示出了磁性。

当没有外磁场作用时，铁磁物质内部各磁畴的磁矩取向是杂乱无章的，磁矩是相互抵消的，因而对外不显磁性。但当铁磁材料被置于外磁场中时，在磁场的作用下，各磁畴磁矩在一定程度上沿着磁场方向排列起来，这样在宏观上就对外显示出一定的磁性。

为了描述材料的磁化状态，定义一个称为磁化强度的矢量，用 M 表示。它表示单位体积内所有磁矩的矢量和，是一个矢量，其单位是 A/m（安/米）即

$$M = \lim_{\Delta V \to 0} \frac{\sum m_i}{\Delta V} \tag{1-9}$$

式中　m_i ——单个分子的磁矩；
　　　V ——体积。

研究铁磁物质的磁化规律，就是寻找磁化强度 M 与磁场强度 H 或磁感应强度 B 与磁场强度 H 之间的关系，即 $M-H$ 曲线或 $B-H$ 曲线，这个关系只能通过实验方法来获得。1871 年斯托列托夫（А. Г. Столетов）最早测定了铁的磁化曲线。

如图 1-6 所示，被测铁磁样品的磁化场是由绕在环状铁心上的螺管产生的，改变磁场强度是用改变电流大小的方法而得到的。

假设磁化前样品处于磁中性状态，即 $M=0$，$H=0$；当磁场逐渐增加时，样品的磁化强度也随之增加。起初，在很弱的磁场时增加得较缓慢（如图 1-7a 中的 Oa 段）；而后随磁场强度的增加，磁化强度增加得很快（如图 1-7a 中的 ab 段）；随着磁场强度的进一步增大，磁化强度的增加又放慢了（如图 1-7a 中的 bc 段）；最后到磁场很强时，磁化强度的增加很小（如图 1-7a 中的 cd 段），几乎不再增加，此时达到磁饱和状态。这条曲线就是磁化曲线。磁化曲线表征的是铁磁物质在外磁场的作用下所具有的磁化规律，又称技术磁化曲线。

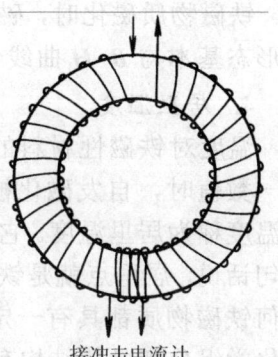

图1-6 求磁化曲线的环状铁芯和线圈绕组

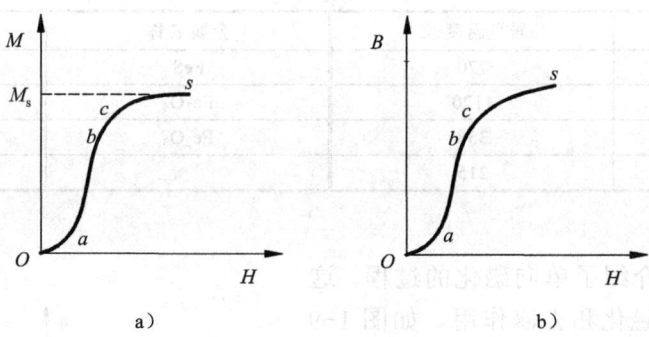

图1-7 磁化曲线

a）磁化曲线　b）磁感应曲线

在研究铁磁性材料的磁化曲线时，常常用到磁化率 χ 这个量，在磁化曲线上，不同位置的 χ 是不同的，磁化曲线越陡，χ 越大，所以，它与磁化强度 M 和磁场强度 H 有关

$$M = \chi H \tag{1-10}$$

另外，我们还常常用到磁导率 μ 这个量，其单位是 H/m（亨/米），在 MKSA 制中，

$$\mu = \mu_0 \mu_r \tag{1-11}$$

$$\mu_r = 1 + \chi \tag{1-12}$$

式中　　μ_0——真空磁导率，$\mu_0 = 4\pi \times 10^{-7}$ H/m；

　　　　μ_r——相对磁导率，是一个无量纲的量。

物质的磁性状态还经常用另一个量——磁感应强度 B（又叫磁通密度）来描述，其单位是 T（特斯拉），它与磁场强度 H 的关系是

$$B = \mu H = \mu_0 \mu_r H \tag{1-13}$$

铁磁物质磁化时,磁感应强度 B 与磁场强度 H 的关系曲线如图 1-7b 所示。M-H 曲线形态基本与 B-H 曲线一致。

4. 居里温度

温度对铁磁性材料的磁性是有影响的,当温度高于某一数值时,自发磁化被破坏,材料的铁磁性消失,这一温度称为居里温度。它是强磁性和顺磁性转变的温度,换句话说,居里点就是铁磁性材料使用温度的最高极限。任何铁磁物质都具有一定的居里温度,其高低与该物质的化学组分和晶体结构有关,而与其磁历史无关。图 1-8 是温度与磁感应强度的关系曲线,图中 T_C 表示居里温度。

表 1-2 是几种铁磁材料的居里温度。铁磁性材料在居里温度以上进行涡流检测时,即可视为非铁磁性材料。

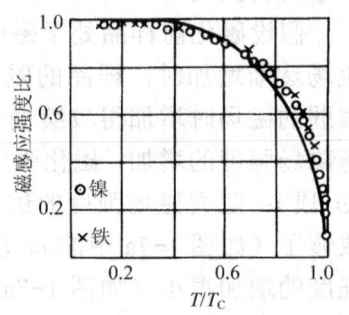

图1-8 由温度引起的磁特性变化

表 1-2 几种铁磁性材料的居里温度

金属名称	居里温度/℃	金属名称	居里温度/℃
Fe	770	FeS	320
Co	1120	Fe_3O_4	575
Ni	358	Fe_2O_3	620
Fe_3C	215		

5. 磁滞回线

前面我们已经介绍了单向磁化的过程,这里我们将介绍双向磁化和去磁作用。如图 1-9 所示,从 O 点磁化到 P 点;再把磁场强度从 H_s 逐渐减小,直至降到零,此时磁感应强度 B 不再是零,而是一定的数值(图 1-9 中的 OQ),这是磁化后的剩余磁感应强度,简称为剩磁,用 B_r 表示。若要想使样品的 B 降到零,必须要加上与原磁化场方向相反的磁场,只有当这个相反方向的磁场 H 加到一定数值时(图 1-9 中的 OR'),B 才会为零,这个磁场被称为矫顽力,用 H_c 表示;若继续增加这一反向磁场直

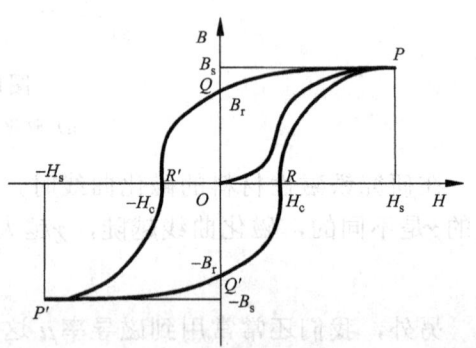

图1-9 磁滞回线示意图

到 P' 点,此时磁场为 $-H_s$,磁化达到饱和,然后把磁场从 $-H_s$ 减小到零,则磁化状态变到 Q' 点;如果磁场再由零增加到 H_s,这样,磁化状态又会逐渐变化到 P 点的饱和磁化状态。所得的 $PQR'P'$ 曲线和 $P'Q'RP$ 曲线是关于原点 O 对称的。

以上的磁场由 H_s 变到 $-H_s$,再由 $-H_s$ 变到 H_s 的一周变化中,试样经历了磁化、退磁、反向磁化、正向磁化等,形成了一个循环过程,此循环过程所形成的闭合曲线 $PQR'P'Q'RP$ 就被称作铁磁性材料的磁滞回线,这一现象就叫作磁滞现象。由于磁化场 H 达到了饱和磁场强度 H_s,试样也达到了饱和磁化,所以闭合曲线 $PQR'P'Q'RP$ 也是饱和磁滞回线。

为了得到闭合对称的磁滞回线，磁场强度必须在 H_s 和 $-H_s$ 之间进行反复十几次循环，这个反复循环的过程叫做磁锻炼。

磁滞回线所包围的面积表示的是铁磁物质磁化与反磁化一周的能量损耗，称为磁滞损失。不同铁磁材料的饱和磁滞回线所包围的面积是不同的，软磁材料的磁滞回线狭窄，所包围的面积小，故磁化时损耗的能量少，磁化容易；硬磁材料的磁滞回线形状肥大，所包围的面积大，损耗的能量多，故磁化困难。

对于非铁磁性材料来说，相同的磁场强度引起的变化，要比铁磁材料小得多，而其回线是直线，没有饱和与滞后现象。磁滞现象是铁磁性材料磁化所特有的现象。

如果铁磁性材料受恒定外磁场 H_0 磁化的同时，又受 $\pm\frac{1}{2}\Delta H$ 交变磁场分量反复磁化，在交变磁场增加 $\frac{1}{2}\Delta H$ 时，B 值上升，在交变磁场减小 $\frac{1}{2}\Delta H$ 时，B 值下降，如图 1-10 所示，在 TQ 两点间形成闭合曲线。这种对原点不对称且较小的闭合曲线称为局部磁滞回线。TQ 两点连线的斜率称为增量磁导率，用 μ_Δ 表示，

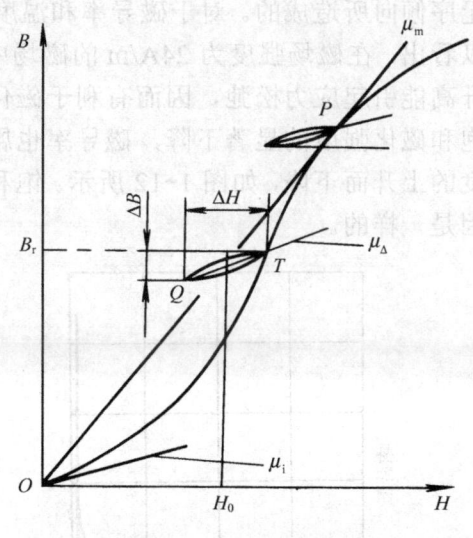

图 1-10　局部磁滞回线

$$\mu_\Delta = \frac{\Delta B}{\Delta H} \tag{1-14}$$

在检查铁磁性材料的缺陷时，常用直流磁化的方法将铁磁性材料磁化到饱和区，使磁导率的变化向等于 1 的渐近线趋近，故可作为非铁磁性材料来对待，有时要用到增量磁导率的概念。

当 ΔH 趋近于 0 时的 μ_Δ 的极限称为微分磁导率。用 μ_{dif} 表示

$$\mu_{\text{dif}} = \lim_{\Delta H \to 0} \frac{\Delta B}{\Delta H} = \frac{\mathrm{d}B}{\mathrm{d}H} \tag{1-15}$$

另外还有起始磁导率和最大磁导率，分别用 μ_i 和 μ_m 表示。如图 1-10 所示，起始磁导率 μ_i 是铁磁性材料在磁场很弱的情况下的磁导率，它是 B-H 曲线在 O 点处切线的斜率，

$$\mu_i = \lim_{H \to 0} \frac{B}{H} \tag{1-16}$$

最大磁导率 μ_m 是在磁场较强的情况下，直线 OP 与磁化曲线相切于 P 点，它的斜率是原点 O 与磁化曲线所有点连线中最大的，

$$\mu_m = \left(\frac{B}{H}\right)_{\max} \tag{1-17}$$

6. 影响材料铁磁性因素的作用规律

影响材料铁磁性的因素很多，如有温度、形变以及材料的组织等。

一般饱和磁化强度 M_s 随温度的升高而下降，低温时 M_s 下降得较为缓慢，当温度接近居里点时 M_s 急剧下降，到居里点时为零。这种下降是由于原子的热运动产生的自旋无序倾向所造成的。对于磁导率和温度的关系可分为两种情况，如图 1-11 所示。由图可以看出，在磁场强度为 24A/m 的磁场中磁导率的变化较复杂，在较低的温度范围内温度升高能引起应力松弛，因而有利于磁化，使磁导率增加。当温度接近居里温度时，随着饱和磁化强度的显著下降，磁导率也剧烈地降低。铁的饱和磁感应强度和矫顽力随着温度的上升而下降，如图 1-12 所示。饱和磁感应强度下降的原因和饱和磁化强度下降的原因是一样的。

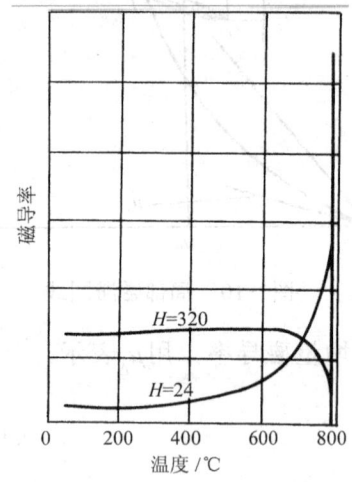

图 1-11　在不同磁场下铁的磁导率与温度的关系

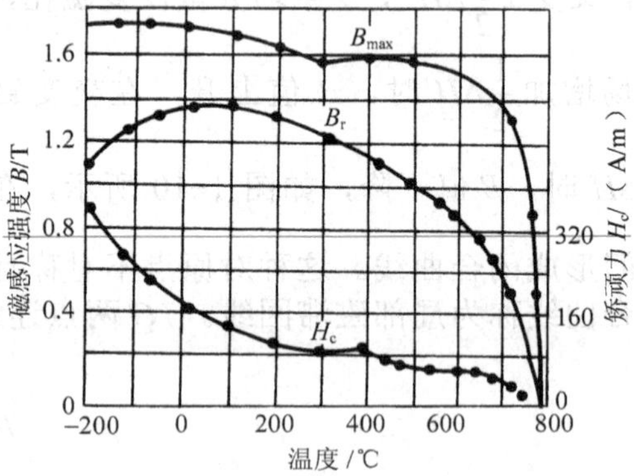

范性形变晶体中产生大量的缺陷和内应力，使磁导率显著下降，而且形变量愈大，下降得就愈多。矫顽力则是相反，它随形变量增大而增大，图 1-13 是 w（C）为 0.07% 的铁丝在不同压缩形变后的结果。剩余磁感应强度的变化较为复杂，在临界压缩范围（5%～8%）急剧下降，而在压缩量增大时反而增加。

加工硬化后进行再结晶退火，则使磁导率提高，矫顽力降低，在完全再结晶的情况下，可恢复到加工前的状态。

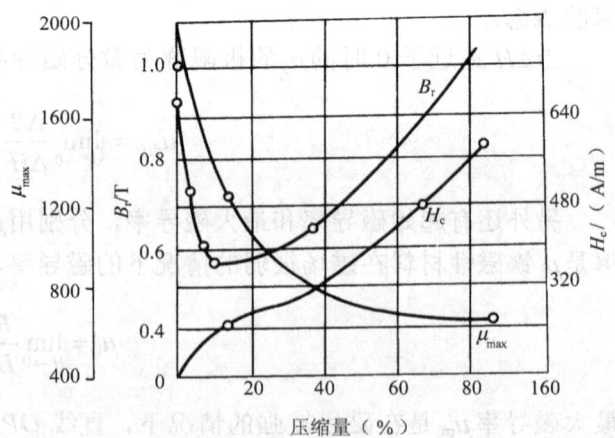

图 1-12　B_{max}、B_r、H_c 与温度的关系

图 1-13　w（C）=0.07% 的铁丝的磁性与压缩量的关系

晶粒的大小与加工硬化的影响相同，铁素体的晶粒愈细，则磁导率愈小，矫顽力愈

大。这是因为晶粒愈小,晶界就愈多,晶界是妨碍磁化的一个因素。

从以上分析可以看到,各种因素对铁磁性材料的磁导率 μ 和矫顽力 H_c 的影响有:纯度愈高磁导率 μ 愈大,矫顽力 H_c 愈小;晶界、亚晶界、位错愈少,则磁导率 μ 愈高,矫顽力 H_c 愈小;应力愈小,磁导率 μ 愈高,矫顽力 H_c 愈小。

7. 合金的磁特性

当合金形成置换式固溶体时,例如在铁磁性金属中溶入抗磁性金属,可使磁化强度降低,并随着溶质原子浓度的增加而下降。溶质原子的原子价愈高,则磁化强度降低得就愈剧烈,见图 1-14。这种情况可以认为是由于 Cu、Zn、Al、Si 和 Sb 的 4s 层的电子进入了镍的 3d 层,导致了波尔磁子数的减少。对镍的固溶体来说是这样,其他情况较为复杂,但可以说,顺磁和抗磁质总使饱和磁化强度 M_s 降低。

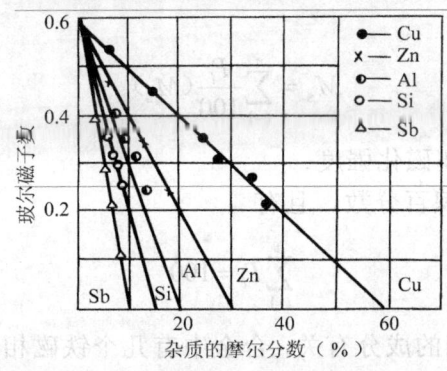

图1-14 原子的波尔磁子数与镍中含合金元素浓度的关系

铁磁物质溶入强顺磁性金属时,少量的溶质能使 M_s 增高,但溶质浓度增加得多时,反而导致 M_s 降低。实际上,这些强顺磁性物质组成的合金常常是铁磁性的,例如 Mn 和 Bi 的合金就是铁磁性的。

两种铁磁性物质组成固溶体时,如 Fe-Ni 和 Ni-Co,它们的 M_s 随着固溶体的浓度增加单调下降。Ni-Co 合金在 w(Co)=30%原子时 M_s 出现极大。

固溶体的有序化对合金的磁性影响很显著,例如 Ni-Mn 合金,见图 1-15,图中曲线表示无序状态时合金的磁饱和强度,在 w(Mn)=10%以下略有增加,10%以上则单调下降。当 w(Mn)=25%时合金已变成为非铁磁性的了。如在 450℃进行长时间退火,使

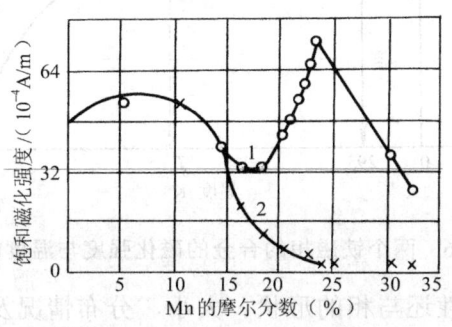

图1-15 镍锰合金的 M_s 与成分的关系

合金有序化，使其生成有序相 Ni_3Mn，合金的饱和磁化强度将沿着曲线 1 变化。当 $w(Mn)$ =25%时，饱和磁化强度达到极大值，如再将有序合金进行范性形变，破坏其有序状态，则饱和磁化强度又重新下降。

组成间隙式固溶体时，矫顽力随溶质原子浓度增加而增加，并且在浓度低的范围增加得显著。

当合金组成化合物时，一般铁磁体与顺磁体或抗磁体组成大化合物，以及有显著化学结合的中间相都是顺磁性的。如 $FeMo_2$、$FeZn_2$、$FeAu_3$ 等相，还有 β 相，$NiAl$ 等都是顺磁性的，铁磁性金属与非金属组成的化合物都是铁磁性的，如 FeS_2、Fe_2O_3、FeO_3、FeS 等都是铁磁性的。

组成多相合金时，其饱和磁化强度 M_s 可由组成合金的各相相应的磁化强度值相加得到，

$$M_s = \sum_{i=1}^{n} \frac{P_i}{100}(M_s)_i \qquad (1-18)$$

式中　$(M_s)_i$——i 相的饱和磁化强度；
　　　P_i——i 相的体积百分数，且有

$$\sum_{i=1}^{n} P_i = 100 \qquad (1-19)$$

多相合金的居里点和相的成分有关，合金中有几个铁磁相，相应的就有几个居里点。

多相合金的 M_s 和温度之间的关系也是各相和温度关系相加而得。如若合金由两个铁磁相组成，两相各有自己的居里点 T_{C1} 和 T_{C2}，以及饱和磁化强度 M_{s1} 和 M_{s2}，那么合金的饱和磁化强度就为它们的和（$M_{s1}+M_{s2}$），如图 1-16 所示。因此，根据饱和磁化强度的相加原则可以对合金进行相分析。

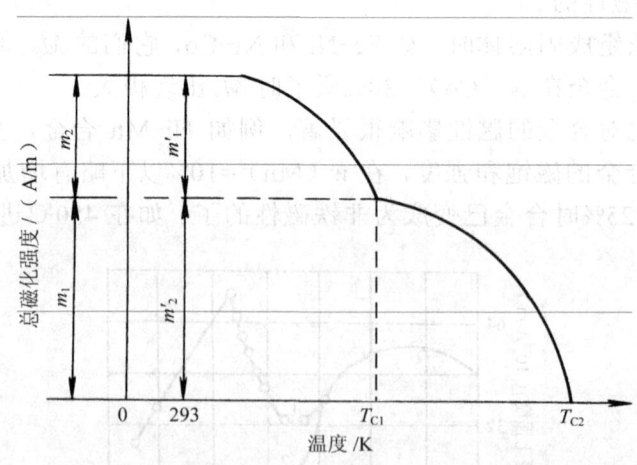

图1-16　两个铁磁相的合金的磁化强度与温度的关系

另外，多相合金的磁性还与相的形状、大小、分布情况及结构、应力状态有关。以钢为例，钢在常温下的退火组织是由铁素体和渗碳体组成，铁素体是强铁磁相，而渗碳

体是弱铁磁相。铁素体的磁性转变点 T_1 是 768℃，而渗碳体的磁性转变点 T_2 是 210℃。铁素体在 T_1 点以上是顺磁的，910℃以上转变为顺磁的 γ 相。合金钢中的碳化物是顺磁相。

钢在加热和冷却过程中都要发生相变，生成不同的组织。在所有的组织及其组成相中只有奥氏体、残余奥氏体及合金碳化物是顺磁性相，其余的组织及相都是铁磁性的。因此，钢在加热及冷却过程中的组织转变必然伴随着产生显著的磁性变化。

例如，碳钢的含碳量增加时，由于 Fe_3C 数量的增加，引起钢的饱和磁化强度下降，对于矫顽力 H_c，它不仅与渗碳体的数量有关，而且与其形状和大小有关。一般粒状渗碳体的 H_c 为 $8\times10^2 A/m$，而片状渗碳体的 H_c 为 $1.62\times10^3 A/m$。

由于淬火后的马氏体是以 α 固溶体的形式存在，其饱和磁化强度比退火时为高，如图 1-17 所示。但由于存在着应力和缺陷，使矫顽力 H_c 大幅度地增高，磁导率显著下降，含碳量愈高，μ_{max} 降低得就愈多。若淬火组织中还有残余奥氏体存在，则 H_c 还会增高一些，并且有极大值，如图 1-18 所示。对 GCr15 钢淬火后，在含有 11% 的残余奥氏体时 H_c 出现极大值。

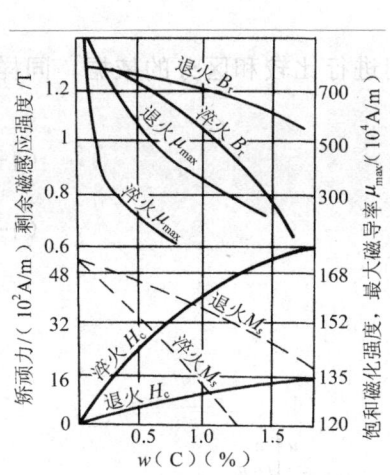

图1-17　退火与淬火情况的钢磁性比较

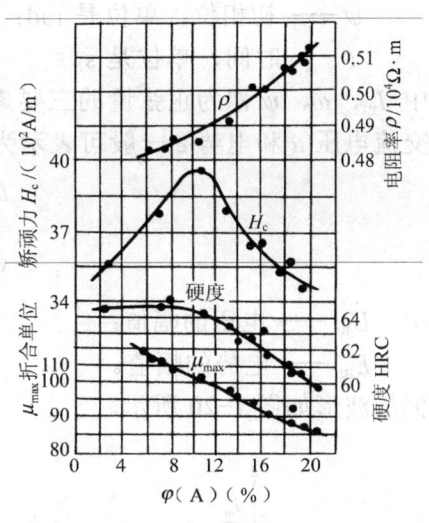

图1-18　钢淬火后性质与残余奥氏体量的关系

1.3.3　正弦交流电

1. 直流电

电流是由电荷（带电粒子）有规则的定向移动而形成的，它在数值上等于单位时间内通过某一导体横截面的电荷量，称为电流强度（简称电流），记作 I，在 SI 中，单位是 A（安培）。假设在时间 dt 内通过导体横截面 S 的电荷量为 dq，则电流 I 为

$$I = \frac{dq}{dt} \quad (1-20)$$

式（1-20）表示电流是随时间变化的，是时间的函数。

如果电流不随时间变化，即 $\dfrac{\mathrm{d}q}{\mathrm{d}t}=$ 常数，则这种电流称为恒定电流，简称直流，此时电流可描述为

$$I=\dfrac{q}{t} \tag{1-21}$$

式中　q ——在时间 t 内通过导体横截面 S 的电荷量，单位是 C（库仑）。

2. 正弦交流电

电势、电压、电流的大小和方向随时间而交变的电路称为交流电路，当按正弦规律变化时称为正弦交流电路。其中大小、方向随时间按正弦规律交变的电流称为正弦交流电流，简称交流电流，波形如图 1-19 所示。交流电流瞬时值 i 一般可表示为：

$$i=I_{\mathrm{m}}\sin(\omega t+\psi)^{\ominus} \tag{1-22}$$

式中　I_{m} ——电流的幅值；
　　　ω ——角频率，单位是 rad/s；
　　　ψ ——初相位，单位是 rad；
　　　t ——时间，单位是 s。

其中 I_{m}、ω、ψ 称为正弦量的三要素，是正弦量之间进行比较和区分的依据。同样，正弦交流电压 u 和电势 e 一般可表示为

$$u=U_{\mathrm{m}}\sin(\omega t+\psi) \tag{1-23}$$

$$e=E_{\mathrm{m}}\sin(\omega t+\psi) \tag{1-24}$$

式中　U_{m} ——电压的幅值；
　　　E_{m} ——电势的幅值。

它们的波形如图 1-20 所示。

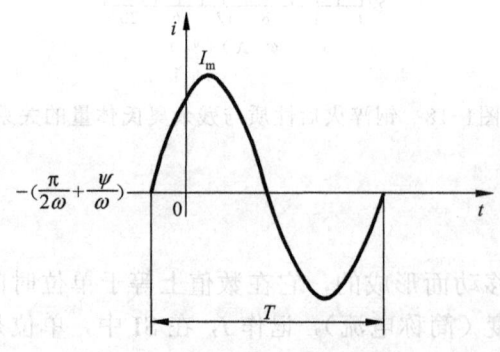
图1-19　正弦交流电流

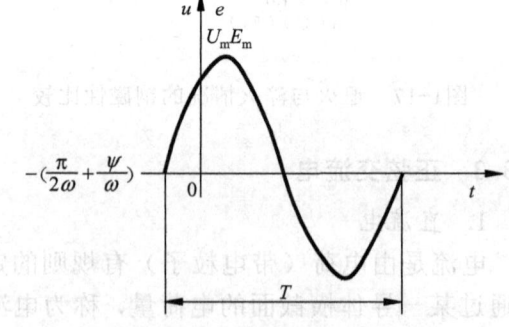
图1-20　正弦交流电压

在描述正弦交流电时，常用以下这些概念：

（1）周期　交流电流、电压的瞬时值是不断变化的，但是每隔一定的时间会重复出

$\ominus$ 也可采用 $I_{\mathrm{m}}\cos(\omega t+\psi)$ 的形式，它们之间只是一个三角函数转化的问题。

现一次，每重复一次所需的时间间隔叫做周期，用 T 表示（见图 1-19 和 1-20），单位是 s（秒）。

（2）频率　交流电流、电压的瞬时值在单位时间里重复出现的次数称为频率，用 f 表示，单位是 Hz（赫兹），它与周期 T 成倒数关系：

$$f = \frac{1}{T} \tag{1-25}$$

（3）幅值　正弦交流电流、电压在整个变化过程中所能达到的最大值，我们称之为幅值（见图 1-19 和图 1-20）。

（4）相位与相位差　正弦量随时间变化的核心部分是 $(\omega t + \psi)$，它反映了正弦量的变化过程，称为正弦量的相位或相角，任意一交流电流瞬时值都存在一个相位。其中，当 $t=0$ 时的相位称为初相位，简称为初相。通常初相在 $|\psi| \leq \pi$ 的主值范围内取值，初相 ψ 的大小与计时起点的选择有关。

我们称同频率的正弦交流电的初相之差为它们的相位差或相角差。例如，假设任意两个同频率的正弦量，一个是正弦电压，另一个是正弦电流，它们分别是：

$$u = U_m \sin(\omega t + \psi_1)$$

$$i = I_m \sin(\omega t + \psi_2)$$

它们之间的相位差就是 $\psi = \psi_1 - \psi_2$。相位差是区分两个同频率正弦量的重要标志之一。ψ 也采用主值范围的角度来表示。

如果相位差 $\psi = \psi_1 - \psi_2 > 0$（见图 1-21a），我们说电压 u 的相位越前（或超前）于电流 i 的相位一个角度 ψ，有时简称电压 u 越前电流 i，或者是说电流 i 落后（或滞后）于电压 u 一个角度，意思是说电压 u 比电流 i 先到达正的最大值。如果 $\psi = \psi_1 - \psi_2 < 0$，则结论刚好与前面的情况相反。如果 $\psi = \psi_1 - \psi_2 = 0$，即相位差为零，则称它们为同相位，简称同相（见图 1-21b）。如果 $\psi = \psi_1 - \psi_2 = \frac{\pi}{2}$，则称为相位正交（见图 1-21c）。如果 $\psi = \psi_1 - \psi_2 = \pi$，则称为反相（见图 1-21d）。

不同频率的两个正弦量之间的相位差不再是一个常数，而是随时间变动的。一般谈到的相位差都是指同频率正弦量之间的相位差。

（5）角频率　相位在单位时间中变化的弧度数，我们称之为角频率，表示相位随时间变化的速度，用 ω 表示，单位是 rad/s（弧度/秒）。它与频率成正比关系：

$$\omega = 2\pi f = 2\pi \frac{1}{T} \tag{1-26}$$

3. 交流电的有效值与平均值

（1）有效值　我们已经知道，交流电的电流和电压瞬时值都随时间而变，为了确切地衡量其大小，在工程实际中，常采用一个被称为有效值的量。其定义是：在相同的电阻上分别通以直流电流与交流电流，经过一个交流周期的时间，如果它们在电阻上所损失的电能相等的话，则把该直流电流的大小作为交流电流的有效值。

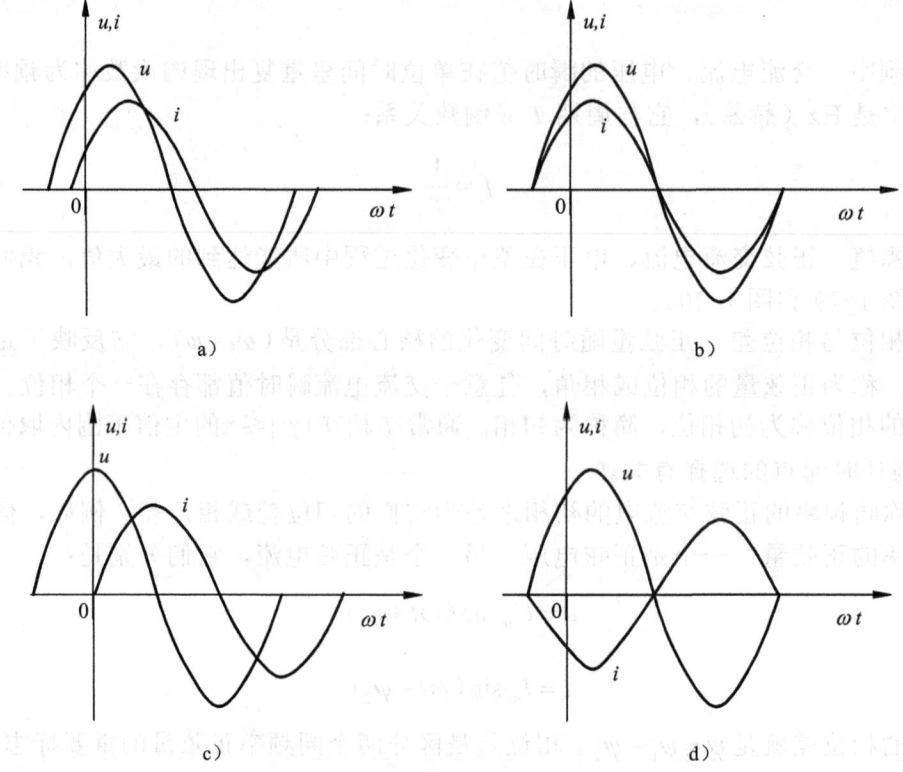

图1-21 同频率正弦量之间的相位关系
a) 任意相位差 b) 同相 c) 正交 d) 反相

正弦交流电流的有效值为

$$I = \frac{I_m}{\sqrt{2}} \approx 0.707 I_m \tag{1-27}$$

同样，正弦交流电势与电压的有效值 E 与 U 分别为

$$E = \frac{E_m}{\sqrt{2}} \approx 0.707 E_m \tag{1-28}$$

$$U = \frac{U_m}{\sqrt{2}} \approx 0.707 U_m \tag{1-29}$$

在工程上，一般所说的正弦电压、电流的大小都是指有效值。例如，各种交流仪表所指的读数以及电气设备铭牌上的额定值等都是指有效值。

(2) 平均值 正弦交流电流的平均值是指一个周期内电流绝对值的平均值。由于正弦交流电流波形正负半周所包含的面积是相等的，因此这里的平均值实际上也等于正半周期的平均值。它与幅值的关系为

$$I_a = \frac{2}{\pi} I_m \approx 0.637 I_m \tag{1-30}$$

同样，正弦交流电势与电压的平均值是指一个周期内电势与电压绝对值的平均值，

$$E_a = \frac{2}{\pi}E_m \approx 0.637E_m \tag{1-31}$$

$$U_a = \frac{2}{\pi}U_m \approx 0.637U_m \tag{1-32}$$

4. 正弦量的表示法

正弦交流量的表示方法主要有三角函数表示法、波形表示法、复数符号表示法和旋转矢量表示法这几种。其中三角函数表示法与波形表示法见本节第 2 部分，它们是基本的表示方法，比较直观，但不便于分析运算。下面将主要介绍另外两种表示法。

（1）复数符号法　根据欧拉公式，有

$$i = I_m \cos(\omega t + \psi) = \sqrt{2}I\cos(\omega t + \psi) = \mathrm{Re}[\sqrt{2}Ie^{j(\omega t+\psi)}] = \mathrm{Re}[\sqrt{2}Ie^{j\psi}e^{j\omega t}]^{\ominus} \tag{1-33}$$

式中　Re[ ]是取复数实部的意思。

可以通过数学方法，把一个实数范围的正弦时间函数与一个复数范围的复指数函数一一对应起来，并且其复常数部分把正弦量的有效值和初相结合成一个复数表示出来了。我们把这个复数就称为正弦量的相量，它的模是正弦量的有效值，它的复角是正弦量的初相，记为

$$\dot{I} = |\dot{I}|e^{j\psi} = Ie^{j\psi} = I\angle\psi \tag{1-34}$$

式中，$\dot{I}$ 就表示正弦电流的相量，上面加的小圆点是用来与普通复数相区别的记号。这种命名和记法的目的是强调它与正弦量的联系，但在运算过程中与一般复数并无区别。相量和复数一样，可以在复平面上用向量表示出来，图 1-22 是一表示电流的相量图。

（2）旋转相量法　式（1-33）另一指数部分 $e^{j\omega t}$ 是一个随时间推移而旋转的因子，它在复平面上是以原点为中心、以角速度 ω 不断旋转的复数，其模值为 1，因此称它为旋转因子。这样正弦电流 $i = \sqrt{2}I\cos(\omega t + \psi)$ 可用以原点为中心、$\sqrt{2}I$ 为模值、角速度 ω 逆时针不断旋转、并与 x 轴初始夹角为 ψ 的旋转相量来表示，如图 1-23 所示，任何时刻在轴上的投影大小就对应等于同一时刻正弦量的瞬时值。

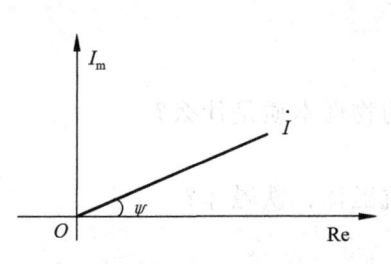

图1-22　电流的相量图

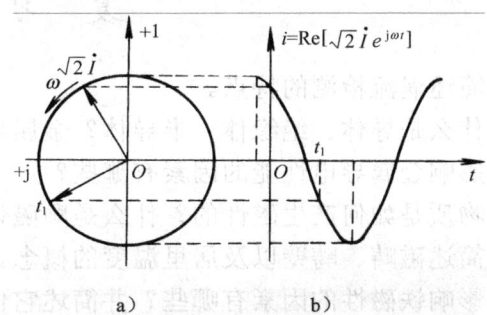

图1-23　旋转相量与正弦波

$\ominus$　如果 $i = \sqrt{2}I\sin(\omega t + \psi)$，则此式应改写为 $i = \mathrm{Im}[\sqrt{2}Ie^{j(\omega t+\psi)}]$，其中 Im[ ]表示取复数的虚部。

1.3.4 阻抗及其矢量图

（1）阻抗　假设有一不含独立电源的一端口电路，如图1-24所示，在正弦电流源 $i(t) = \sqrt{2}I\cos(\omega t + \psi_i)$ 的激励下，端口电压 u 将是同频的正弦量，并设其为 $u(t) = \sqrt{2}U\cos(\omega t + \psi_u)$。这样，端口电压相量 $\dot{U} = U\angle\psi_u$，端口电流相量 $\dot{I} = I\angle\psi_i$，它们的比值用 Z 表示，

$$Z = \frac{\dot{U}}{\dot{I}} = |Z|\angle\psi_z \tag{1-35}$$

这里 Z 就称为该一端口电路的阻抗，其中 $|Z| = U/I$ 是阻抗的模，$\psi_z = \psi_u - \psi_i$ 是阻抗角。Z 是一个复数，所以又称为复数阻抗。

阻抗 Z 用代数形式表示时可写为 $Z = R + jX$，Z 的实部 R 称为电阻，Z 的虚部 X 称为电抗。

（2）阻抗矢量图　在正弦电流电路分析中，往往需要作电路中电阻、电抗、阻抗关系的相量图，这种图就称为阻抗相量图或是阻抗矢量图。图1-24中一端口电路的阻抗矢量图如图1-25所示。

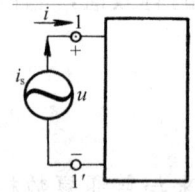

图1-24　阻抗

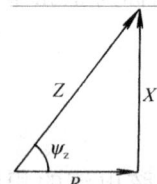

图1-25　阻抗矢量图

图 1-24 中端口电压 $\dot{U}$ 与电流 $\dot{I}$ 的相位差为 ψ_z，它可由图 1-25 中的电阻、电抗关系得到

$$\psi_z = \tan^{-1}\frac{U_X}{U_R} = \tan^{-1}\frac{X}{R} \tag{1-36}$$

复 习 题

1. 简述涡流检测的特点。
2. 什么是导体、绝缘体、半导体？金属导电的物理本质是什么？
3. 影响金属导电性能的因素有哪些？
4. 物质是如何产生磁性的？什么是顺磁体、抗磁体、铁磁体？
5. 简述磁畴、畴壁以及居里温度的概念。
6. 影响铁磁性的因素有哪些？并简述它们的作用规律。
7. 什么是直流电和正弦交流电？
8. 正弦量的三要素是什么？并简述它们的概念。
9. 试举例说明阻抗图的表示方法。

第2章 涡流检测技术

2.1 电磁感应及涡流

2.1.1 电磁感应现象

电磁感应现象是指电与磁之间相互感应的现象,包括电感生磁和磁感生电两种情况。我们都知道,在通电导线附近会产生磁场,这是电感生磁的现象。另外,当穿过闭合导电回路所包围面积的磁通量发生变化时,回路中就产生电流,这种现象就是磁感生电的现象,如图2-1a所示,回路中所产生的电流叫做感应电流。并且,当闭合回路中的一段导线在磁场中运动并切割磁力线时,导线也会产生电流,这也是磁感生电的现象,如图2-1b所示。

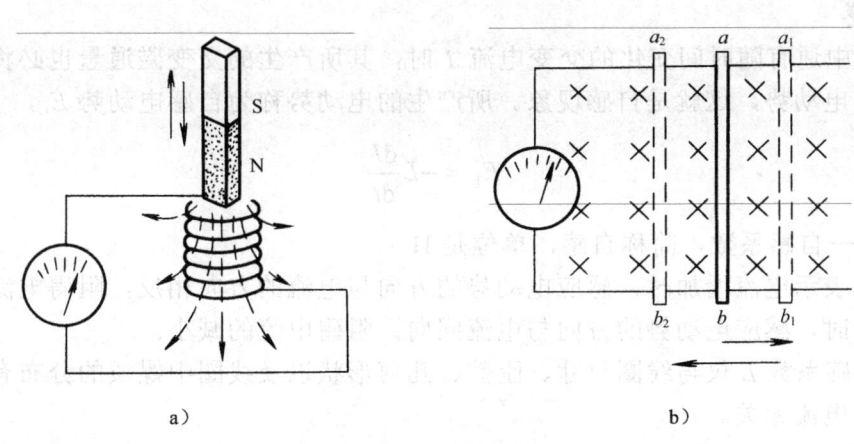

图2-1 电磁感应现象
a) 磁铁穿过线圈 b) 导线切割磁力线

在任何电磁感应现象中,不论是怎样的闭合路径,只要穿过路径围成的面内的磁通量有了变化,就会有感应电动势产生;任何不闭合的路径,只要切割磁力线,也会有感应电动势产生。

感应电流的方向可以用楞次定律来确定。闭合回路内的感应电流所产生的磁场总是阻碍引起感生电流的磁通变化,这个电流的方向就是感应电动势的方向。另外,对于导线切割磁力线时的感应电动势方向还可用右手定则来确定(见图2-1b)。

1. 法拉第电磁感应定律

当闭合回路所包围面积的磁通量发生变化时,回路中就会产生感应电动势E_i,其大小等于所包围面积中的磁通量Φ随时间变化的负值,

$$E_i = -\frac{d\Phi}{dt} \quad (2-1)$$

式中，负号表示闭合回路内感应电流所产生的磁场总是阻碍产生感应电流的磁通的变化，这个方程称为法拉第电磁感应定律。

如果将上述方程用于一个绕有 N 匝的线圈，线圈绕得很紧密，穿过每匝的磁通量 Φ 相同，则回路的感应电动势为：

$$E_i = -N\frac{d\Phi}{dt} = -\frac{d(N\Phi)}{dt} \quad (2-2)$$

长度为 l 的长导线在均匀的磁场中作切割磁力线运动时，在导线中产生的感应电动势 E_i 为

$$E_i = Blv\sin\alpha \quad (2-3)$$

式中　B —— 磁感应强度，单位是 T；
　　　l —— 导线长度，单位是 m；
　　　v —— 导线运动的速度，单位是 m/s；
　　　α —— 导线运动的方向与磁场间的夹角。

2. 自感

当线圈中通有随时间变化的交变电流 I 时，其所产生的交变磁通量也必将在本线圈中产生感应电动势，这就是自感现象。所产生的电动势称为自感电动势 E_L，

$$E_L = -L\frac{dI}{dt} \quad (2-4)$$

式中　L —— 自感系数，简称自感，单位是 H。

式中的负号表示电流增加时，感应电动势的方向与电流的方向相反，阻碍电流的增大；在电流减小时，感应电动势的方向与电流同向，阻碍电流的减小。

线圈自感系数 L 仅与线圈尺寸、匝数、几何形状以及线圈中媒质的分布有关，而与通过线圈的电流无关。

3. 互感

当通有电流 I_1 和 I_2 的两个线圈相互接近时，由线圈 1 中电流 I_1 所引起的变化的磁场在通过线圈 2 时会在线圈 2 中产生感应电动势；同样，线圈 2 中的电流所引起的变化的磁场在通过线圈 1 时也会在线圈 1 中产生感应电动势，这种线圈间相互激起感应电动势的现象就叫互感现象，所产生的感应电动势称作互感电动势。当两线圈形状、大小、匝数、相互位置及周围磁介质一定时，相互产生的感应电动势为

$$E_{21} = -M_{21}\frac{dI_1}{dt}, \quad E_{12} = -M_{12}\frac{dI_2}{dt} \quad (2-5)$$

式中　M_{21}、M_{12} —— 分别为线圈 1 对线圈 2 的互感系数和线圈 2 对线圈 1 的互感系数，
　　　　　　　　　　简称互感，单位是 H，$M_{21} = M_{12}$。

式中的下标的第一个数字表示感应出电动势的线圈，第二个数字表示引起感应的线圈。

互感不仅与线圈的形状、尺寸和周围媒质及材料的磁导率有关，还与线圈间的相互位置有关。

当两个线圈之间产生上面的耦合时，它们之间的耦合程度用耦合系数 K 来表示，其大小为：

$$K = \frac{M}{\sqrt{L_1 L_2}} \tag{2-6}$$

式中　L_1 和 L_2——分别为线圈 1 和线圈 2 的自感系数。

　　　M——线圈 1 与线圈 2 的互感系数。

2.1.2 涡流及其集肤效应

1. 涡流

由于电磁感应，当导体处在变化的磁场中或相对于磁场运动时，其内部会感应出电流，这些电流的特点是：在导体内部自成闭合回路，呈漩涡状流动，因此称之为涡旋电流，简称涡流。例如，含有圆柱导体芯的螺管线圈中通有交变电流时，圆柱导体芯中出现的感应电流就是涡流，如图 2-2 所示。

涡流检测是涡流效应的一项重要应用，其基本原理可表述为：当载有交变电流的检测线圈靠近导电试件时，由于激励线圈磁场的作用，试件中会产生涡流，而涡流的大小、相位及流动形式受到试件导电性能的影响，同时产生的涡流也会形成一个磁场，这个磁场反过来又会使检测线圈的阻抗发生变化，因此，通过测定检测线圈阻抗的变化，就可以判断出被测试件的性能及有无缺陷等。

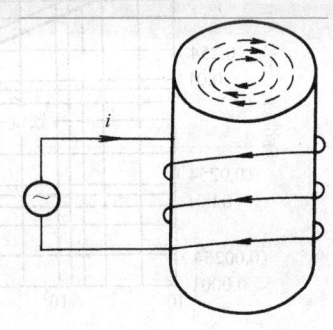

图2-2　涡流

2. 集肤效应与涡流透入深度

当直流电流通过导线时，横截面上的电流密度是均匀相同的。但如果是交变电流通过导线时，导线周围变化的磁场也会在导线中产生感应电流，从而会使沿导线截面的电流分布不均匀，表面的电流密度较大，越往中心处越小，按负指数规律衰减，尤其是当频率较高时，电流几乎是在导线表面附近的薄层中流动，这种电流主要集中在导体表面附近的现象，称为集肤效应现象。

涡流透入导体的距离称为透入深度。定义涡流密度衰减到其表面值 1/e 时的透入深度称为标准透入深度，也称集肤深度，它表征涡流在导体中的集肤程度，用符号 δ 表示，单位是 m（米）。由半无限大导体中电磁场的麦克斯韦方程可以导出距离导体表面 x 深度处的涡流密度为

$$I_x = I_0 \mathrm{e}^{-\sqrt{\pi f \mu \sigma} x} \tag{2-7}$$

式中　I_0——半无限大导体表面的涡流密度，单位是 A；

　　　f——交流电流的频率，单位是 Hz；

　　　μ——材料的磁导率，单位是 H/m；

　　　σ——材料的电导率，单位是 S/m。

则标准透入深度为

$$\delta = \frac{1}{\sqrt{\pi f \mu \sigma}} \quad (2-8)$$

从式（2-8）中我们可以看出，频率越高、导电性能越好或导磁性能越好的材料，集肤效应越显著。图2-3为不同材料的标准透入深度与频率的关系。对于非铁磁性材料，有 $\mu \approx \mu_0 = 4\pi \times 10^{-7}$H/m，可得标准透入深度为

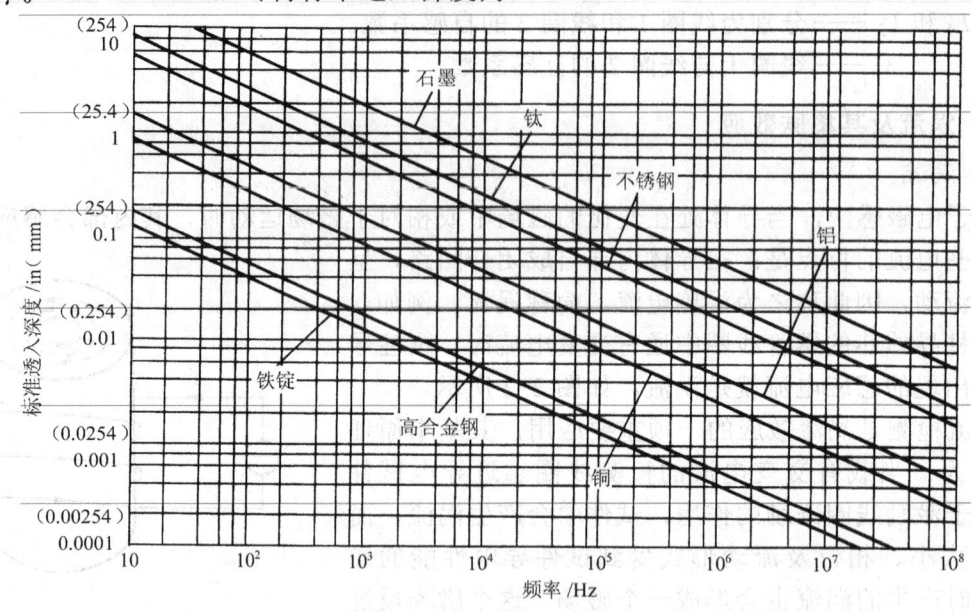

图2-3　几种不同材料的标准透入深度与频率的关系

$$\delta = \frac{503}{\sqrt{f\sigma}} \quad (2-9)$$

例如，f=50Hz时，退火铜（磁导率 $\sigma = 58 \times 10^6$S/m）的标准透入深度为 0.0093m；当频率 $f = 5 \times 10^{10}$Hz 时，标准透入深度为 2.9×10^{-7}m。图2-4为一平板导体中涡流密度随透入深度而变化的曲线，假设该平板导体表面涡流密度为1。

在实际工程应用中，标准透入深度 δ 是一个重要的数据，因为在2.6个透入深度处，涡流密度一般已经衰减了约90%。工程中，通常定义2.6倍的标准透入深度为涡流的有效透入深度。其意义是：将2.6倍标准透入深度范围内 90%的涡流视为对涡流检测线圈产生有效影响，而在2.6倍标准透入深度

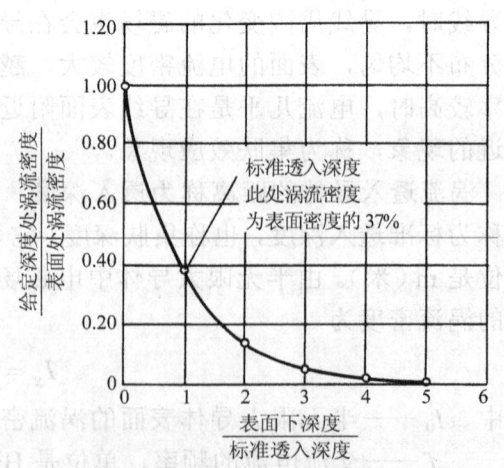

图2-4　透入半无限大导体的涡流密度与透入深度的关系

以外的总量为10%的涡流对线圈产生的效应是可以忽略不计的。

2.2 阻抗分析法

2.2.1 线圈的阻抗和归一化阻抗

1. 线圈的阻抗

一个理想线圈的阻抗应该只有感抗部分，线圈的电阻应该为零，但实际上，线圈是用金属导线绕制而成的，除了具有电感外，导线还有电阻，各匝线圈之间还有电容，所以一个线圈可以用一个由电阻、电感和电容串联的电路表示，一般忽略线匝间的分布电容，而用电阻和电感的串联电路来表示（见图2-5所示），因而可用下式表示线圈的复阻抗，

$$Z = R + jX = R + j\omega L \tag{2-10}$$

式中　R——电阻；
　　　X——电抗，$X=\omega L$；
　　　ω——角频率，$\omega=2\pi f$。

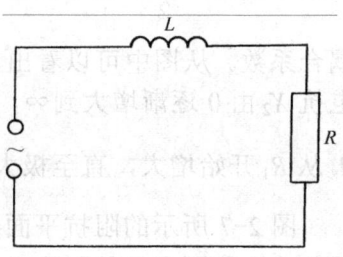

图2-5 单个线圈的等效电路

如图2-6a所示的电路中，两个线圈相互耦合，并在一次线圈通以交变电流I_1，根据前面的分析，我们可以将其等效为图2-6b的电路形式。由于电磁感应作用，在二次线圈中会产生感应电流，产生的这个感应电流反过来又会影响一次线圈中的电流和电压，这种影响可以用二次线圈电路阻抗通过互感反映到一次线圈电路的折合阻抗来体现，其等效电路如图2-6c所示，折合阻抗Z_e为：

$$Z_e = R_e + jX_e \quad R_e = \frac{X_M^2}{R_2^2 + X_2^2} R_2 \quad X_e = -\frac{X_M^2}{R_2^2 + X_2^2} X_2 \tag{2-11}$$

式中　R_2——副边线圈的电阻；
　　　X_2——副边线圈的电抗，$X_2=\omega L_2$；
　　　X_M——互感抗，$X_M = \omega M$；
　　　R_e——折合电阻；
　　　X_e——折合电抗。

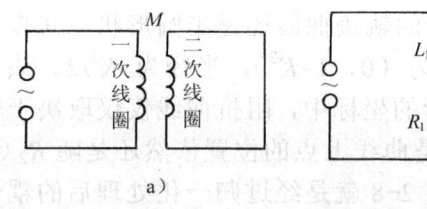 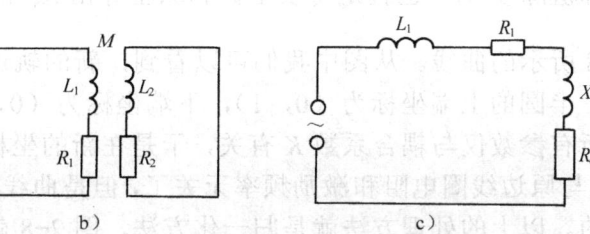

图2-6 线圈耦合的等效电路
a）线圈耦合电路　b）等效电路　c）二次线圈折合到一次线圈的等效电路

另外，我们将二次线圈的折合阻抗与一次线圈自身的阻抗相加得到的和称为视在阻抗 Z_s

$$Z_s = R_s + X_s \quad R_s = R_1 + R_e \quad X_s = X_1 + X_e \quad (2\text{-}12)$$

式中　R_1 —— 一次线圈的电阻；

　　　X_1 —— 一次线圈的电抗，$X_1 = \omega L_1$；

　　　R_s —— 视在电阻；

　　　X_s —— 视在电抗。

这样，应用二次线圈折合到一次线圈后得到的视在阻抗的概念，我们就可以认为一次电路中电流和电压的变化是由于视在阻抗变化引起的，而根据视在阻抗的变化就可以知道二次线圈对一次线圈的效应，从而可以推知二次线圈电路中阻抗的变化。

如果把二次线圈电阻 R_2 由 ∞ 逐渐递减到 0，或者是把二次线圈电抗 X_2 由 0 逐渐增大到 ∞，便可以得到一系列相对应的一次电路中视在电阻 R_s 和视在电抗 X_s 的值，再把这些值在以 R_s 为横轴、以 X_s 为纵轴的坐标平面内连接起来，便可以得到如图 2-7 所示的一条半径为 $\dfrac{K^2 \omega L_1}{2}$ 的半圆形曲线，这个曲线就称为线圈的阻抗平面图，其中 $K = \dfrac{M}{\sqrt{L_1 L_2}}$ 为耦合系数。从图中可以看出，随着二次线圈电阻 R_2 由 ∞ 逐渐递减到 0，或者是二次线圈电抗 X_2 由 0 逐渐增大到 ∞，视在电抗 X_s 从 $X_1 = \omega L_1$ 单调减小到 $\omega L_1 (1-K^2)$，而视在电阻 R_s 从 R_1 开始增大，直至极大值点 $R_1 + \dfrac{K^2 \omega L_1}{2}$ 后，又逐渐减小返回到 R_1。

图 2-7 所示的阻抗平面图虽然比较直观，但是，在阻抗平面图上，半圆形曲线的位置与一次线圈自身的阻抗以及两个线圈自身的电感和互感有关，另外，半圆的半径不仅受到上述因素的影响，而且还随频率的不同而变化。这样，如果要对每个阻抗值不同的一次线圈的视在阻抗，或者是对频率不同的一次线圈的视在阻抗，或者是对两线圈间耦合系数不同的一次线圈的视在阻抗作出阻抗平面图，就会得到半径不同、位置不一的许多半圆曲线，这不仅给作图带来不便，而且也不便于对不同情况下的曲线进行比较。为了消除原边线圈阻抗以及激励频率对曲线位置的影响，便于对不同情况下曲线进行比较，通常采用阻抗归一化方法。

2. 阻抗归一化

如果把图 2-7 中的曲线向左移动 R_1 的距离（即坐标纵轴右移 R_1 的距离），并将新的曲线坐标值除以 X_1，也就是将横坐标和纵坐标由 R_s 和 X_s 变为 $\dfrac{R_s - R_1}{\omega L_1}$ 和 $\dfrac{X_s}{\omega L_1}$，这样得到如图 2-8 所示的曲线。从图中我们可以看到，新的轨迹曲线还是半圆形状，其直径与纵轴重合，半圆的上端坐标为 (0, 1)，下端坐标为 $(0, 1-K^2)$，半径为 $K^2/2$。该半圆形曲线的所有参数仅与耦合系数 K 有关，于是在新的坐标中，阻抗曲线仅仅取决于耦合系数 K，而与原边线圈电阻和激励频率无关了，但是曲线上点的位置依然还是随 R_2（或 X_2）而变动的。以上的处理方法就是归一化方法，图 2-8 就是经过归一化处理后的耦合线圈阻抗平面图。由图可见，经归一化处理后得到的阻抗平面图具有统一的形式，仅与耦合系数 K 有关，因而有着很强的可比性，具有以下特点：

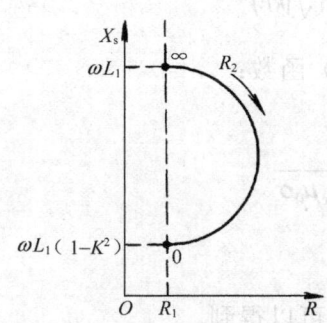 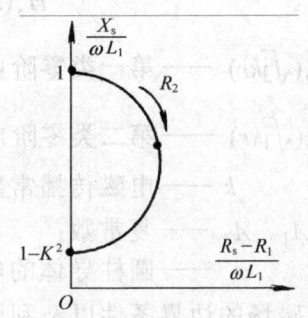

图2-7　线圈耦合时原边线圈的视在阻抗平面图　　图2-8　归一化后的阻抗平面图

1）它消除了一次线圈电阻和电感的影响，具有通用性；
2）阻抗图的曲线以一系列影响阻抗的因素（如电导率、磁导率等）作参量；
3）阻抗图形定量地表示出各影响阻抗因素的效应大小和方向，为涡流检测时选择检验的方法和条件，为减少各种效应的干扰提供了参考依据；
4）对于各种类型的工件和检测线圈，有各自对应的阻抗图。

在实际的涡流检测中，在载流激励线圈（一次线圈）的作用下，被测金属试件中由于电磁感应而感生的涡流宛若在多层密叠在一起的线圈中流过的电流，这就可以把被测试件看作一个与检测线圈交链的副边线圈。因此，从电路角度来看，涡流检测类似于线圈耦合回路的情形，上述的线圈耦合阻抗分析完全能类似地用于涡流检测中的线圈阻抗分析。

2.2.2　有效磁导率和特征频率

1. 有效磁导率

根据前面的内容我们可以知道，涡流检测中的关键问题是对检测线圈阻抗的分析，而在对检测线圈阻抗进行分析时，关键是要对放入检测线圈后磁场的变化情况进行分析，这样才能得到检测线圈阻抗的变化情况，从而分析出工件的各种影响因素。然而在实际的涡流检测中，各种线圈的阻抗分析纷繁复杂，在长期的涡流检测理论研究和实验分析的基础上，福斯特提出了有效磁导率的概念，大大简化了线圈阻抗的分析问题。

在半径为 a，相对磁导率为 μ_r 的长直圆柱导体上，紧贴密绕一螺线管线圈。这里取坐标 z 轴与螺线管轴线重合，忽略边缘效应，在螺线管中通以交变电流 i，则在螺线管内圆柱导体中会产生一沿径向变化的交变磁场 H_z，它是螺线管线圈空心时其内的激励磁场 H_0 和导体内涡流产生的磁场的矢量叠加。由于集肤效应，H_z 在圆柱导体的横截面上的分布是不均匀的，随着与表面距离的增大而逐渐减弱。圆柱导体内的磁感应强度为：

$$\dot{B}_z(r) = \mu_0 \mu_r \dot{H}_z(r) \tag{2-13}$$

式中　r——圆柱导体内任意一点到轴线的距离。

加点表示变量的复数形式。根据电磁场理论可以求得 $\dot{H}_z(r)$ 为

$$\dot{H}_z(r) = A_1 I_0(\sqrt{j}kr) + A_2 K_0(\sqrt{j}kr) \tag{2-14}$$

式中　$I_0(\sqrt{j}kr)$ ——第一类零阶虚宗贝塞尔（Bessel）函数；

　　　$K_0(\sqrt{j}kr)$ ——第二类零阶虚宗贝塞尔函数；

　　　k ——电磁传播常数，$k = \sqrt{\omega\mu\sigma} = \sqrt{\omega\mu_r\mu_0\sigma}$

　　　A_1、A_2 ——复常数；

　　　σ ——圆柱导体的电导率。

根据磁场的边界条件以及利用 $K_0(\sqrt{j}kr)$ 的性质，可以得到

$$\dot{H}_z(r) = H_0 \frac{I_0(\sqrt{j}kr)}{I_0(\sqrt{j}ka)} \tag{2-15}$$

因此，通过圆柱导体任一横截面的磁通量为

$$\dot{\Phi} = \int_s \dot{B}_z ds = \int_0^a 2\pi r \mu_0 \mu_r \dot{H}_z(r) dr = 2\pi\mu_0\mu_r H_0 \frac{a}{\sqrt{-j}k} \cdot \frac{J_1(\sqrt{-j}ka)}{J_0(\sqrt{-j}ka)} \tag{2-16}$$

式中　$J_0(\sqrt{-j}kr)$、$J_1(\sqrt{-j}kr)$ ——分别为零阶和一阶贝塞尔函数。

对于以上情况，福斯特在分析线圈视在阻抗变化时，提出了一个假想的模型：圆柱导体的整个截面上有一个恒定不变的磁场 H_0，而磁导率却在截面上沿径向变化，它所产生的磁通等于圆柱导体内真实的物理场所产生的磁通。这样，就用一个恒定的磁场 H_0 和变化着的磁导率替代了实际上变化着的磁场 H_z 和恒定的磁导率 μ，这个变化着的磁导率便称为有效磁导率，用 μ_{eff} 表示，它是一个复数，对于非铁磁性材料来说，其模小于 1。

根据上面叙述，可以写出假想模型的磁感应强度为

$$\dot{B} = \mu_0 \mu_r \mu_{\text{eff}} H_0 \tag{2-17}$$

磁通为

$$\dot{\Phi} = \dot{B}S = \mu_0 \mu_r \mu_{\text{eff}} H_0 \pi a^2 \tag{2-18}$$

真实物理场所产生的磁通与假想模型的磁通应相等，即式（2-16）与式（2-18）相等，因而可以求出有效磁导率为

$$\mu_{\text{eff}} = \frac{2}{\sqrt{-j}ka} \cdot \frac{J_1(\sqrt{-j}ka)}{J_0(\sqrt{-j}ka)} \tag{2-19}$$

由此可见，有效磁导率 μ_{eff} 不是一个常量，而是一个与激励频率 f 以及导体的半径 r、电导率 σ、磁导率 μ 有关的复变量。

2. 特征频率

式（2-19）中，贝塞尔函数的虚宗量为

$$\sqrt{-j}ka = \sqrt{-j\omega\mu\sigma a^2} = \sqrt{-j2\pi f\mu\sigma a^2} \tag{2-20}$$

福斯特把有效磁导率 μ_{eff} 表达式中贝塞尔函数的虚宗量的模为 1 时对应的频率定义为特征频率（或界限频率）。用 f_g 表示，它是工件的一个固有特性，取决于工件自身的

电磁特性和几何尺寸。即有

$$\left|\sqrt{-j}ka\right| = \sqrt{2\pi f \mu \sigma a^2} = 1$$

则
$$f_g = \frac{1}{2\pi \mu \sigma a^2} \qquad (2-21)$$

对于非铁磁性材料，$\mu \approx \mu_0 = 4\pi \times 10^{-9}$ H/cm，可得特征频率

$$f_g = \frac{5066}{\sigma d^2} \qquad (2-22)$$

式中　σ——材料的电导率，单位是 MS/m；
　　　d——圆柱导体的直径，单位为 cm，$d=2a$。

这就是在常用的工程单位制中，非铁磁性圆柱导电材料试件的特征频率。另外当材料电导率用国际退火铜单位百分比的单位表示时，有

$$f_g = \frac{8734}{\sigma d^2} \qquad (2-23)$$

式中　σ——材料的电导率，单位是 %IACS；
　　　d——圆柱导体的直径，单位是 cm。

应当注意到，对于特定试件，特征频率既非试验频率的上限也非下限，而且也不一定是应采用的最佳试验频率，它只是一个特征参数，含有除缺陷外棒材尺寸和材料性能的信息。

对于一般的试验频率 f，很显然有下面的关系式成立

$$ka = \sqrt{\frac{f}{f_g}} \qquad (2-24)$$

因此，在分析检测线圈的阻抗时，常把实际的涡流检测频率 f 除以特征频率 f_g 作为一参考值，表示为 f/f_g，并且有效磁导率 μ_{eff} 可以用这个频率比作为变量。图 2-9 表示有效磁导率 μ_{eff} 与频率比 f/f_g 的关系曲线，由图可以看出，随着 f/f_g 的增加，μ_{eff} 虚部先增大后减小，μ_{eff} 实部逐渐减小。

3. 涡流试验相似律

有效磁导率 μ_{eff} 是一个完全取决于频率比 f/f_g 的大小的参数，而 μ_{eff} 的大小又决定了试件内涡流和磁场强度的分布，因此，试件内涡流和磁场的分布是随 f/f_g 的变化而变化的。理论分析和推导可以证明，试件中涡流和磁场强度的分布仅仅是 f/f_g 的函数。由

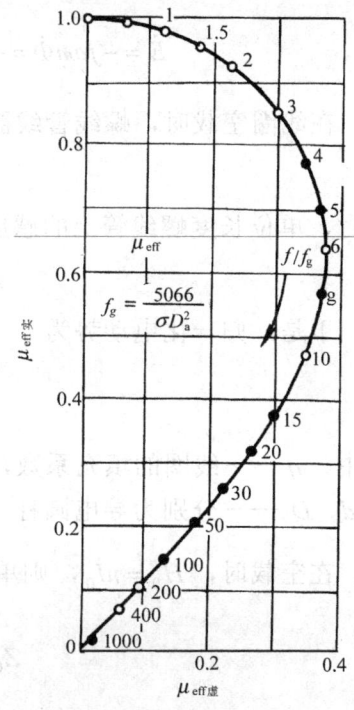

图2-9　μ_{eff} 与 f/f_g 的关系曲线

此，可得出涡流试验的相似律：对于两个不同的试件，只要各对应的频率比 f/f_g 相同，则有效磁导率、涡流密度及磁场强度的几何分布均相同。

2.2.3 穿过式线圈的阻抗分析

1. 线圈感应电动势与阻抗

对于含导电圆柱体的长直载流螺线管线圈，假设导电圆柱体的半径为 r_1，螺线管的半径为 r_2（$r_1<r_2$），单位长度的线圈匝数为 n，如图 2-10 所示，在导电圆柱体内（$0<r<r_1$）的磁场强度为 $\dot{H}_z$，在螺线管与导电圆柱体之间（$r_1<r<r_2$）的空隙中磁场强度为激励

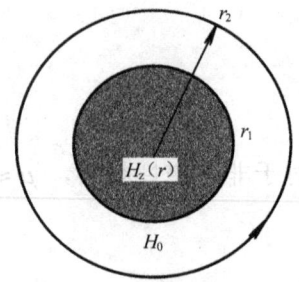

图 2-10 含导电圆柱体的螺线管线圈截面图

磁场 $\dot{H}_0$，根据有效磁导率的概念，可求出穿过螺线管线圈横截面的磁通量

$$\dot{\Phi} = \mu_0\mu_r\dot{H}_z\pi r_1^2 + \mu_0\dot{H}_0\pi(r_2^2-r_1^2) = \mu_0\mu_r\mu_{\text{eff}}\dot{H}_0\pi r_1^2 + \mu_0\dot{H}_0\pi(r_2^2-r_1^2) \tag{2-25}$$

则单位长度螺线管上产生的感应电动势为

$$\dot{e} = -n\frac{\mathrm{d}\dot{\Phi}}{\mathrm{d}t} = -j\omega n\,\mathrm{Re}[\dot{\Phi}\mathrm{e}^{j\omega t}] \tag{2-26}$$

相量为

$$\dot{E} = -j\omega n\dot{\Phi} = -j\omega n\mu_0\mu_r\mu_{\text{eff}}\dot{H}_0\pi r_1^2 - j\omega n\mu_0\dot{H}_0\pi(r_2^2-r_1^2) \tag{2-27}$$

在线圈空载时，螺线管线圈横截面上的磁通量为

$$\dot{\Phi} = \mu_0\dot{H}_0\pi r_2^2 \tag{2-28}$$

此时，单位长度螺线管上的感应电动势为

$$\dot{E}_0 = -j\omega n\dot{\Phi} = -j\omega n\mu_0\dot{H}_0\pi r_2^2 \tag{2-29}$$

于是，归一化电动势为

$$\frac{\dot{E}}{\dot{E}_0} = 1-\eta+\eta\mu_r\mu_{\text{eff}} \tag{2-30}$$

式中　η——线圈的填充系数，$\eta=(r_1/r_2)^2=(d/D)^2$；

d、D——分别为导电圆柱体的直径和螺线管线圈的直径。

在空载时，$H_0=n\dot{I}_0$，则单位长度线圈上的阻抗为

$$Z_0 = \frac{\dot{E}_0}{\dot{I}_0} = -j\omega n^2\mu_0\cdot\pi r_2^2 = -j\omega L \tag{2-31}$$

式中　L——空载时单位长度上的电感，$L=n^2\mu_0\pi r^2$。

在螺线管线圈中含有导电圆柱体时，利用有效磁导率的概念，可以得到单位长度上的阻抗为

$$Z = \frac{\dot{E}}{\dot{I}} = -j\omega n^2 \mu_0 \mu_r \mu_{\text{eff}} \pi r_1^2 - j\omega n^2 \mu_0 \pi (r_2^2 - r_1^2) \tag{2-32}$$

因而，单位长度螺线管线圈的归一化阻抗为

$$\frac{Z}{Z_0} = 1 - \eta + \eta \mu_r \mu_{\text{eff}} \tag{2-33}$$

2. 含圆柱体穿过式线圈的阻抗分析

通过上面的讨论，发现含导电圆柱体螺线管线圈的归一化阻抗和电动势都可以表示为下面的特性函数

$$\frac{Z}{Z_0} = \frac{\dot{E}}{\dot{E}_0} = 1 - \eta + \eta \mu_r \mu_{\text{eff}} \tag{2-34}$$

从上式可以看出，影响线圈阻抗的因素是材料自身的性质和线圈与试件的电磁耦合状况，主要包括：试件的电导率 σ、磁导率 μ、几何尺寸、缺陷以及试验频率等。

（1）电导率 σ　根据特性函数式（2-34）可以知道，电导率 σ 的变化对阻抗的影响主要反映在有效磁导率 μ_{eff} 内，即 σ 只决定影响 μ_{eff} 的参变量 $f/f_g = \omega \mu_r \mu_0 \sigma a^2$，因而，$\sigma$ 的变化只影响阻抗值在 f/f_g 曲线上的位置。例如，假设有一根导电圆棒完全填充线圈，即填充系数 $\eta = 1$，圆棒的一些参数为：$\sigma = 35\text{m}/(\Omega \cdot \text{mm}^2)$，$\mu_r = 1$，$r_1 = 6\text{mm}$。则其特征频率 $f_g = 100\text{Hz}$，当试验频率采用 $f = 1000\text{Hz}$ 进行涡流试验时，频率比 $f/f_g = 10$，这样，通过计算特征函数可以得到线圈的归一化阻抗，可以在阻抗平面图上 $f/f_g = 10$ 的位置表示出来。如果电导率的大小减半，其他参数不变，则试件的特征频率 $f_g = 200$，频率比 $f/f_g = 5$，那么归一化阻抗也发生变化，在阻抗平面图上表现为从 $f/f_g = 10$ 的位置移到了 $f/f_g = 50$ 的位置。可见 σ 引起 μ_{eff} 发生变化的效应是处于阻抗曲线的切线方向。

根据上面的分析可以知道，对不同电导率的试件进行涡流试验，检测线圈的阻抗会不同，因此，可以利用涡流检测的方法进行材料电导率的测量和材质的分选等工作。

（2）磁导率 μ　对于非铁磁性材料有：$\mu = \mu_r \mu_0 \approx \mu_0$，因而一般磁导率对检测线圈的阻抗没有影响。但是对于铁磁性材料就不一样了，由于 $\mu_r \neq 1$，所以需要考虑磁导率的影响。当填充系数 $\eta = 1$ 时，含铁磁性试件线圈的复阻抗平面图如图 2-11 所

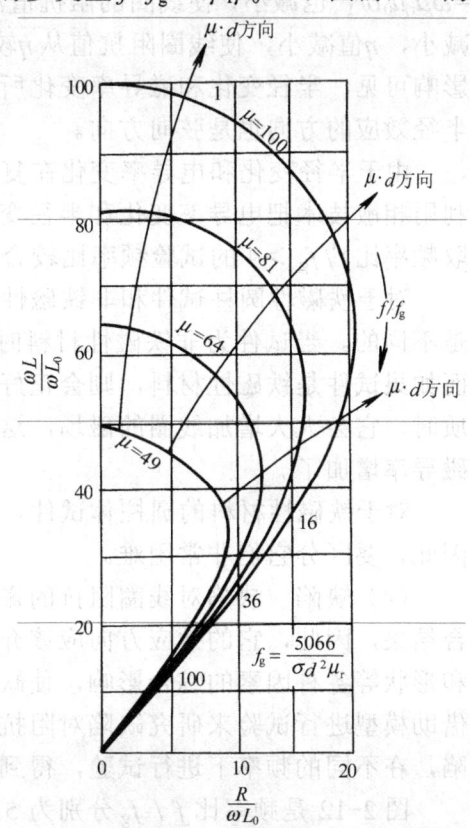

图2-11　$\eta = 1$ 时，含铁磁性导电圆柱体的线圈复阻抗平面图

示，从图中可以看出这些曲线不同于线圈中含非铁磁性试件时的情况，归一化阻抗的实部和虚部都相对增加了 μ_r 倍。

根据特性函数式（2-34）可以看出，铁磁性材料的磁导率 μ 对线圈阻抗的影响是双重的，一方面既改变了 μ_{eff} 的参变量 $f/f_g=\omega\mu_r\mu_0\sigma r_1^2$，使阻抗值沿着同一条曲线移到变化后的 f/f_g 点上；另一方面，它还改变特性函数中的 $\eta\mu_r\mu_{eff}$ 值，使阻抗值落到新的 μ_r 值的曲线上。这样影响的总效果使磁导率变化引起的效应方向发生在图 2-11 所示的弦向曲线方向上。

从图 2-11 可以看出，在阻抗曲线的上半部分中电导率效应的方向和磁导率效应的方向之间有较大夹角，因此，就可以用相敏检波技术来鉴别电导率的变化和磁导率的变化。由于相敏技术鉴别的难易程度取决于夹角的大小，夹角大容易鉴别，反之则难于鉴别。由阻抗曲线可知，当频率比 $f/f_g \leqslant 15$ 时，两者效应之间的夹角较大，具有良好的分辨性。

（3）试件的几何尺寸　在讨论含导电圆柱体试件的线圈阻抗时，试件几何尺寸的变化通常是以半径（或直径）的变化来描述。

从特性函数 $1-\eta+\eta\mu_r\mu_{eff}$ 可以知道，试件半径 r_1 的变化不仅影响了 μ_{eff} 的参变量 $f/f_g=\omega\mu_r\mu_0\sigma r_1^2$，而且还影响了填充系数 η 的大小，不论导电圆柱体是否是铁磁性材料，因此，它对线圈阻抗的影响与磁导率 μ 的影响一样也是双重的。当半径 r_1 减小时，$f/f_g=\omega\mu_r\mu_0\sigma r_1^2$ 也减小，使线圈的阻抗值沿着同一条 η 的曲线向上移动位置；同时，由于半径减小，η 值减小，使线圈阻抗值从 η 较大的曲线上移到另一 η 较小的曲线上。综合两者的影响可见，半径变化和磁导率变化所引起的线圈阻抗的变化是相似的，反映在阻抗图上半径效应的方向也是弦向方向。

由于半径变化和电导率变化在复阻抗平面图上的效应方向是不同的，所以，也可以利用相敏技术把电导率变化和半径变化分离开来。不过，要获得良好的试验效果，应选取频率比 $f/f_g>4$ 的试验频率比较合适。

对于铁磁性圆柱试件和非铁磁性圆柱试件，半径的变化在复阻抗平面上的效应方向是不同的。当试件为非铁磁性材料时，半径的增加一般会引起有效磁导率 μ_{eff} 的降低，而如果试件是铁磁性材料，则会正好相反。这是因为：当检测线圈中的试件是铁磁性物质时，它会大大增加线圈的磁场，这个增加量超过了涡流对磁场的削弱量，因而使有效磁导率增加了。

对于铁磁性材料的圆柱体试件，由半径变化和磁导率变化对线圈阻抗的效应相似，因此，要区分它们非常困难。

（4）缺陷　缺陷对线圈阻抗的影响可以看作是电导率和几何尺寸两个参数影响的综合结果，因此，它的效应方向应该介于电导率和半径效应之间。由于缺陷的位置、深度和形状等各种因素的综合影响，使缺陷效应的大小很难进行理论计算，所以，通常都是借助模型进行试验来研究缺陷对阻抗的效应，取各种不同材料、形状、尺寸和位置的缺陷，在不同的频率下进行试验，得到的结果制成参考图表，以为实用试验提供依据。

图 2-12 是频率比 f/f_g 分别为 5、15、50 和 150 时，对有不同位置、形状、宽度裂纹的非铁磁性圆柱体进行模型试验得出的阻抗测量数据，绘制出的裂纹对线圈视在阻抗变化影响的曲线。图中的零点相当于没有缺陷时，相应频率比所决定的 μ_{eff} 值所处的位

置。每个图都是零点附近区域适当放大的图形。

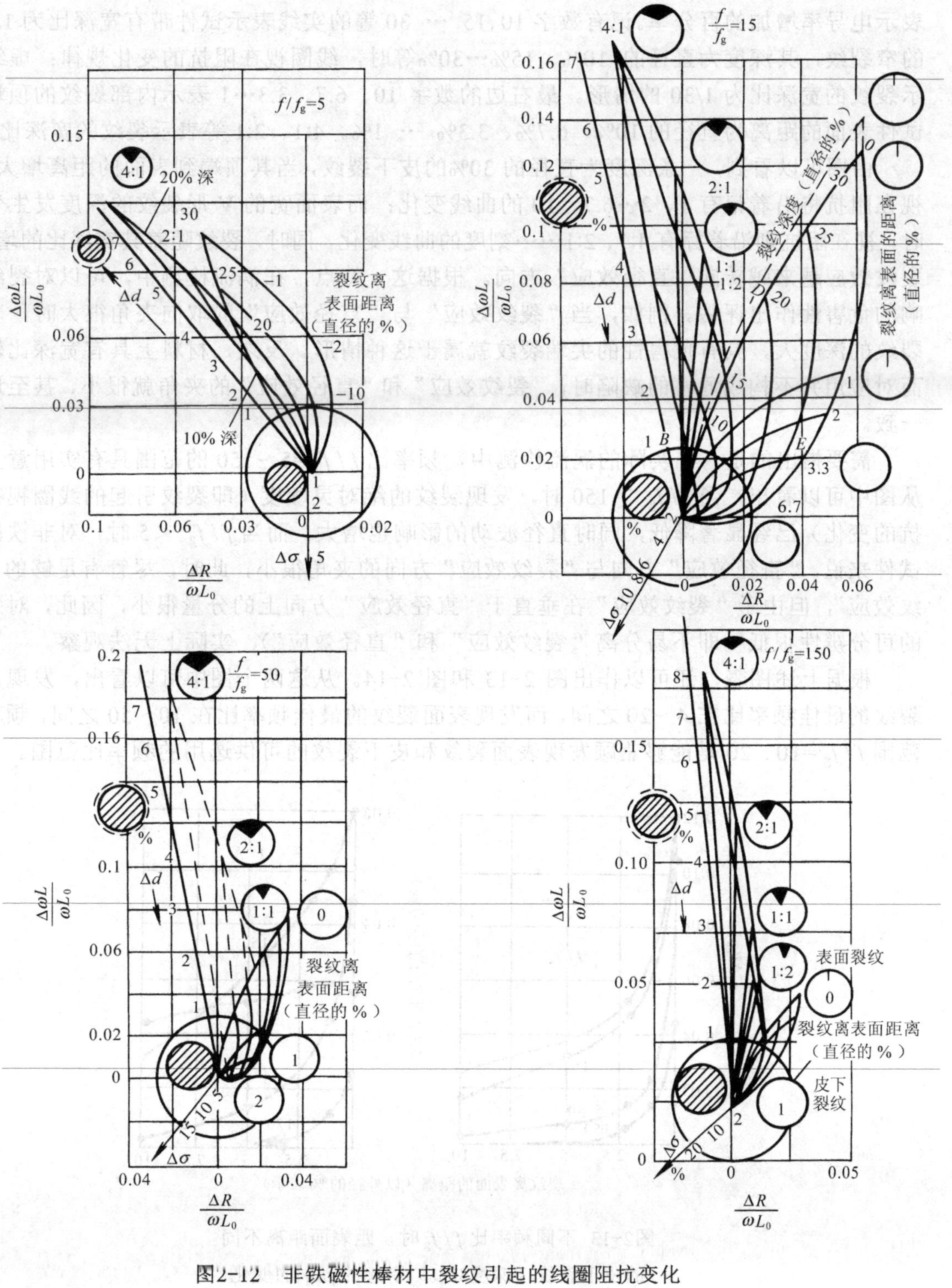

图2-12 非铁磁性棒材中裂纹引起的线圈阻抗变化

下面以 f/f_g =15 为例进行讨论，图中标有 Δd 的线段表示对应于直径变化的"直径效应"曲线，数字表示直径减小的百分率。标有 $\Delta \sigma$ 的线段表示"电导率效应"曲线，数字表示电导率增加的百分率。记有数字 10、15 ··· 30 等的实线表示试件带有宽深比为 1/100 的窄裂纹，其深度为直径的 10%、15%···30%等时，线圈视在阻抗的变化规律；虚线表示裂纹的宽深比为 1/30 的情形。最右边的数字 10、6.7、3.3···1 表示内部裂纹的顶端距试件表面的距离为直径的 10%、6.7%、3.3% ··· 1%。4:1、2:1 等表示裂纹的宽深比。

由图可以看到，一条深度为直径的 30%的皮下裂纹，当其顶端到表面的距离增大时，视在阻抗将沿着记有 1、2···6.7、10 的曲线变化；而表面宽的 V 形裂纹的深度发生变化时，视在阻抗则沿着标有 4:1、2:1······刻度的曲线变化，同时，裂纹随着其宽深比的增大，裂纹效应越来越转向"直径效应"方向。根据这一特点，在涡流检测中，可以对裂纹影响的危害性作出评估。例如，当"裂纹效应"与"直径效应"的取向夹角很大时，表明裂纹的深度大，具有危害性的尖端裂纹就属于这种情形。反之，材料上具有宽深比较大而对应用并不构成危害的缺陷时，"裂纹效应"和"直径效应"的夹角就很小，甚至近似一致。

需要指出的是，在实际的涡流检测中，频率比 f/f_g =5~150 的范围具有实用意义。从图中可以看出，当 f/f_g >150 时，发现裂纹的绝对灵敏度（即裂纹引起的线圈视在阻抗的变化）已经显著降低，同时直径波动的影响也增大。而当 f/f_g <5 时，对非铁磁性试件来说，"直径效应"方向与"裂纹效应"方向的夹角很小，此时，尽管有足够的"裂纹效应"，但由于"裂纹效应"在垂直于"直径效应"方向上的分量很小，因此，对裂纹的可分辨性很低（即不易分离"裂纹效应"和"直径效应"），实际上无法观察。

根据上述图表，还可以作出图 2-13 和图 2-14。从这两个图中可以看出，发现皮下裂纹的最佳频率比在 4~20 之间，而发现表面裂纹的最佳频率比在 10~50 之间，频率比范围 f/f_g =10~20 是能够兼顾发现表面裂纹和皮下裂纹的可供选用的频率比范围。

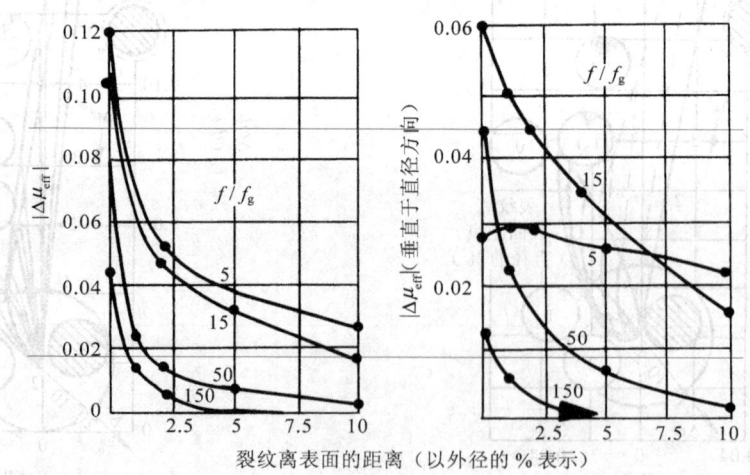

图2-13 不同频率比 f/f_g 时，距表面距离不同的皮下裂纹（深度30%）引起的 $|\mu_{eff}|$ 的变化

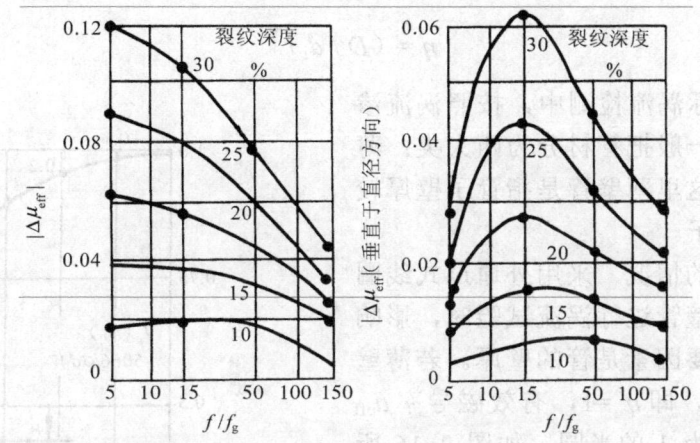

图2-14 不同频率比f/f_g时,不同深度的表面裂纹引起的$|\mu_{eff}|$的变化

对铁磁性圆柱体试件中的裂纹所产生的效应,与直径变化和磁导率变化所引起的效应不同,它们彼此间成较大的角度,因此,只要适当地选择工作频率(一般选取频率比$f/f_g<10$),就能够有效地显现出铁磁性试件中的裂纹。

(5)试验频率f 从式(2-34)的特性函数可以看出,试验频率f对线圈阻抗的影响表现在影响μ_{eff}的参变量f/f_g上。由于$f/f_g=\omega\mu_r\mu_0\sigma r_1^2$,因此,试验频率$f$和电导率$\sigma$两者的效应方向在阻抗图上是一致的。

在实际的涡流检测中,为了分离各种影响因素(诸如前面讨论的电导率效应、直径效应、裂纹效应等),有必要选择最佳的试验频率,而最佳试验频率的选择随检测目的和对象有所不同。

3. 含导电管材的穿过式线圈的阻抗分析

对含导电管材的穿过式线圈的阻抗进行理论分析时,同前面的导电圆柱线圈的假设一样,如图2-15所示。设检测线圈内径为D,管子外径为d_o、内径为d_i,则在外通过式线圈情况下(图2-15a)填充系数η定义为

$$\eta=(d_o/D)^2 \tag{2-35}$$

而对于内穿过式线圈(图2-15b),填充系数η定义为

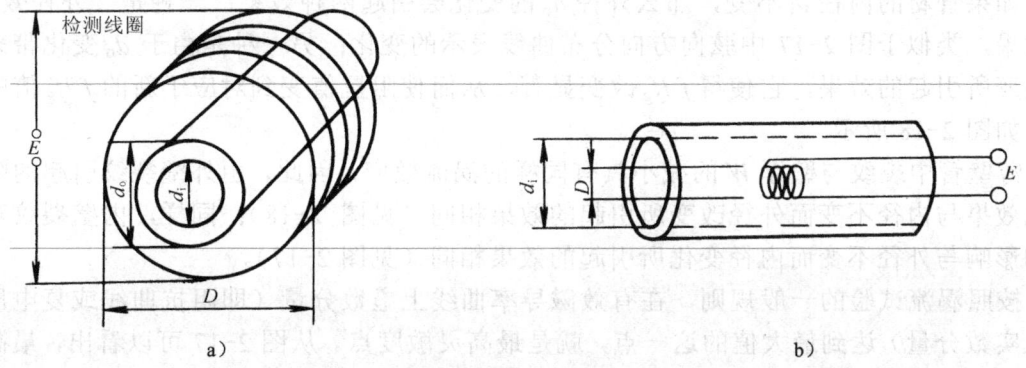

图2-15 含导电管材的穿过式线圈
a)外通过式 b)内穿过式

$$\eta = (D/d_i)^2 \tag{2-36}$$

在管材的实际涡流检测中,按照涡流渗透壁厚的情况,一般把管材分为两大类:薄壁管和厚壁管。这里薄壁管是指管子壁厚较之管径甚小的管子。

(1)薄壁管的情况 采用外通过式线圈对非铁磁性的薄壁管进行涡流试验时,影响涡流分布的最重要因素是管的壁厚。若薄壁管完全填充线圈,即 $\eta=1$,有效磁导率 μ_{eff} 的曲线是一直径为 1 的半圆,如图 2-16 所示。

对于外通过式线圈或内穿过式线圈,薄壁管的特征频率 f_g 可表示为

$$f_g = \frac{5066}{\mu_r \sigma d_i W} \tag{2-37}$$

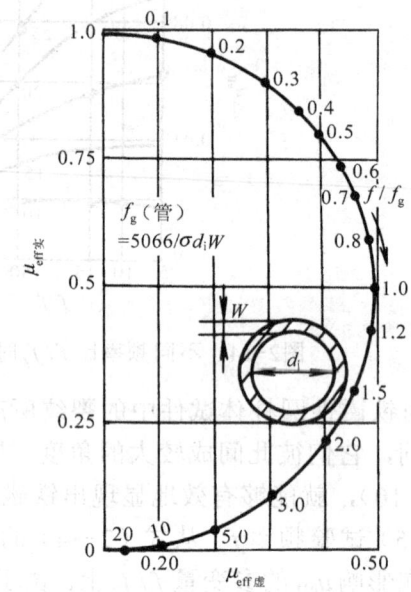

图 2-16 非铁磁性薄壁管有效磁导率曲线

式中 σ ——电导率,单位为 MS/m;
d_i ——管材的内径,单位为 cm;
W ——管材的壁厚,单位为 cm。

管材自身的性质对阻抗产生影响的主要因素有:电导率 σ、磁导率 μ、管材外径 d_o、管材内径 d_i、管材壁厚 W,另外内外表面缺陷、管材的偏心度及试验频率等也对阻抗有影响。

对于非铁磁性薄壁管,在线圈直径不变,且管材内径 d_i 和外径 d_o 的比值 d_i/d_o 保持一定时,改变外径 d_o 大小所引起的外通过式线圈阻抗变化和改变内径 d_i 所引起的内穿过式线圈阻抗变化如图 2-17 所示,是一族半圆形曲线,图中的各条阻抗曲线分别是在填充系数 $\eta=1$、0.75、0.50、0.25 条件下获得的。如果外径不变,这些曲线可用来表示电导率 σ、内径 d_i 和壁厚 W 的变化,弦向分布的曲线则表示外径变化效应所引起的阻抗改变方向。如果管材的内径 d_i 不变,那么外径 d_o 的变化会引起两种效果:一种是"外径效应"的效果,类似于图 2-17 中弦向方向分布曲线表示的变化;另一种是由于 d_o 变化带来壁厚改变所引起的效果,它使得 f/f_g 改变显著,从而使阻抗值变到对应于新的 f/f_g 值的位置,如图 2-18 所示。

薄壁管中裂纹与壁厚 W 的减小具有同样的涡流效应,因此,由外壁裂纹引起的阻抗变化效果与内径不变而外径改变所引起的效果相同(见图 2-18);同样,内壁裂纹对阻抗的影响与外径不变而内径变化所引起的效果相同(见图 2-17)。

按照涡流试验的一般规则,在有效磁导率曲线上虚数分量(即阻抗曲线或复电压曲线上实数分量)达到最大值的这一点,就是最高灵敏度点。从图 2-17 可以看出,最高灵敏度在 $f/f_g=1$ 这一点。因此,一般在检测薄壁管中的裂纹和测量管子的合金成分或壁厚时,试验频率的范围选取 $f/f_g=0.4\sim2.4$ 对应的频率段。

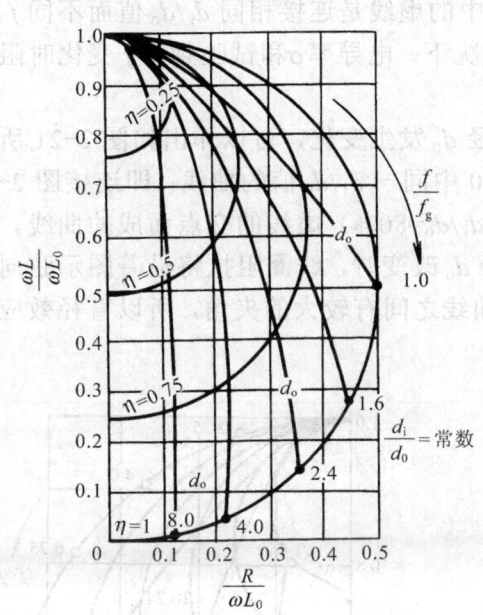
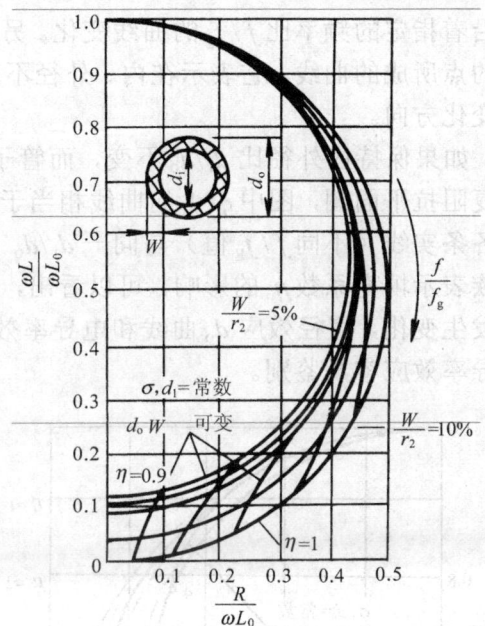

图2-17 线圈直径不变，d_i/d_o=常数时，外通过式线圈 η 随 d_o 变化，内穿过式线圈 η 随 d_i 变化的阻抗平面图

图2-18 σ、d_i 不变，d_o 变化时的线圈阻抗平面图

（2）厚壁管情况 采用外通过式线圈检测非铁磁性厚壁管时，当填充系数 $\eta=1$ 时，其阻抗变化处于图 2-19 的阴影区，该区处于实心圆柱体的阻抗曲线和薄壁管的阻抗曲线之间，它表明了管材特性改变时，线圈阻抗的变化范围。

对于内通过式线圈，厚壁管的特征频率 f_g 可表示为

$$f_g = \frac{5066}{\mu_r \sigma d_i^2} \quad (2-38)$$

式中 d_i——管材内径，单位为 cm。

当管子的外径 d_o 不变而内径 d_i 改变时，有效磁导率平面如图 2-20 所示，图中最左边的实线是按同条件下圆柱体试件作出的 μ_{eff} 曲线，其余实线是频率比 f/f_g 分别为 4、9、25、100 时，保持电导率 σ 和外径 d_o 不变时，不同的内外径 d_i/d_o 比所得到的曲线，这里为了简化，这些曲线都采用实心圆柱体的 f/f_g 值。从图中可以看出，当内径 d_i 变化时，其有效磁导率 μ_{eff}

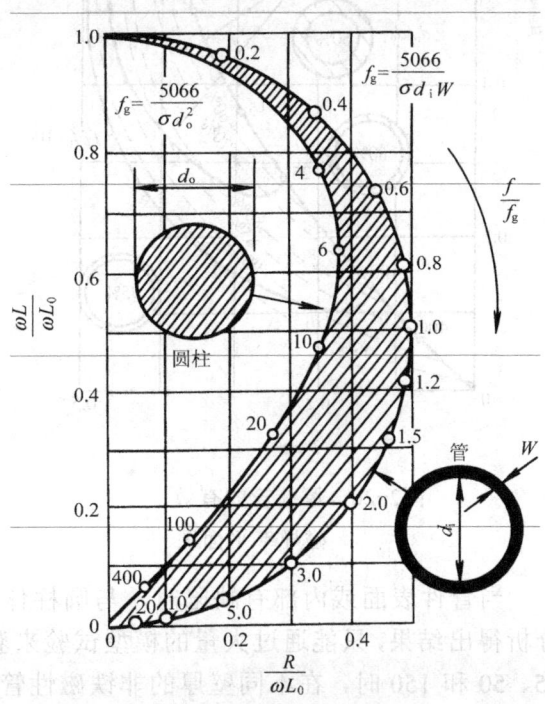

图2-19 $\eta=1$，外径 d_o=常数时，厚壁管特性变化对非铁磁性穿过式线圈的阻抗变化的影响

只沿着指定的频率比 f/f_g 的曲线变化。另外，图中的虚线是连接相同 d_i/d_o 值而不同 f/f_g 值的点所成的曲线，它表示在内、外径不变的情况下，电导率 σ 和试验频率 f 变化时阻抗的变化方向。

如果保持内外径比 d_i/d_o 不变，而管子的外径 d_o 发生变化，可以作出如图 2-21 所示的复阻抗平面图，图中 $\eta=1$ 的曲线相当于图 2-20 中同一 d_i/d_o 值的曲线，即连接图 2-20 中各条实线（不同 f/f_g 值）与同一 d_i/d_o（图中 $d_i/d_o=80\%$）虚线的交点而成的曲线。曲线族表示填充系数 η 的影响，可以看出，当外径 d_o 改变时，线圈阻抗将沿着图示弦向曲线发生变化，直径效应 d_o 曲线和电导率效应 σ 曲线之间有较大的夹角，所以直径效应与电导率效应容易鉴别。

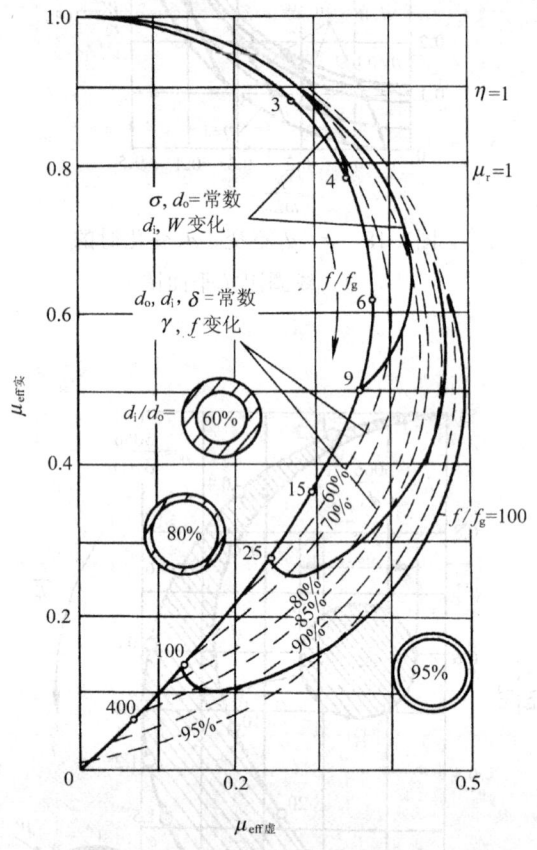

图 2-20　厚壁管的有效
磁导率平面图

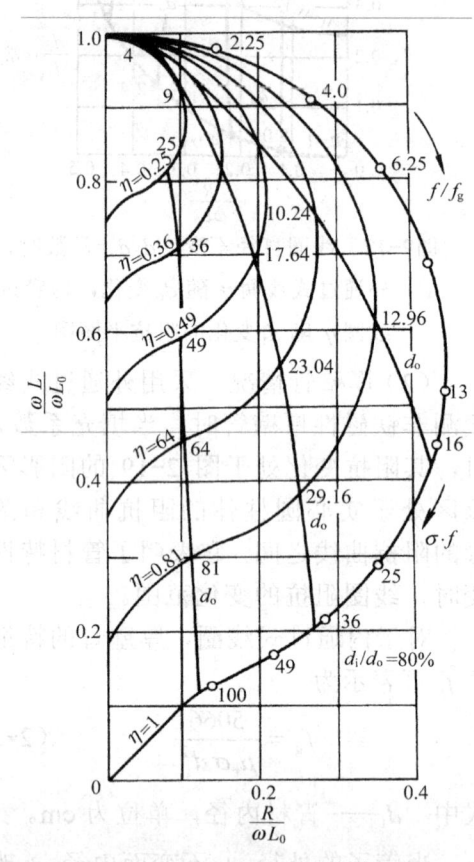

图 2-21　$d_i/d_o=80\%$ 的非磁性
厚度管的复阻抗平面图

当管件表面或内部有缺陷时，与圆柱体试件一样，由于边界条件复杂，很难由数学分析得出结果，只能通过大量的模型试验来获得数据。图 2-22 分别表示在频率比 $f/f_g=5$、15、50 和 150 时，在不同壁厚的非铁磁性管中，不同位置与深度的裂纹对检测线圈视在阻抗的影响。从图中可以看出，管件上内、外壁裂纹的阻抗曲线间有相移，且随着 f/f_g、W/r_o（r_o 为管的外半径）的增加而增加。同时，那些既不在内壁也不在外壁表面下的裂纹影响略小于同样深度的表面裂纹的影响。

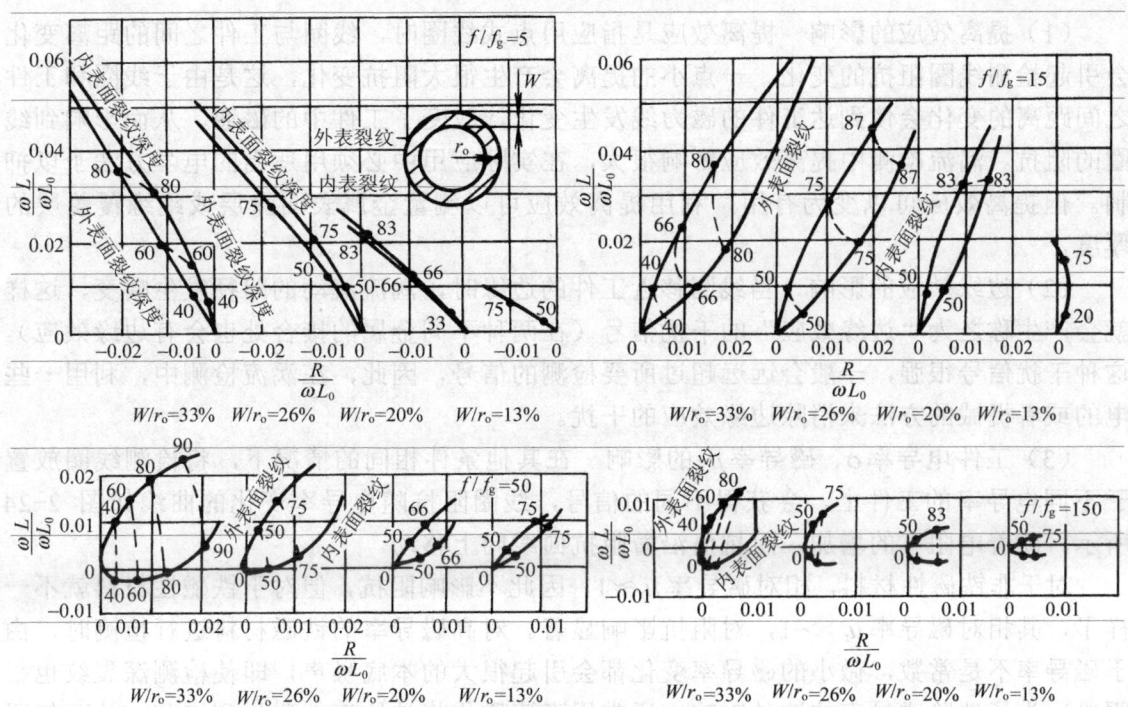

图2-22 非铁磁性管的裂纹对线圈阻抗的影响
（曲线上的数值表示裂纹深度，以壁厚 W 的百分率表示）

采用内穿过式线圈检测非铁磁性厚壁管时，线圈的阻抗如图2-23所示。从图中可以看出，当管的内径 d_i 保持不变，而管材的电导率 σ 或试验频率 f 改变时，线圈阻抗沿着 f/f_g 曲线移动，与内径 d_i 变化时阻抗曲线的移动，两者之间具有较大的夹角，较容易分离。因此，利用内穿过式线圈对管件内部进行检测，对腐蚀效应（即 d_i 的变化）有良好的检测效果。

2.2.4 放置式线圈的阻抗分析

放置式线圈是涡流检测中使用最为广泛的一种线圈，亦称为探头式线圈。根据用处、结构、形状等的不同，它有各种类型和名称，如笔式探头、钩式探头、平探头和孔探头等。

1. 影响阻抗变化的主要因素

在实际的涡流检测中，提离、电导率、磁导率、频率、缺陷以及工件厚度等的变化都会对放置式线圈的阻抗产生影响，但它们的变化方向各不相同，因此可以采用相位分离法分离干扰因素。

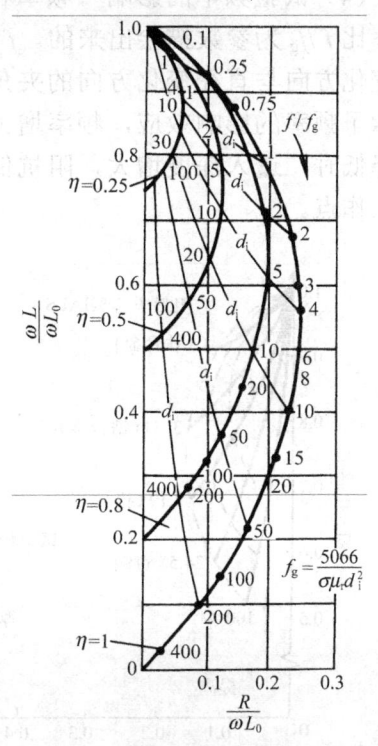

图2-23 非铁磁性厚壁管内穿过式线圈的阻抗平面图

(1) 提离效应的影响　提离效应是指应用点式线圈时,线圈与工件之间的距离变化会引起检测线圈阻抗的变化。一点小的提离会产生很大阻抗变化,这是由于线圈和工件之间距离的变化会使到达工件的磁力线发生变化,改变了工件中的磁通,从而影响到线圈的阻抗。涡流检测中提离效应影响很大,在实际应用中必须用适当的电学方法予以抑制。但提离效应可以变为有用,利用提离效应可以测量金属表面涂层或绝缘覆盖层的厚度。

(2) 边缘效应的影响　当线圈移近工件的边缘时,涡流流动的路径发生畸变,这样就会产生称之为"边缘效应"的干扰信号(在两种不同金属的接合处也会有边缘效应)。这种干扰信号很强,一般会远远超过所要检测的信号,因此,在涡流检测中,利用一些电的或者机械的方法来消除边缘效应的干扰。

(3) 工件电导率σ、磁导率μ的影响　在其他条件相同的情况下,将检测线圈放置于不同电导率的工件上,会获得不同的信号,线圈阻抗随电导率变化的曲线如图2-24所示,随着电阻率的增加,阻抗值沿着阻抗曲线向上移动。

对于非铁磁性材料,相对磁导率$\mu_r \approx 1$,因此不影响阻抗,但对于铁磁性材料就不一样了,其相对磁导率$\mu_r \gg 1$,对阻抗影响显著。对高磁导率的铁磁材料进行检测时,由于磁导率不是常数,微小的磁导率变化都会引起很大的本底噪声,即使检测深裂纹也很困难,为了消除磁导率的这种影响,通常用直流磁化将被检工件磁化到饱和,从而使磁导率变小,达到某一常数,减小磁导率变化的影响。

(4) 试验频率的影响　频率和电导率在阻抗图上的效应是一致的。阻抗图一般是以频率比f/f_g为参数描绘出来的。f/f_g一般取$10 < f/f_g < 40$。如果f/f_g选得过小,则电导率变化方向与直径变化方向的夹角很小,用相位分离法难以分离,但也不宜过高。图2-25显示了频率的影响效应,频率增大时,由于集肤效应,涡流会局限于表面薄层流动;频率降低时,透入深度增大,阻抗值沿曲线向上移动,在实际检测中,常通过调节频率选择工作点。

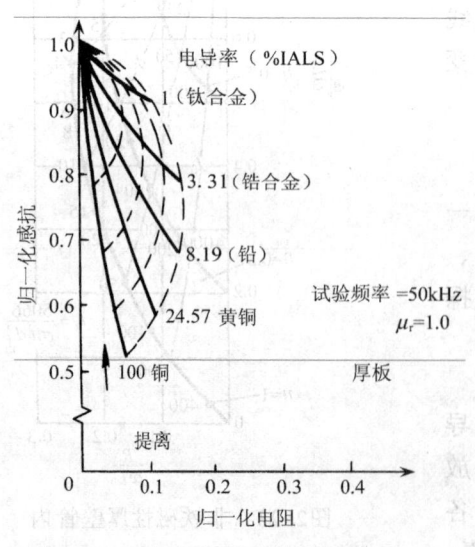

图2-24　电阻率对阻抗的影响

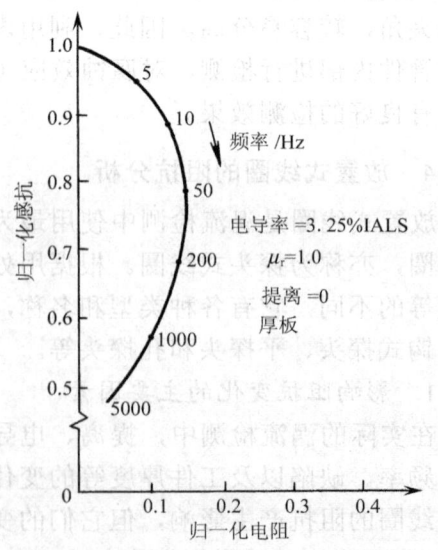

图2-25　频率对阻抗的影响

（5）工件厚度的影响　图 2-26 显示了工件厚度从无穷大减小到零时，放置式线圈的阻抗变化轨迹。从图中可以看出，当工件变薄时，阻抗值沿着曲线向上移动，与电阻率增大的效应类似。

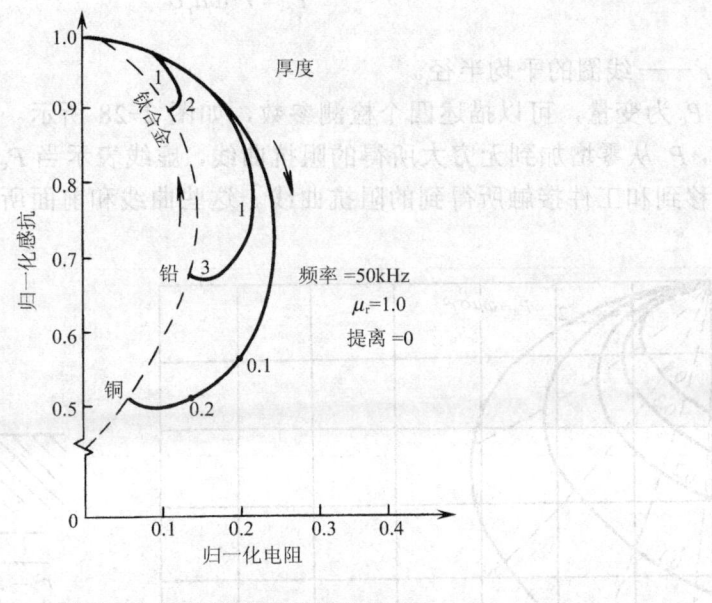

图2-26　工件厚度对阻抗的影响

（6）线圈直径的影响　图 2-27 显示了线圈的直径效应，图中的被测工件假定为一半无限大导体。从图中可以看出，线圈直径增加，阻抗值沿着曲线向下移动，与频率增大的效应相似。这是因为，线圈直径的增加使工件的磁通密度增加了，增大了涡流值，这相当于电导率的增大。

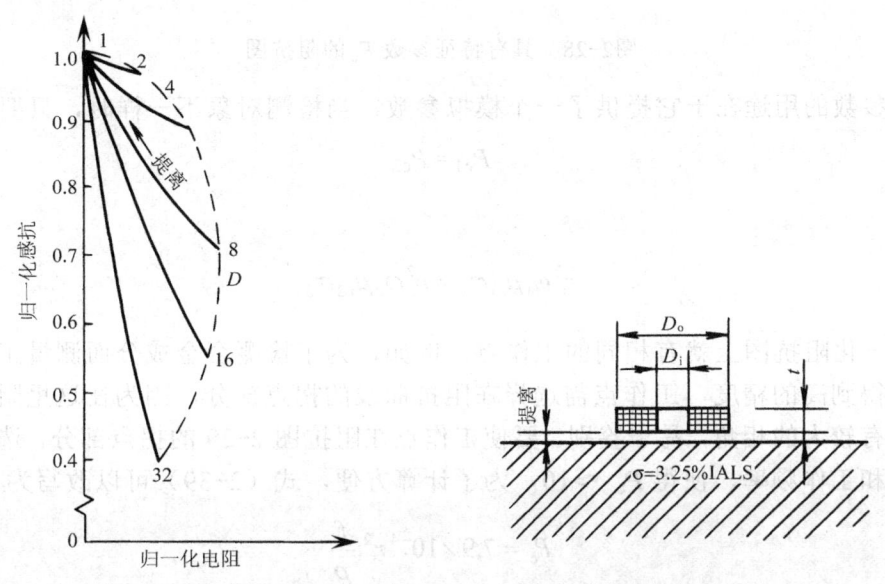

图2-27　线圈直径对阻抗的影响

2. 特征参数

这里的特征参数是指将频率、线圈直径、和工件参数结合在一起得到的一个参数，

$$P_c = r^2 \omega \mu_r \sigma \tag{2-39}$$

式中 r——线圈的平均半径。

以 P_c 为变量，可以描述四个检测参数，如图 2-28 所示。图中，实线表示当提离为常数时，P_c 从零增加到无穷大所得的阻抗曲线，虚线表示当 P_c 保持不变时，将探头从无穷远处移到和工件接触所得到的阻抗曲线。这些曲线和前面所讲的曲线是类似的。

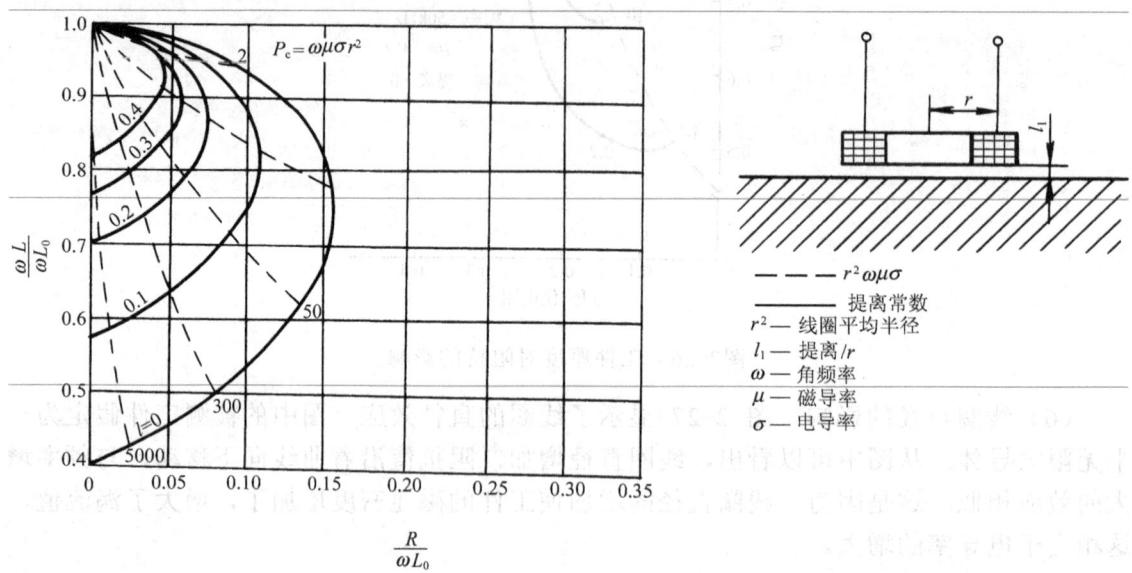

图2-28 具有特征参数 P_c 的阻抗图

特征参数的用途在于它提供了一个模拟参数，当检测对象不一样时，只要

$$P_{c1} = P_{c2}$$

即

$$r_1^2 \omega_1 \mu_{r1} \sigma_1 = r_2^2 \omega_2 \mu_{r2} \sigma_2$$

在归一化阻抗图上就有相同的工作点。例如，为了检测合金成分而测量工件的电阻率，为了得到高的精度，工作点需选择在阻抗曲线的拐点部分，因为在这里阻抗曲线和提离效应有较大的相角，易于鉴别。要使工作点在阻抗图 2-29 的拐点部分，选择适当的探头直径和工作频率，使得 $P_c \approx 10$，为了计算方便，式（2-39）可以改写为

$$P_c = 7.9 \times 10^{-4} r^2 \frac{f}{\rho} \tag{2-40}$$

式中 f——频率，单位是 Hz；

ρ —— 电阻率，单位是 $\Omega \cdot cm$。

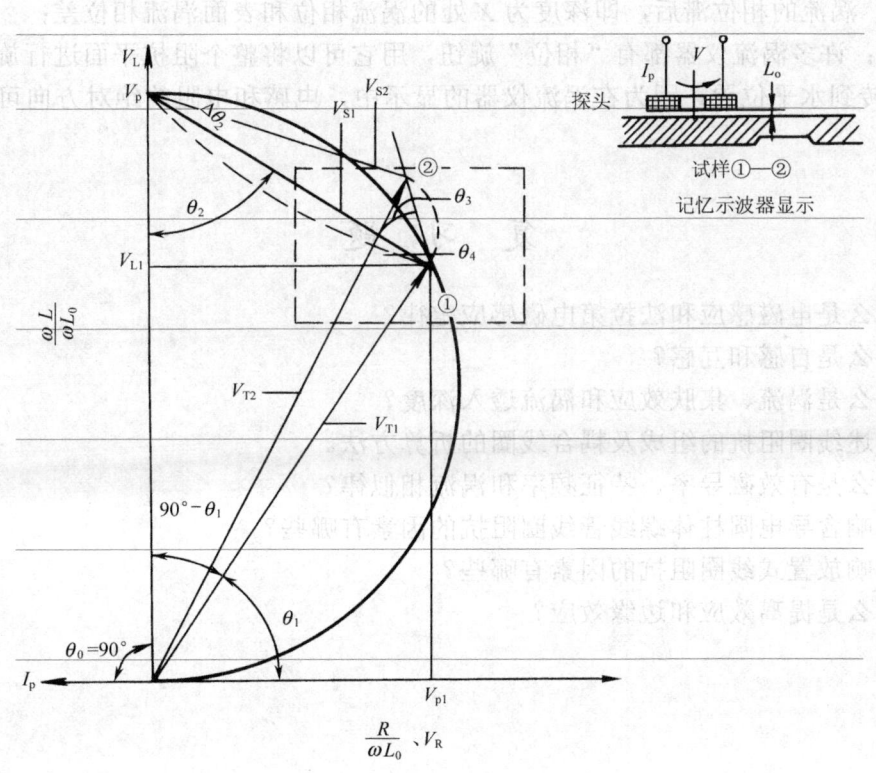

图2-29 线圈阻抗/电压显示

V—电压　I—电流　ω—角频率　L_0—探头在空气中电感

下角说明：T—总数的　L—电感的　R—电阻的　P——次的　S—二次的

利用图2-29和式（2-40）可以很容易选取合适的频率和线圈直径，以得到比较理想的工作点。

3．相位

阻抗图是涡流检测的重要工具，阻抗图的主要要素之一是相位，相位的变化能够比较直观地反映阻抗的变化。

图2-29是一阻抗图，两轴分别是线圈阻抗的两个分量。下面对图中的相角做一些说明：

1) θ_0：电感电压和电流之间的相位，$\theta_0 = 90°$；

2) θ_1：$\theta_1 = \arctan \dfrac{\omega L}{R_L}$，电压矢量和横轴之间的夹角；

3) $\Delta \theta_1$：当探头移过缺陷时，归一化电压量的相位变化；

4) θ_2：感应电压和激励电压间的相位；

5) $\Delta \theta_2$：当探头移过缺陷时，感应电压相位的变化；

6) θ_3：缺陷和提离电压信号之间的相位差，这是一个很重要的参数，在涡流检测中，常用估算缺陷的探头；

7) β：涡流的相位滞后，即深度为 X 处的涡流相位和表面涡流相位差；

8) θ_4：许多涡流仪器都有"相位"旋钮，用它可以将整个阻抗平面进行旋转，通常将提离旋转到水平位置，因为在涡流仪器的显示中，电感和电阻的绝对方向可能是不知道的。

复 习 题

1. 什么是电磁感应和法拉第电磁感应定律？
2. 什么是自感和互感？
3. 什么是涡流、集肤效应和涡流透入深度？
4. 简述线圈阻抗的组成及耦合线圈的折算方法。
5. 什么是有效磁导率、特征频率和涡流相似律？
6. 影响含导电圆柱体螺线管线圈阻抗的因素有哪些？
7. 影响放置式线圈阻抗的因素有哪些？
8. 什么是提离效应和边缘效应？

第 3 章　涡流检测装置

涡流检测仪器是涡流检测装置最核心的组成部分，根据应用目的不同，涡流检测仪器可分为涡流探伤仪、涡流电导仪和涡流测厚仪等三种类型。针对不同检测对象的应用，不仅各类涡流检测设备在构成完整的检测系统上有所不同，而且同类检测设备也会因检测对象不同有所差异，特别是涡流探伤系统表现得尤为明显。一般而言，涡流检测装置包括检测线圈、检测仪器、辅助装置。虽然标准试样或对比试样不包括在检测装置中，但从实施涡流检测所必要的硬件条件及检测装置的调整与评价两方面考虑，将标准试样和对比试样列在本章叙述。

3.1　涡流检测线圈

涡流检测线圈通常又称探头。从制作方式和检测信号产生原理两方面考虑，"检测线圈"这一名称比"探头"要更准确、合理。"探头"是各种小尺寸探测器的俗称，在电磁检测中，有几种原理不同的"探头"，如霍尔元件、磁敏二极管及电磁线圈等。涡流检测中通常所称的"探头"即其中的"电磁线圈"，它是用直径非常细的铜线按一定方式缠绕而成，在通以交流电时能够产生交变的磁场，并在与其接近的导电体中激励产生涡流；同时，"电磁线圈"还具有接收感应电流（即涡流）所产生的感应磁场、将感应磁场转换为交变的电信号的功能，并将检测信号传输给检测仪器。虽然霍尔元件、磁敏二极管都具有将磁场信号转换成电信号的性能，但二者不具有激励产生磁场的作用。"检测线圈"这一名称，一方面，表明了涡流检测所采用的探测器是由金属细线缠绕而成的制作方式；另一方面揭示了涡流检测是基于"电磁感应现象"这一本质特征。

检测线圈与采用霍尔元件、磁敏二极管等其他基于磁电转换原理的测试探头相比，具有以下优点：（1）同时具备激励和拾取信号两项功能；（2）可根据被检测对象的外形结构、尺寸和检测目的，设计、制作成不同缠绕方式、不同大小且形状各异的线圈，能够更好地适应不同的检测对象和满足检测要求；（3）受温度影响较小，可适用于高温条件下的检测。

3.1.1　检测线圈的分类

检测线圈是构成涡流检测系统的重要组成部分，对于检测结果的好坏起着重要的作用。线圈的结构与形式不同，其性能和适用性也随之形成很大差异。涡流检测线圈的分类有多种方式，常用的分类方式有以下三种：按感应方式分类，按应用方式分类和按比较方式分类。

1. 按感应方式分类

按照感应方式不同，检测线圈可分为自感式线圈和互感式线圈，又称为参量式线圈和变压器式线圈（见图 3-1a、b）。

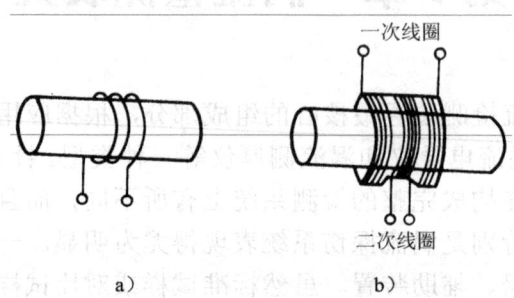

图3-1　不同感应方式的检测线圈

a）自感式线圈　b）互感式线圈

自感式线圈由单个线圈构成，该线圈既作为产生激励磁场、在导电体中形成涡流的激励线圈，同时又是感应、接收导电体中涡流再生磁场信号的检测线圈，故名自感线圈。互感线圈一般由两个或两组线圈构成，其中一个线圈是用于产生激励磁场、在导电体中形成涡流的激励线圈（又称一次线圈），另一个（组）线圈是感应、接收导电体中涡流再生磁场信号的检测线圈（又称二次线圈）。

2. 按应用方式分类

按照应用方式不同，检测线圈可分为外通过式线圈、内穿过式线圈和放置式线圈（见图 3-2a、b 和 c）。

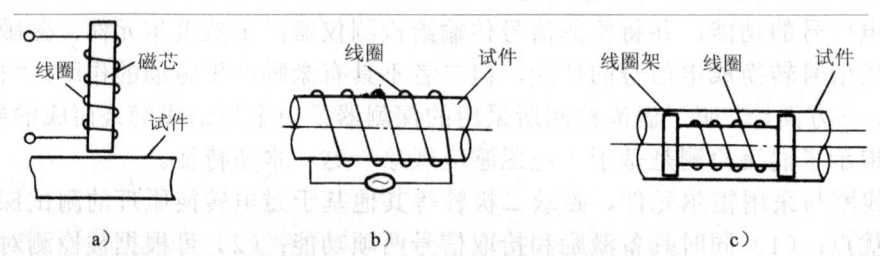

图3-2　不同应用方式的检测线圈

a）放置式线圈　b）外通过式线圈　c）内穿过式线圈

外通过式线圈是将工件插入并通过线圈内部进行检测，广泛用于管、棒、线材的在线涡流检测。对于厚壁管材和棒材而言，受涡流集肤效应的限制，一般仅可实现对表面和近表面质量进行检测。由于形状规则的管、棒、线材可非接触地通过线圈，因此易于实现对批量材料的高速、自动化检验。内穿过式线圈是将其插入并通过被检管材（或管道）内部进行检测，广泛用于管材或管道质量的在役涡流检测。放置式线圈又称为探头式线圈（probe coil），不同于外通过式线圈和内穿过式线圈在应用过程中其轴线平行于被检工件的表面，放置式线圈的轴线在检测过程中垂直于被检零件表面，实现对零件表面和近表面质量的缺陷检测。这种线圈可以设计、制作得非常小，而且线圈中可以附加磁芯，具有增强磁场强度和聚焦磁场的特性，因此具有较高的检测灵敏度。该类线圈不仅可用于板材、带材、管材、棒材等原材料的检验，而且可更广泛地应用于各种复杂形状零件的检验。

3. 按比较方式分类

按照比较方式不同，检测线圈可分为绝对式线圈、自比式线圈和他比式线圈（见图3-3a、b和c）。

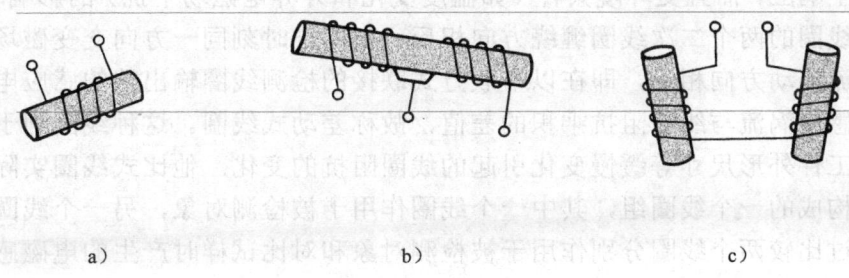

图3-3 不同比较方式的检测线圈
a）绝对式线圈　b）自比式线圈　c）他比式线圈

绝对式线圈是一种由一个同时起激励和检测作用的线圈或一个激励线圈（一次线圈）和一个检测线圈（二次线圈）构成，仅针对被检测对象某一位置的电磁特性直接进行检测的线圈，而不与被检对象的其他部位或对比试样某一部位的电磁特性通过比较进行检测。自比式线圈是一种由一个激励线圈（一次线圈）和两个检测线圈（二次线圈）构成，针对被检测对象两处相邻近位置通过其自身电磁特性差异的比较进行检测的线圈，又称差动式线圈。他比式线圈是一种针对被检测对象某一位置通过与另一对象电磁特性差异的比较进行检测的线圈，通常这一参比对象是对比试样。

上面从不同角度对涡流检测线圈进行了分类，所划分的不同类型线圈之间在大多数情况下并不是并列和独立的，而是相互交叉与包容。虽然从感应方式、应用方式和比较方式三个方面细分，涡流检测线圈可以有10余种不同形式，但在实际应用中通常是仅根据其中某一原则进行线圈分类。

3.1.2　各类检测线圈的特点

由于自感式线圈只有一个线圈，具有绕制方便、对多种影响被检对象电磁性能因素的综合效应响应灵敏的特点，同时，由于激励线圈和检测线圈二者合为一体，因此对某一影响因素的单独作用效应难以区分。互感式线圈的激励线圈和检测线圈相互独立、各司其职，对不同影响因素响应信号的提取和处理比较方便。

外通过式、内穿过式和放置式检测线圈是根据不同应用对象在线圈外形设计与制作上形成了差异，不同线圈的特点首先体现在对检测对象的适应性上，即外通过式线圈可用于检测管、棒、线等多种材料，内穿过式线圈则仅可用于检测管材及管材制品，放置式线圈不仅可用于管、棒、线材的检测，而且可用于检测板材、型材以及形状复杂的零件；其次，由于外通过式和内穿过式线圈电磁场的作用范围为环状区域，而放置式线圈检测范围为尺寸较小的点状区域，因此外通过式和内穿过式线圈的检测效率要明显高于放置式线圈；再次，外通过式和内穿过式线圈在管壁和（或）棒材表层感应产生的涡流沿管、棒材周向方向流动，对于缺陷方向的响应较为敏感，而放置式线圈在试件表面被检部位感应产生的涡流呈圆形，对于缺陷方向的响应敏感度低，即受裂纹取向的影响小，加上线圈中心缠有铁氧体磁芯，利于集中磁场能量，因此检测灵敏度最高。

绝对式线圈只有一个检测线圈，不仅对被检对象的各种情况，如材质、形状、尺寸等均能够产生响应，而且受环境条件（如温度变化和外界电磁场干扰）的影响较为明显。由于自比式线圈的两个二次线圈缠绕方向相反，在同一时刻同一方向交变磁场条件下感应产生的涡流流动方向相反，即在以串联方式联接的检测线圈输出端的感应电压是两个检测线圈中感应涡流与线圈阻抗乘积的差值，故称差动式线圈。这种线圈利于抑制由于环境温度、工件外形尺寸等缓慢变化引起的线圈阻抗的变化。他比式线圈实际上是由两个独立线圈构成的一个线圈组，其中一个线圈作用于被检测对象，另一个线圈作用于对比试样，通过比较两个线圈分别作用于被检测对象和对比试样时产生的电磁感应差异来评价被检测对象的质量，这种检测方式具有能够发现外形尺寸、化学成分缓慢变化的优点。

3.1.3 涡流信号的形成

涡流检测信号在检测线圈中的形成是一个较复杂的过程，并且随检测线圈结构不同，检测信号的形成也有所不同。

当检测线圈中的激励线圈（一次线圈）通有交变电流时，在激励线圈的每一匝线圈的周围产生大小和方向交替变化的电磁场，并分别作用于检测线圈（二次线圈）的每一匝线圈；在每匝线圈的闭合回路中感应产生电动势，由法拉第电磁感应定律可以计算得出感应电动势的大小。检测线圈（二次线圈）是由紧密缠绕的许多匝线圈组成，检测线圈的感应电动势是组成该线圈的每一匝线圈的电动势之和。对于差动式线圈，由于检测线圈是由两个匝数相同、缠绕方向相反的二次线圈构成，二者所形成的电动势大小相等，但方向相反，因此相互抵消，理论上讲检测线圈（二次线圈）内不能形成电流流动，因此没有涡流信号。对于绝对式线圈，检测线圈在感应电动势作用下，在闭合的检测线圈（二次线圈）内形成电流流动。

当检测线圈接近导电体时，激励线圈的交变磁场不仅作用于二次线圈，同时还作用于导体，并在导体中感应产生涡流。导体中每一点涡流的大小与方向是每一匝激励线圈和检测线圈（二次线圈）电磁感应综合作用的矢量和；导体中形成的涡流以再生交变磁场的形式反作用于激励线圈和检测线圈（二次线圈），导体中涡流产生的磁场阻碍线圈磁场的变化，使线圈内的电流大小发生变化；同时，随着激励线圈和检测线圈（二次线圈）内电流发生变化，线圈的激励磁场随之发生变化，导体中感应涡流的大小也随之发生改变……涡流线圈的激励电磁场与导体中感应涡流产生的电磁场之间如此相互作用，在线圈平稳置于导体表面上时，迅速达到一种稳定状态。对于差动式线圈，同样由于在两个形状和匝数相同而缠绕方向相反的二次线圈两端形成大小相等而方向相反的感应电动势，因此在二次线圈中不能形成电流流动，即没有涡流输出信号。当导体中存在电磁特征的不连续，如缺陷、边缘、台阶等，由于检测线圈中的两个二次线圈相对于该不连续的非对称性，在该不连续处发生畸变的涡流所产生的交变磁场在两个二次线圈中感应产生大小不等的电动势，从而在检测线圈中形成电流信号，该信号的大小除了与检测线圈相关参数（如阻抗）有关外，与导体电磁特征的不连续密切相关。对于绝对式互感线圈，在激励线圈的交变磁场与导体中感应涡流再生磁场的合成磁场作用下，检测线圈（二次线圈）两端形成稳态的感应电动势，其中流动的感应电流的大小与导体的电磁特性相关，即检测线圈输出信号中包含了被检测导体的相关信息。

3.2 涡流检测仪器

涡流检测仪是涡流检测系统的核心部分。根据不同的检测对象和检测目的，研制出各种类型和用途的检测仪器。尽管各类仪器的电路组成和结构各不相同，但工作原理和基本结构是相同的。涡流检测仪的基本组成部分和工作原理是：激励单元的信号发生器产生交变电流供给检测线圈，放大单元将检测线圈拾取的电压信号放大并传送给处理单元，处理单元抑制或消除干扰信号，提取有用信号，最终显示单元显示出检测结果。

3.2.1 检测仪器的分类

根据检测对象和目的的不同对涡流检测仪器进行分类是最常见的分类方式，一般分为涡流探伤仪、涡流电导仪和涡流测厚仪三种，也有一些型号的仪器，除了具备涡流探伤这一主要功能外，还兼有电导率测量、甚至膜层厚度测量的功能，但与单一功能的电导仪和测厚仪相比，这类通用型仪器对于电导率或厚度的测量精度要低得多。从另一个方面讲，任何一个涡流检测仪都同时具备探伤、测电导率和测厚的能力，只是在检测范围和分辨力上存在明显的差异而已。

按照对检测结果显示方式的不同，涡流检测仪可分为阻抗幅值型和阻抗平面型，这一般是针对涡流探伤仪而言，不包括涡流电导仪和测厚仪。阻抗幅值型仪器在显示终端仅给出检测结果幅度的相关信息，不包含检测信号的相位信息，如电表指针的指示、数字表头的读数及示波器时基线上的波形显示等。值得注意的是，该类仪器所指示的结果并不一定是最大阻抗值或阻抗变化的最大值，而通常是在最有利于抑制干扰信号的相位条件下的阻抗分量，这一点可以通过对具有相位调节功能仪器上相位旋钮的调整，观察电表指针摆动幅度的变化或示波器时基线上的波形幅度的变化加以确认。指针式涡流探伤仪、涡流电导仪和涡流测厚仪均属于该类型仪器。阻抗平面型仪器在其显示终端不仅给出检测结果幅度的信息，而且同时给出了检测信号的相位信息。当调节相位控制旋钮（或按键）时，只是显示信号的相位角发生变化，而其幅值不会发生变化。带有荧光示波屏或液晶屏的涡流探伤仪大多属于阻抗平面型仪器。

按照仪器的工作频率特征，涡流检测仪可分为单频涡流仪和多频涡流仪。单频涡流仪并非仅限于只有单一激励频率的仪器，如涡流测厚仪和大部分涡流电导仪，而是包括激励频带非常宽的涡流探伤仪。尽管宽频带的涡流探伤仪可以激励不同工作频率的线圈进行检测，但由于同一时刻仅以单一的选定频率工作，因此仍归类于单频涡流仪。多频涡流仪是指同时可以选择两个或两个以上检测频率工作的涡流探伤仪和具有两种或两种以上工作频率的涡流电导仪。对于多频涡流探伤仪而言，是指仪器具有两个或两个以上的信号激励与检测的工作通道，因此又称作多通道涡流探伤仪。

随着涡流检测仪器制造技术的发展，不仅出现了多种型号的同时具备探伤、电导率测量、膜层厚度测量功能的通用型仪器，而且还能够以阻抗幅值和阻抗平面两种形式显示检测信号。

3.2.2 检测仪器的组成及各部分的作用

图 3-4 是涡流检测仪器最基本的原理图。振荡器产生的交变电流流过置于导电体上的线圈，在线圈周围形成交变磁场，并在导体表面产生涡流；当检测线圈位置发生变化时，由于线圈所处位置下面存在缺陷，导体形状、尺寸或材料电磁特性有所变化，都会引起涡流的大小发生改变并通过二次磁场作用于检测线圈，使线圈阻抗发生变化，通过并联于检测线圈的电表可以显示出这一变化。

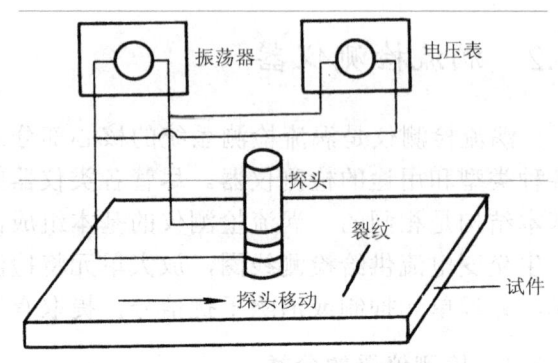

图3-4 涡流检测仪器基本的原理图

在大多数检测中，线圈的阻抗变化很小。例如，线圈经过缺陷时阻抗变化可能小于1%，采用如图 3-4 所示的检测装置很难检测到如此小的阻抗或电压的绝对变化，因此在涡流检测仪的设计制作中必须采用各种电桥、平衡电路和放大器等，以提取和放大线圈阻抗的变化。

如前所述，常用的涡流检测仪有两类，一类是仅显示检测限信号的幅度，另一类是显示检测信号的幅度和相位。图 3-5、图 3-6 分别给出了这两类仪器的电路原理框图。

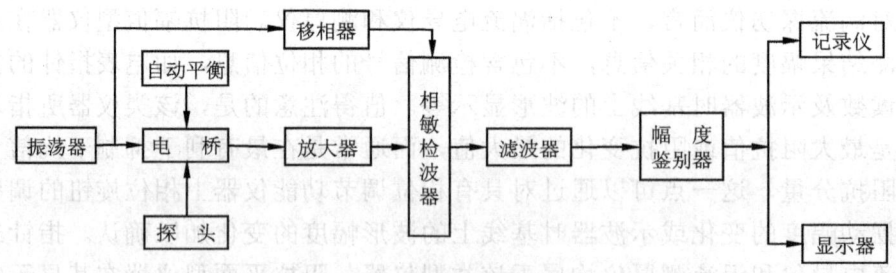

图3-5 指针式涡流仪电路框图

幅度显示类型的仪器由振荡器产生交变信号供给电桥和检测线圈，信号经放大、相敏检波、滤波和幅度鉴别器，检测信号中的干扰信号被去除，缺陷信号（或期望得到的信号）被获取并在显示和记录单元以信号的幅值量被显示和记录。阻抗平面显示类型的仪器在信号的激励产生、提取及放大等信号处理方面与幅值显示类型仪器的工作原理及过程基本相同，所不同的是：信号经过相敏检波和滤波变成一个包含有线圈阻抗变化的相位和幅度信息的直流信号。该信号被分解成 X 和 Y 两个相互垂直的分量，在 X-Y 显示屏上进行显示。信号的两个分量能同时旋转，因此可以选择任意的参考相位对信号进行相位和幅度分析。这种仪器除了具有幅度显示和分析的功能，还具有信号相位的显示和分析功能，较幅度显示类型仪器在技术上提高了一大步。

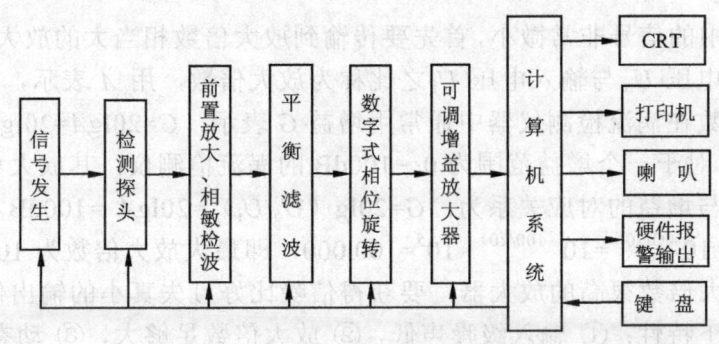

图 3-6　阻抗平面式涡流仪电路框图

1. 桥式电路

振荡器产生交变信号供给桥式电路，该电路可用以检出桥臂阻抗的变化。图 3-7a 为典型的桥式电路，由欧姆定律得：

$$U_1 = \frac{Z_2}{Z_1 + Z_2} U_i，\quad U_2 = \frac{Z_4}{Z_3 + Z_4} U_i$$

当 $U_1 = U_2$，即 $U_0 = 0$ 时，该桥路处于平衡状态，桥路各桥臂阻抗之间有 $Z_1 Z_4 = Z_2 Z_3$ 关系。

涡流检测中，通常将涡流检测线圈作为构成平衡电桥的一个桥臂，该桥臂上的检测线圈与另一个桥臂上的比较线圈二者的阻抗不可能完全相等，一般需要通过调节平衡电桥中的可变电阻来消除两个线圈之间的电位差，实现桥式电路的平衡，如图 3-7b。

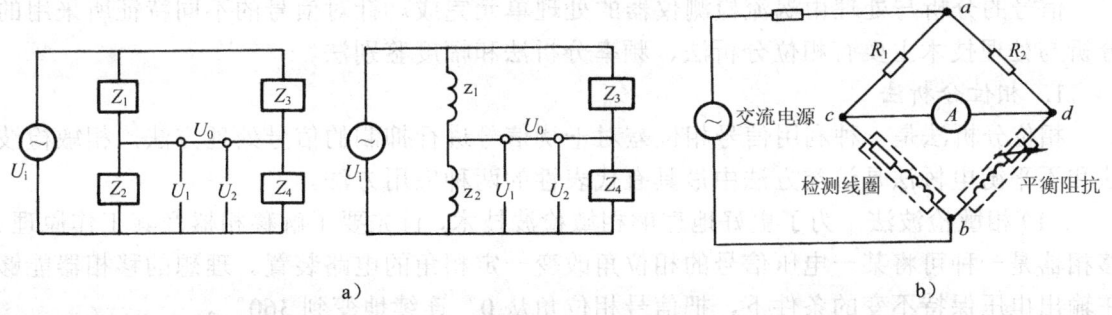

图 3-7　桥式电路
a）平衡电桥电路　b）检测线圈作为电桥桥臂之一的平衡电路

当检测线圈阻抗发生变化（如线圈下被检测零件中出现缺陷），其两端电压就会发生变化，于是桥路失去平衡，这时输出电压不再为零，而是一个非常微弱的信号，其大小取决于被检测零件的电磁特性。这就是用线圈阻抗表示试样参数的一种基本实验方法。

除了试件中缺陷可以引起线圈阻抗变化，其他因素，如环境温度的变化同样会引起线圈阻抗的变化，即使桥式电路已调整平衡，随温度的变化又会失去平衡。为避免频繁进行平衡电路的调节，当前使用的涡流检测仪大多采用具有自动平衡功能的桥式电路。

2. 放大单元

不平衡电桥中的信号非常微小，首先要传输到放大倍数相当大的放大单元进行放大。放大单元的输出电压 U_o 与输入电压 U_i 之比称为放大倍数，用 A 表示，即 $A=U_o/U_i$。放大单元的放大倍数在涡流检测仪器中通常用增益 G 表示，$G=20\lg A=20\lg(U_o/U_i)$，其单位为 dB。例如，对于一个增益范围为 0～100dB 的涡流检测仪，其放大单元对输入信号的最大放大倍数与增益的对应关系为：$G=20\lg(U_o/U_i)=20\lg A=100$dB。对应地可求出最大放大倍数 $A=10^{(G/20)}=10^{(100/20)}=10^5=100,000$，即最大放大倍数为 10 万倍。

对于这种放大倍数很高的放大器，要获得信噪比好且失真小的输出信号，要求放大单元必须具有以下特性：① 输入级噪声低，② 放大倍数足够大，③ 动态范围宽，④ 失真小，⑤ 稳定性。这种放大器通常是分立元件和集成电路的组合，其原因是分立元件具有较低的噪声，集成电路具有高而稳定的增益、体积小、直流漂移小的优点。

3. 处理单元

处理单元的作用是抑制或消除检测信号中的干扰信号，并识别和提取有用信号。由于存在方方面面的干扰因素，所形成的噪声信号特征又各不相同，因此涡流检测仪器中设计有具备处理不同特征信号功能的多种信号处理单元。如相敏检波器、滤波器、幅值鉴别器等。

4. 显示单元

经处理得到的检测信号在涡流检测仪的终端得以显示或记录。由于仪器设计与制造上的不同，显示单元有多种形式。早期的涡流仪较多地采用指针式电表、条带记录纸、阴极射线管，目前则较多地采用数码管、阴极射线管、液晶显示屏等。

3.2.3 检测信号的分析与处理技术

信号的分析与处理由涡流检测仪器的处理单元完成。针对信号的不同特征所采用的分析与处理技术主要有相位分析法、频率分析法和幅度鉴别法。

1. 相位分析法

相位分析法是一种利用信号相位差对干扰信号进行抑制的信号处理方法，相敏检波法和不平衡电桥法是该类方法中最具有代表性的两种应用方法。

（1）相敏检波法　为了更好地理解相敏检波技术，首先要了解移相器及其工作原理。移相器是一种可将某一电压信号的相位角改变一定相角的电路装置。理想的移相器能够在输出电压保持不变的条件下，把信号相位角从 0°连续地变到 360°。

图 3-8a 所示电路是一个最简单的移相电路，它可以通过改变电阻的大小将一个已知的电压信号的相位在 0°～90°之间连续改变。电路的交流电压、电流的矢量表示如图 3-8b 所示。由移相电路的矢量图可以看到，输出电压 U_o 与输入电压 U_i 之间夹角为 θ，其值为：

第 3 章　涡流检测装置

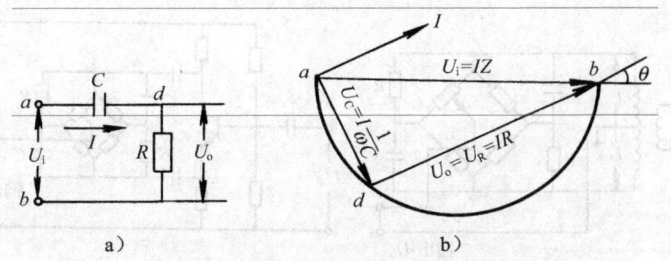

图3-8　简单的移相电路及电位的矢量表示
a）移相电路　b）电位矢量

$$\theta = \arctan\frac{U_C}{U_R} = \arctan\frac{1}{\omega CR} \qquad (3\text{-}1)$$

$$U_\mathrm{o} = IR = \frac{RU_\mathrm{i}}{Z} = \frac{RU_\mathrm{i}}{\sqrt{R^2 + \left(\dfrac{1}{\omega C}\right)^2}} \qquad (3\text{-}2)$$

由式（3-1）可以看出，当电阻 $R \to 0$ 时，输出电压信号与输入电压信号之间的夹角 $\theta \to 90°$；当 $R \to \infty$ 时，相移角 $\theta \to 0°$，即当电阻 R 从 0 变到 ∞ 时，该移相电路可将输出信号的相位相对于输入信号的相位前移 90°～0°。同时，由式（3-2）可以看出，当电阻 $R \to 0$ 时，输出电压 $U_\mathrm{o} \to 0$；当 $R \to \infty$ 时，输出电压 $U_\mathrm{o} \to U_\mathrm{i}$。由此可见，该移相电路在通过改变电阻 R 实现对输入信号相位改变的同时，也使输入信号的大小发生了变化。

图 3-9a、b 为另一种简单的移相电路及其电压矢量图。通过改变该电路中电阻 R 的取值，例如 R 从 0 变到 ∞，可以将 c、d 间的输出电压信号 U_o 的相位角相对于 a、b 两点的输入电压信号 U_i 的相位角改变 0°～180°，而输出电压幅值 U_o 总是等于 $U_\mathrm{i}/2$。

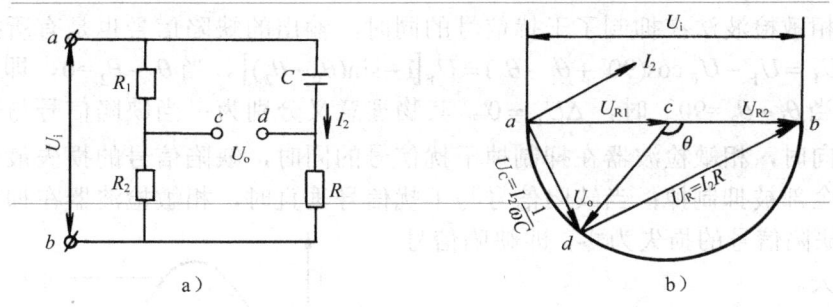

图3-9　0°～180° 移相电路及电位的矢量表示
a）移相电路　b）电位矢量图

由于可变电阻 R 的实际取值不可能为零和无穷大，因此该移相电路不可能达到 0°～180° 的调整范围。图 3-10 给出了涡流探伤仪中常用的两种 0°～360° 移相器的实用电路。

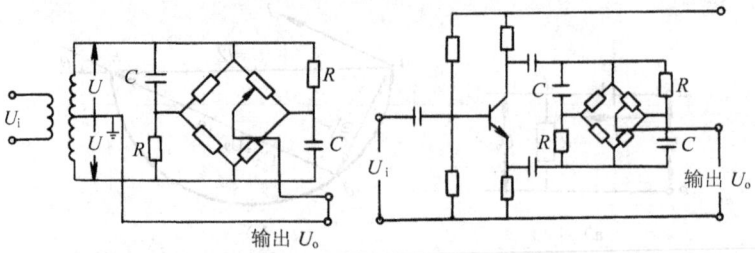

图3-10　两种典型实用的0°～360°移相电路

弄清楚移相电路的工作原理之后，再进一步了解如何通过移相器调节控制信号的相位角，以及对干扰信号的抑制。

图 3-11 示出了一个由检测线圈检出并经放大电路放大了的信号 U_Z，它是由相位角分别为 θ_1 和 θ_2 的干扰信号 U_N 和缺陷信号 U_F 叠加形成的。

通过调整移相器的可变电阻，将移相器输出电压信号的相位调整到与干扰信号垂直的 OT 方向，并作为控制该相位角条件下控制信号输出的开关。由于干扰信号与移相器输出的控制信号垂直，因此干扰信号电压 U_N 在控制电压 OT 方向上的输出电压 $U_{NOT}=U_N\cos90°$ 为 0，即干扰信号电压经相敏检波后不再出现。缺陷信号电压 U_F 在控制电压 OT 方向上的输出电压 $U_{FOT}=U_F\cos(90°+\theta_1-\theta_2)$ 不等于 0，缺陷信号电压经相敏检波器后仍有输出。

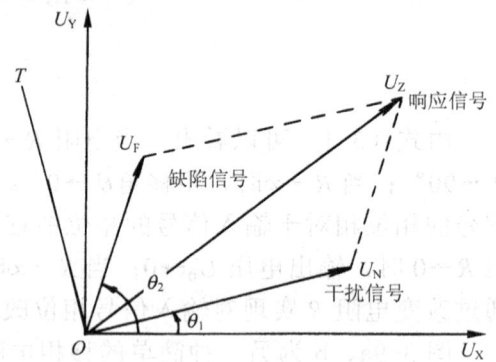

图3-11　涡流响应信号的矢量分解

由图3-11可以看到，经过相敏检波得到的信号，虽然干扰信号被完全抑制掉，但得到的信号并不是缺陷信号的最大幅值，而是最大幅值在控制电压 OT 方向上的投影。这表明，采用相敏检波法在抑制了干扰信号的同时，输出的缺陷信号也是有所损失的，其损失大小 $\Delta U_F = U_F - U_F\cos(90°+\theta_1-\theta_2) = U_F[1-\sin(\theta_1-\theta_2)]$。当 $\theta_1-\theta_2=0$，即 $\theta_1=\theta_2$ 时，$\Delta U_F = U_F$；当 $\theta_1-\theta_2=90°$ 时，$\Delta U_F = 0$。其物理意义分别为：当缺陷信号与干扰信号在同一直线方向时，相敏检波器在抑制掉干扰信号的同时，缺陷信号的损失最大，即缺陷信号本身也全部被抑制掉；当缺陷信号与干扰信号垂直时，相敏检波器在抑制掉干扰信号的同时，缺陷信号的损失为零，即缺陷信号没有任何损失。

上述相敏检波技术是通过电压信号的矢量表示方式来描述的，采用电压信号正弦曲线的表达方式可以更加直观地阐述清楚。

如图3-12所示，平衡电路检出信号经放大器放大后得到交变电压信号 U，它是由以正弦函数变化的电压信号 $U_{NOT}=U_N\sin(\omega t+\theta_1)$ 和 $U_{FOT}=U_F\sin(\omega t+\theta_2)$ 叠加而成。U_{OT} 为一

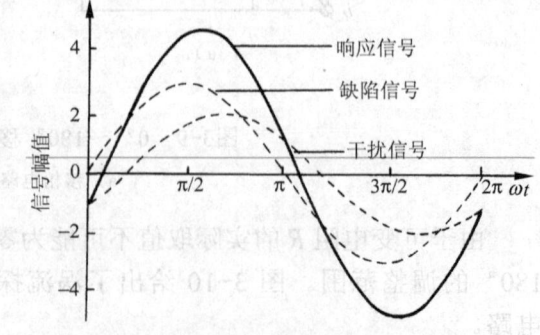

图3-12　涡流响应信号的正弦函数表达

控制开关电压,其函数为:

$$U_{\mathrm{OT}} = \begin{cases} 1, & \text{当} t = (2n\pi - \theta_2)/\omega \text{时}, \\ 0, & \text{当} t \neq (2n\pi - \theta_2)/\omega \text{时}. \end{cases} \tag{3-3}$$

当 $t = (2n\pi - \theta_1)/\omega$ 时,干扰信号 $U_{\mathrm{NOT}} = U_{\mathrm{N}}\sin(\omega t + \theta_1) = U_{\mathrm{N}}\sin[\omega(2n\pi - \theta_1)/\omega + \theta_1] = U_{\mathrm{N}}\sin 2n\pi = 0$,控制开关导通,干扰信号为零输出;缺陷信号输出电压 $U_{\mathrm{FOT}} = U_{\mathrm{F}}\sin(\omega t + \theta_2) = U_{\mathrm{F}}\sin[\omega(2n\pi - \theta_1)/\omega + \theta_2] = U_{\mathrm{F}}\sin[2n\pi + \theta_2 - \theta_1] = U_{\mathrm{F}}\sin(\theta_2 - \theta_1)$。由此可见,在控制开关导通时,输出信号电压的大小是一个与缺陷信号和干扰信号相位角均相关的正弦函数。缺陷信号输出电压的损失和缺陷信号与干扰信号相位差之间的对应关系,同上面信号向量分析法的结论是一致的。

由于这种相敏检波器的电路比较简单,因此在涡流仪器中广泛采用。然而,当干扰信号 U_{N} 不是一条直线,而是一条曲线,采用上述方式抑制干扰信号就达不到理想的效果。

(2)不平衡电桥法 相敏检波法是以选定相位的电压作为控制电压来抑制检测线圈桥路输出的干扰信号。不平衡电桥法,又称谐振电路法,也可以抑制阻抗平面中不希望有的干扰信号,这种干扰信号的电压变化轨迹近似圆弧形,采用相敏检波法是难以抑制的。例如图3-13中的 AB 表示干扰信号的电压轨迹,AC 表示缺陷信号的电压轨迹。选择圆弧 $\overset{\frown}{AB}$ 的中心 O 点作为参考点,因此干扰信号的电压轨迹对于 O 点来说都是相等的,而缺陷的电压轨迹与 O 点的距离不同,因此桥路的输出电压就会有变化。再设置一个振幅为 OA 或 OB 的参考电压,相位与 OA 或 OB 信号的相位相反,因此电桥的输出电压与干扰电压无关,而仅输出由缺陷引起的电压变化,这样干扰信号就被完全抑制掉了。

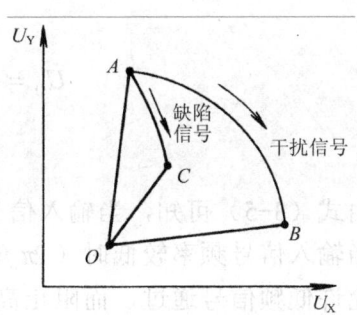

图3-13 采用不平衡电桥法抑制干扰信号的原理

在采用放置式线圈进行扫查检测时,线圈的提离信号即属于这种变化轨迹为圆弧形的干扰信号,提离干扰信号的抑制就是利用桥路在特定的不平衡状态下实现的,因此这种信号处理的方法被称为不平衡电桥法。

2. 频率分析法

频率分析法是一种根据检测信号中干扰信号与缺陷信号的频率差异实现对干扰信号抑制和缺陷信号提取的信号处理方法。在涡流检测信号中,除了缺陷信号外,还包含着如试样外形尺寸变化和电导率不均匀等因素产生的干扰信号。人们在实践中发现,一般由被检管材直径或电导率变化产生的信号,其持续时间比试件上裂纹、折叠等缺陷信号所产生信号的持续时间明显要长。也就是说,由管材直径和电导率变化所产生信号的调制频率是较低的。

滤波器是一种能使某频率范围的信号较顺利地通过,而使该频率范围以外的信号受到较大衰减的装置。涡流探伤仪中常用的滤波器是由电阻与电容组成的 RC 滤波器。图 3-14 是最基本的 RC 滤波电路及其频率特性。对电容来说，容抗 X_C 与频率成反比，即随 f 增加时 X_C 减小，反之，f 减小时 X_C 增大。

图 3-14a 所示的电路对于低频输入信号而言，由于 X_C 值很大，因此阻止了低频电压信号的传送，而对于高频信号来说，X_C 值很小，在电阻 R 两端获得输出电压信号。输出电压 U_o 可表示为：

$$U_o = \frac{R}{\sqrt{R^2 + \left(\frac{1}{\omega C}\right)^2}} U_i = \frac{\omega CR}{\sqrt{1+(\omega CR)^2}} U_i \tag{3-4}$$

由式（3-4）可知，当输入信号频率低时（$2\pi fCR$ 远小于 1），输出电压 U_o 接近于零。当输入信号频率高时（$2\pi fCR$ 远大于 1），输出电压 U_o 接近于输入电压 U_i。像这种只允许高频信号通过，而阻碍低频信号通过的滤波器称为高通滤波器。

图 3-14b 所示的电路与图 3-14a 所示电路不同的是将电阻 R 和电容 C 的位置做了对调，在电容 C 两端获得输出电压信号。输出电压 U_o 可表示为：

$$U_0 = \frac{\frac{1}{\omega C}}{\sqrt{R^2 + \left(\frac{1}{\omega C}\right)^2}} \cdot U_i = \frac{1}{\sqrt{1+(\omega CR)^2}} U_i \tag{3-5}$$

由式（3-5）可知，当输入信号频率较高时（$2\pi fCR$ 远大于 1），输出电压 U_o 接近于零。当输入信号频率较低时（$2\pi fCR$ 远小于 1），输出电压 U_o 接近于输入电压 U_i。像这种只允许低频信号通过，而阻止高频信号通过的滤波器称为低通滤波器。

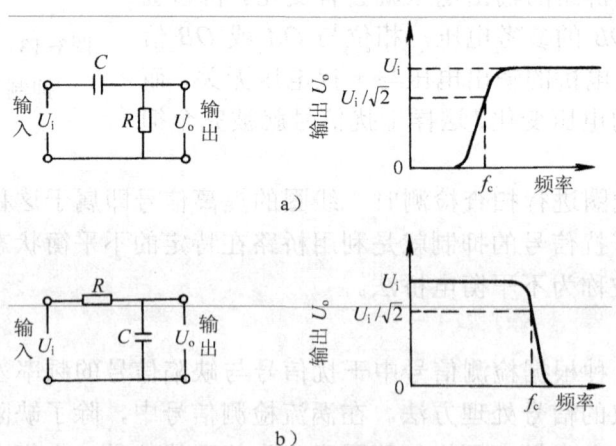

图3-14 两种典型的滤波电路

为使涡流检测仪既可以抑制相敏检波器输出电压中所包含的与仪器工作频率相同的电噪声成分和外来高频噪声成分，又可以抑制由试样材质、尺寸、形状变化及仪器漂移所产生的低频信号，仪器通常采用带通滤波器。带通滤波器就是把高通滤波器和低通滤波器连接起来而形成的允许一定频率范围信号通过的滤波器。

由式（3-3）和式（3-4）可知，随着频率的减小和增大，当输出电压 U_o 由 U_i 降低到 $U_i/\sqrt{2}$ 时的频率 $f_{C1}=1/2\pi C_1 R$ 和 $f_{C2}=1/2\pi C_2 R$ 分别称为下限截止频率和上限截止频率，$[f_{C1}, f_{C2}]$ 称为滤波器的带通范围。

3．幅度鉴别法

幅度鉴别法是一种根据检测信号中干扰信号与缺陷信号的幅度差异，实现对干扰信号抑制和缺陷信号提取的信号处理方法。经过了相位和频率分析法对检测信号处理之后，往往检测信号中仍包含相位和频率与缺陷信号的相位和频率没有显著差异的干扰信号，如仪器电路产生的干扰噪声信号。与缺陷信号相比，电噪声信号的幅度往往比缺陷信号幅度低，如图3-15a所示。采用一种只提取输入信号中幅度高于预置电平的信号而消除幅度低于预置电平的噪声信号的门槛触发电路，即可实现对这类干扰信号的抑制，达到改善缺陷信号信噪比的目的，如图3-15b。

这种通过预置电平抑制干扰信号的电路称为拒斥器，或幅度鉴别器。拒斥器的工作原理是：由于输入信号中噪声信号均低于拒斥电平 U_r，达不到触发该电路所要求的电压水平，电路处于关闭状态，因此输出电压为0；而输入信号中的缺陷信号幅度均大于 U_r，足以触发电路导通，并按其输入-输出特性曲线输出等幅的或放大的缺陷信号。

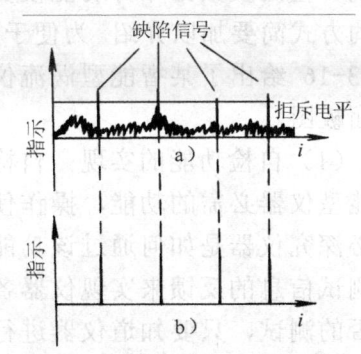

图3-15　幅度鉴别电路及原理

3.2.4　智能化的涡流检测仪器

前两节简要介绍了涡流仪的基本电路结构及各部分实现其功能的基本原理。电子技术与产品的发展，为简化仪器调试、提高信号分析与处理能力、促进涡流检测方法得到更广泛应用提供了可能。涡流检测仪器的智能化发展是实现上述目标的重要途径。

智能型涡流检测仪一般包含管理、自检、分析识别、检测、数据库及帮助等功能模块。管理模块是智能化涡流仪的核心，各项管理功能的实现是通过类同于各种常见的计算机应用软件的操作界面完成，如指定检测任务的选择与参数设置、调整、保存、删除等功能的控制。自检模块是控制涡流仪器在开机后对仪器各部分硬件和软件运行状况实施自动检测的功能模块，不仅具有代替人工调试仪器的优点，而且检测项目更全面，速度更快捷。分析识别模块比常规的涡流检测仪具备更多、更复杂和更高级的信号分析识别的方法和能力，如对于电导率测试，在探头接近被检测导体的过程中，导体中感生涡流的磁场对线圈的反作用随探头与试样距离的不断接近而变化，在常规的指针式涡流电导仪读数表头上表现为指针的摆动，即使探头与试样完全接触，如果耦合不稳，也会出现指针的微小摆动，这就给数据的读取带来困难；智能化的数字电导仪其自身可以通过比较数据的变化趋势与变化幅度确定探头耦合的最佳状态，并自动读取该状态下的数据。这种差值分析、逻辑判断是智能化涡流检测仪最基本的信号分析方法。检测模块是直接驱动涡流检测系统各硬件部分完成预期任务的功能模块，如驱动检测线圈运转、控制仪器各硬件单元完成信号采集、转换与传输，该模块是智能型涡流检测的基本组成部分。数据库模块的作用是为检测提供相关的知识和技术支持，如针对不同检测对象和要求确定的探头形式、频率、相位、增益、滤波等各项检测参数固化后形成的检测工艺规程可以分别完整地存储在数据库中，可以供以后相同零件的重复检测直接调用；另一方面，该模块还可以保存各种典型缺陷信号，为检测信号的识别与判读提供支持和帮助。帮助模块是指导操作人员学习、掌握操作技能和正确操作仪器的功能模块，像所有的应用软件一样，它不仅可提供关于检测软件的功能和操作方法等信息，还可以提示操作错误、可能的原因和相应的解决办法。

下面结合某智能型涡流检测仪的操作使用，分别对智能型仪器的自检、管理、分析识别、检测及数据库等功能模块实现各项功能的方式简要加以介绍。为便于叙述和理解，图 3-16 给出了某智能型涡流仪开启状态下的面板图。

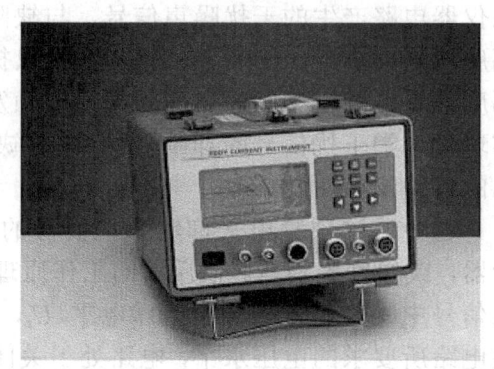

图3-16　智能型涡流检测仪的控键及检测状态显示

（1）自检功能的实现　自检几乎是所有智能型仪器必需的功能，操作使用人员可以不必深究仪器是如何通过该功能模块的设计和测试信息的反馈来实现仪器各项功能正常与否的测试，只要知道仪器进行自检过程的表象及故障指示的意义。

当涡流仪开启后，它会像计算机一样首先对系统的硬件和相关软件进行一次全面的检查，在涡流仪液晶显示屏上会出现特定的图形（如三角形），并有文字提示仪器正在进行自检（如"自检中……"或"IN SELF TESTING"）。如仪器没有任何故障，自检完成后会自动进入下面一项功能，最后达到工作准备状态。当仪器某个被测试部分不正常，自检就会中断，同时显示出该故障或错误的信息代码，如"ERROR 07"，并提示是否跳过该部分的检查而继续进行后面的测试，操作人员应作出相应的选择。如果认为所出现的故障不会影响仪器的使用性能，可选择跳过该中断，继续下面的测试；如果认为该问题会影响仪器的正常使用，则应根据自检提示的故障信息代码查找操作维修手册，确认引起故障的原因，并寻求解决的办法。

（2）管理功能的实现　如前所述，智能型涡流仪的管理功能是指对检测任务的选择与工作参数的设置、调整、保存、删除等功能的控制。每一项检测任务的实施，首先必须对各项检测参数进行设定，如检测通道的选取、频率、相位、增益、检测线圈类型等检测条件的设定。这些条件的设定都是通过对仪器面板上的功能控制键（如"FUNC▲"、"FUNC▼"按键）的操作调整液晶显示屏工作菜单上光标的上、下移动，从而选定需进行设置的项目或参数。基本操作过程如下：

1）通过按"FUNC▲"键和"FUNC▼"键，将光标位置移至检测程序建立"SETUP"项目上，然后按控制面板上的"▲"键、"▼"键、"▶"键或"◀"键设定检测程序的编号，及"SETUP"后面的数字，如"05"；

第3章 涡流检测装置

2）按"FUNC▲"键和"FUNC▼"键，将光标位置移至探头形式选择项目（PROBE TYPE）上，同样利用控制面板上的"▲"键、"▼"键、"▶"键或"◀"键在探头形式的选项中（如表示差动式的"DIFFERENTIAL"、绝对式的"SINGLE"和反射式的"REFLECTION"）确定与所用检测线圈形式相匹配的选项；

3）按如上操作方法可对各个参数项目进行选择并设定具体的参数值。

通过上述操作，建立了序号为05的检测程序，即得到了适用于某一项检测任务实施的工艺条件，如果在今后的实际工作中会经常或重复使用该检测工艺条件，可将该检测条件保存到数据库模块中。具体的实现方法可按仪器的操作说明书执行。

同样地，对于不同的检测对象或检测任务，可在"SETUP01"、"SETUP02"……检测项目下设定不同的检测工艺条件，并保存于仪器的数据库中，供今后实施各种检测任务时方便地调用。

（3）分析识别功能的实现　在本节的第二段以智能型涡流电导仪探头置于被测对象上面这一过程为例，讲述了仪器通过自动分析探头感应信号的变化趋势而确定被测对象电导率值的这一分析识别功能的自动实现。对于探伤仪而言，更多的是利用其数据库中已存储的各种典型信号与当前检测信号的比较来推理或判定被检测对象的质量。信号分析的方法一般包括时域分析、频谱分析、阻抗分析等。以上面给出的涡流检测仪为例，该仪器具有报警区域设定功能。在仪器显示屏上设定 $A(x_1, y_1)$、$B(x_2, y_2)$、$C(x_3, y_4)$、$D(x_4, y_4)$ 四点所包围的区域为报警区域，当该区域内出现涡流响应信号，则仪器会根据设定给出声音报警信号。在检测过程中，仪器的分析识别模块将检测信号的阻抗 (x, y) 与设定的报警区域坐标值 x_i（$i=1, 2, 3, 4$）、y_i（$i=1, 2, 3, 4$）分别进行比较，当分析比较确认 (x, y) 属于四边形 $ABCD$ 所包含的区域，该功能模块会通知管理模块给报警系统下达工作指令。

（4）检测数据库　直观地讲，智能型涡流仪的检测数据库存储着两大类信息。一类信息是针对不同检测对象或检测任务设定的检测工艺程序。通过对检测工艺程序及检测参数的固化、存储，可供以后重复使用，不仅节省了调试时间，提高工作效率，而且有利于实现检测的标准化和规范化，确保检测实施的一致性和检测结果的可比性。另一类信息是典型的缺陷信号。上面所介绍的仪器，可以将某一检测信号（如不同深度人工伤的响应信号）保存在数据库中，当检测过程中出现缺陷响应信号时，可以随时将存储的人工缺陷信号调出来与自然缺陷信号进行比较。通过信号幅度、相位差异的比较，实现对自然缺陷信号深度的准确判定。

（5）检测功能的实现　就智能型涡流仪而言，其检测功能一般是指涡流检测仪的激励产生检测信号、驱动探头运转、拾取检测信号、信号的放大、处理及显示等功能的总和，即常规涡流仪的基本功能构成了智能型涡流仪的检测功能模块。检测功能的实现不像管理功能、存储功能的实现那样，在仪器控制面板上的操作比较明确，而是仪器按照选择的工艺程序及工作参数，由仪器内部检测功能模块的各电路单元依次实现上述各项检测功能，最终只是在仪器液晶屏上显示出检测结果。

以上是针对某确定型号的涡流检测仪介绍了智能型仪器的功能模块及实现各项功能的操作方式。尽管不同的智能型涡流检测仪所包含的基本功能大致相同，但在各项功能的实现上会有不同的操作方法。要熟练掌握不同型号涡流仪的操作，还需要按照各仪器操作手册的说明和要求进行尝试和练习。

计算机技术与涡流检测仪器的结合日益紧密，不仅大大减小了涡流仪器的体积、提高了智能化程度，而且还显著提高了涡流检测的准确性和可靠性。

3.3 涡流检测辅助装置及其使用

涡流检测辅助装置是指除检测线圈和仪器之外的、对材料或零件实施可靠检测所必要的装置，主要包括磁饱和装置、试样传动装置、探头驱动装置、标记装置等。

1. 磁饱和装置

铁磁性材料经过加工（如冷拔、热处理、旋压和焊接等）后，其内部会出现明显的磁性不均匀，这种磁性不均匀形成的噪声信号往往大于缺陷的响应信号，给缺陷的检出带来困难；另一方面，与非铁磁性材料相比，铁磁性材料的相对磁导率一般远大于1，一些材料的最大相对磁导率甚至达到1000以上，由于集肤效应的影响而大大限制了涡流的透入深度。对铁磁性材料在检测前进行磁饱和处理是消除磁性不均匀、提高涡流透入深度的有效方法。

涡流检测中使用的磁饱和装置有两类。一类是由线圈构成，并通以直流电。这类磁饱和装置主要包括外通过式线圈的磁饱和装置和磁轭式磁饱和装置。

前者主要用于采用外通过式线圈的管、棒材的涡流检测，其结构如图3-17a所示。两个磁饱和线圈中间为放置涡流检测线圈留出一定的间距，为防止快速传动的管材或棒材撞伤或磨损磁饱和线圈，分别在两个磁饱和线圈内装有采用耐磨材料制成的导套。由于磁饱和线圈往往长时间通以很大的直流电，线圈很容易发热甚至被烧毁，因此通常采用水冷或风冷方式对磁饱和装置进行冷却。

后者可用于采用扇形线圈的有缝管的涡流检测，其结构如图3-17b所示。直流电通过线圈时产生的磁场经过磁轭传导至被检材料或零件的表面，从而对被检材料或零件进行饱和磁化。为了充分利用磁化线圈产生的磁场，这类磁饱和装置一般密封在由纯铁制成的外壳内，由于纯铁具有很高的磁导率，即磁阻非常小，因此磁化场被集中"禁锢"在管、棒材料或试样的被检测区域。

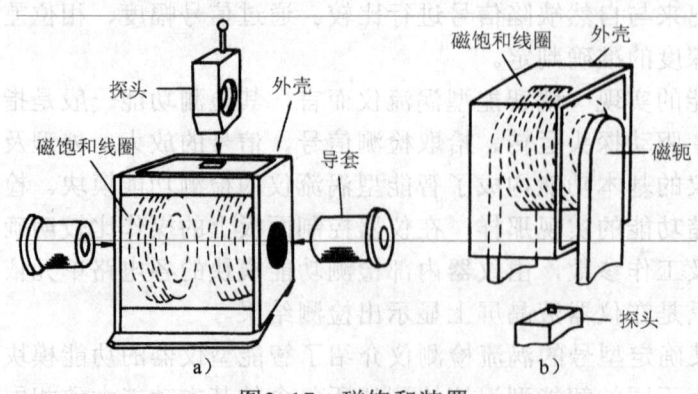

图3-17 磁饱和装置

另一类磁饱和装置由一个简单的直径较小但磁导率非常高的磁棒或磁环构成。当交流电通过缠绕在磁棒或磁环上的检测线圈时激励产生很强的磁场，从而达到对铁磁性材料或零件的被检测部位实施饱和磁化的目的。

2. 试样传动装置

试样传动装置主要用于形状规则产品的自动化检测，在管、棒材生产线上的应用最为广泛。图3-18所示是一套典型的管、棒材自动检测的传动系统，它是由上料、进料和分料装置组成。上料装置主要有两种形式。一类是以管材生产线的最后输出部分，如矫直后的切割输出装置，直接作为涡流检测系统的输入装置。这类上料形式要求涡流检测系统的运转与管、棒材的生产同步进行，不允许检测系统在中间过程对存在可疑信号的管材或棒材重新进行检测和分析，也不允许对仪器进行定期校准或调试，因此这种将在线产品直接传送到进料装置的上料方式较少采用。另一类上料机构是将批量生产的管、棒材分小批移至物料台上，利用物料架载物平台的倾斜角度或专门机构（如辊轮）逐根将管、棒材送至进料装置。

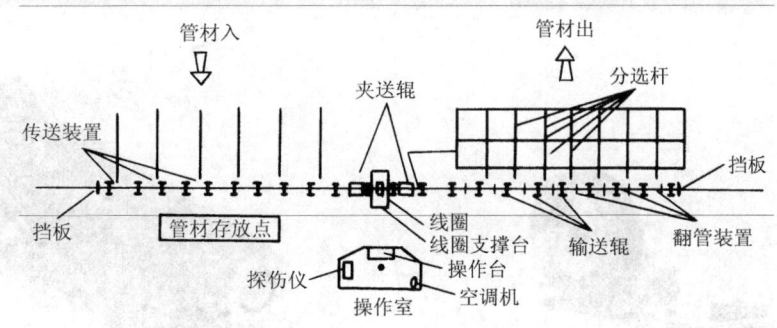

图3-18 管、棒材涡流自动检测的传动系统

进料装置是将管、棒材输送到涡流线圈检测的部分，为减小或消除由传动不稳定给涡流检测带来干扰，要求传动装置对管棒材的传送尽可能无振动和偏摆，且传送速度稳定、可调。为满足上述要求，通常在检测线圈前后的附近位置分别安装有多组三爪卡盘式的辊轮，每组辊轮通常由三个以适当倾斜角度安置、按120°排布的耐磨滑轮组成。三个滑轮按120°角分布可有效地减小和消除振动，多组滚轮精确的同轴心排布可保证管材或棒材的同心传送。由于各滚轮组中的每个滑轮均以相同的倾斜角度匀速转动，通过在管、棒材表面产生的摩擦力推动和拉动管材匀速、稳定地通过检测线圈。对于铁磁性管、棒材的检测，由于磁饱和装置产生的强磁场会对管材或棒材的传送产生较大的阻力，因此还要求进给装置具有足够的输送功率。

分料装置是检测系统按验收标准确定的不同等级的管、棒材实施自动分离的装置，一般可将产品分为合格、可疑和不合格三组，通过对管、棒材按不同方向和不同时间的离线控制予以实现。

如上所述的管、棒材的传动装置是涡流自动检测中最为常见的一种，但并非试件传动装置仅有这一种传动形式。这种装置是对管、棒材实施直线平移传送，管材不作周向转动。当需要采用放置式线圈对管、棒材实施周向扫查时，传动装置还应该配备驱动管、棒材沿周向转动的机构。

3. 探头驱动装置

针对不同类型的检测对象和要求，采用的探头驱动方式各有不同。如上所述，当需要采用放置式线圈对管、棒材实施周向扫查时，除了可通过试件传动装置驱动管、棒材沿轴向作平移和转动两种复合运动予以实现外，还可以在管、棒材作直线平移运动的同时，驱动放置式线圈沿管棒材作周向旋转。

管道的在役检测通常采用内穿过式线圈，对于较大长度的管道，往往需要借助专用的探头驱动装置。图 3-19 所示装置是一种用于管道远场检测的探头推进装置。

这种探头驱动装置由非电刷耦合式的直流伺服电动机提供动力，通过示踪编码器对检测线圈实施精确定位，通过闭路反馈系统调整对探头的推力，以消除在行进过程因管壁不同状况而受到的不同的阻力，两组滑轮可匀速、稳定地将探头传送到管道内部任何位置，推进速度可在 0～2500mm/s 范围无级调整。

如图 3-20 所示的探头枪是一种检测螺栓孔壁缺陷常用的驱动装置。这种装置可以控制探头的旋转方向、速度和进给位置，探头转动速度有 1000r/min 和 2000r/min 两种选择。

图3-19　用于管道远场检测的探头推进装置

图3-20　用于检测孔壁缺陷的探头枪

4. 标记装置

标记装置是对被检测对象出现异常信号的位置自动实施记录和标识的装置，在早期的涡流自动检测系统中较多采用。当检测系统发现超出设定水平的信号时输出一个报警信号，标记装置接收到报警信号后会自动驱使相关的机械装置在试件的对应部位以设定的方式进行标记，如喷漆、刷涂等。随着检测仪器智能化水平的提高，仪器可根据试件传动装置的进给速度和时间准确计算出线圈检测的位置，通过对试件运动初始位置的标定，可以在检测仪的屏幕或显示界面上给出发现异常显示信号的位置坐标，从而替代了传统的独立于检测仪器之外的机械打标装置。

3.4　标准试样与对比试样

涡流检测与其他无损检测方法一样，其对于被检测对象质与量的评价和检测都是通过与已知样品质与量的比较而得出的。如果脱离了这类起参比作用的样品，任何无损检测方法将无从实施，这类参考物质在无损检测中通常被称作标准试样或对比试样。根据标准试样或对比试样的具体形态不同，又有标准试块和对比试块，或标准试片和对比试片之分。

目前在一些标准文件和文献资料中对于标准试样和对比试样冠以不同的名称，甚至对标准试样和对比试样不加区分地混用。以下从无损检测技术领域已形成的较为广泛共识的角度，对涡流检测中涉及的标准试样和对比试样作一介绍。

标准试样是按相关标准规定的技术条件加工制作、并经被认可的技术机构认证的用于评价检测系统性能的试样。上述定义确定了标准试样的属性和用途。属性之一是必须满足相关技术条件要求，如规格尺寸，材质均匀且无自然缺陷，人工缺陷的形式、位置、数量、大小等。属性之二是应得到授权的技术权威机构的书面确认和批准。标准试样不仅应在加工制作完成后需要得到认证，在长期重复使用过程中还应按相关标准文件规定定期进行认证。标准试样的本质用途是评价检测系统的性能，而不是用于产品的实际检验。

对比试样是针对被检测对象和检测要求按照相关标准规定的技术条件加工制作、并经相关部门确认的用于被检对象质量符合性评价的试样。与标准试样的定义相比，可以看到对比试样不同于标准试样的重要属性包括以下两个方面：一是与被检测对象密切相关，即对比试样的材料特性与被检测对象必须相同或相近，这一点在标准的技术要求中会作出明确规定，如材料牌号、热处理状态、规格或形状等；二是与检测要求相适应，即对比试样上人工缺陷的形式和大小应根据检测要求确定，这一点是由对比试样的本质用途所决定。根据定义，对比试样是用作被检测对象质量状况的评价依据，因此其上面人工缺陷的形式和大小尺寸应根据被检测对象在制造或使用过程中最可能产生的自然缺陷的种类、方向、位置和对产品可靠使用的影响等因素确定。

对比试样同样应按照相关标准文件或技术条件要求制作，一般不允许带有自然缺陷。虽然可以不要求对比试样必须经过技术权威的认证和进行周期检定，但应当由相关部门（如质检部门或计量部门）采用适当、可靠的方法对其作出满足相关标准文件或技术条件要求的结论。如果对比试样在使用过程中外形尺寸、材质和缺陷大小不会发生变化，一般在初次验证合格后可不必定期进行检定。为确认对比试样上述各项参数的稳定性，使用部门定期采用简单实用的方法对其进行核查是必要的。

1. 涡流探伤

如前所述，标准试样是按照相关标准加工制作并用于仪器性能测试与评价的标准样品，并不直接与被检测对象的材质相关和用于具体产品的检验。大多数涡流探伤标准对对比试样的选材、加工制作和人工缺陷的形式、大小作了规定，但对涡流仪器的使用性能，如检测能力、周向灵敏度差、端部盲区、分辨力及线性度等性能指标均未作规定，因此也就未涉及用于涡流仪器性能测试与评价的标准试样。德国 DIN 54141 标准第 2 部分"无损检测 管材的涡流检测 穿过式线圈涡流检测系统性能的测试方法"、GB/T 14480—1993《涡流探伤系统性能测试方法》标准和国家计量检定规程 JJG 0061-2001《涡流探伤仪》等，是关于涡流仪器性能测试的专用标准，以德国 DIN 54141 标准有关内容为例，对管材涡流探伤标准试样的相关知识简单加以介绍。

（1）标准试样 为使测试、评价结果具有良好的可重复性和可比性，标准对系统测试用标准样管的规格、尺寸及材料做了统一规定：建议采用外径为 25mm、壁厚为 2mm、长度为 2000mm 的铜（SF－Cu,）、奥氏体不锈钢（X－10，1Cr18Ni9Ti）、铜-锌合金（CuZn20Al）和铁磁性钢管（St35.2,）制作。不同材料的选用是根据测试的频率范围和所期望的内部缺陷与表面缺陷信号间相位角的差异所决定的。表 3-1、表 3-2 列出了上述材料对应的测试频率范围和不同测试频率条件下各种材料管材内、外壁缺陷涡流响应信号的相位角差。

表 3-1　几种材料管材（壁厚为 2mm）涡流检测的参考频率　　　（单位：kHz）

材　料	SF-Cu	X-10	CuZn20Al	St35.2
测试频率范围	0.5～6	10	2.5～30	1～50

表 3-2　不同测试频率条件下各种材料管材内、外壁缺陷涡流响应信号的相位角差

f /kHz	内、外表面环形槽响应信号的相位角差（°）			
	铜 (52.0MS/m)	CuZn20Al (12.5MS/m)	奥氏体不锈钢 (1.4MS/m)	碳钢 (5.8MS/m)
0.5	30	—	—	—
1	50	—	—	28
3	128	42	—	48
6	200	73	—	60
10	—	110	—	73
20	—	175	32	95
30	—	220	45	115
50	—	—	70	152
100	—	—	120	—
300	—	—	230	—

如图 3-21 所示，在管材试样一端管壁同一母线位置上加工 10 个间距为 20mm、直径为 1mm 的通孔缺陷。通过记录和比较各人工缺陷响应信号的大小，可评价涡流仪对靠近管材端部缺陷的检测分辨能力，即检测系统的端部效应。

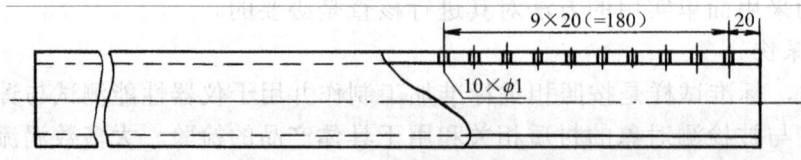

图3-21　用于评价检测系统端部效应的标准试样

评价涡流检测系统的不同性能需要采用不同的标准试样，不同标准试样上人工缺陷的设计与制作要求见 3.5 节。

（2）对比试样　如前所述，对比试样的本质用途是建立评价被检测产品质量符合性的标准，即以对比试样上人工缺陷作为判定该产品经涡流检测是否合格的依据。除此之外，对比试样在检测过程中还具有以下作用：① 对涡流检测系统进行调试，如检测频率、相位等检测参数的设定和机械系统传送速度、稳定度的调整；② 检测系统长时间工作稳定性的监测。为消除外界干扰因素的影响，保证涡流检测结果的一致性，通常在涡流检

测系统连续工作一段时间后（如 2h 或 4h）或发现涡流仪器显示出现异常时，要求采用对比试样对检测系统进行重新测试。

由于对比试样的形状相对被检测产品必须具有代表性，因此对比试样的形状必然是千差万别、各不相同的。按照对比试样上人工缺陷的形式不同，可分为孔形缺陷对比试样和槽形缺陷伤对比试样。按照涡流探伤应用对象的不同，也可分为外通过式线圈检测用对比试样、内穿过式线圈检测用对比试样和放置式线圈检测用对比试样。无论是用于哪一类产品检测的对比试样，其上人工缺陷的形式并不受统一的限定，而是由产品制造或使用过程中最可能产生缺陷的性质、形态所决定。

通孔形人工缺陷能较好地代表穿透性孔洞，虽然穿透性孔洞在管材制造过程中较少出现，但由于通孔缺陷最易于加工，因此被广泛采用。平底盲孔缺陷对于管壁的腐蚀具有较好的代表性，因此在在役管材的涡流探伤中较多采用。槽形人工缺陷能更好地代表管、棒材制造过程产生的折叠及使用过程中出现的开裂等条状缺陷和各种机械零件使用过程产生的疲劳裂纹，可以说槽形人工缺陷在多数情况下比通孔缺陷对于自然缺陷具有更广泛、真实的代表性，但由于槽形缺陷的加工与测量比孔形缺陷难度大，因此在涡流对比试样制作中并没有更广泛地选择槽形人工缺陷，这也是人们对涡流检测结果可靠性不能够充分信任的重要原因之一。

图 3-22 所示试样是一典型的管材探伤用对比试样。试样上 3 个通孔缺陷沿轴向方向等距离排列，在圆周方向上以 120°均匀分布在圆周面上，其作用是调定检测灵敏度和传动系统的对中状态；在接近对比样管某一端部位置上的通孔的作用是评价和保证涡流检测系统的端部盲区。

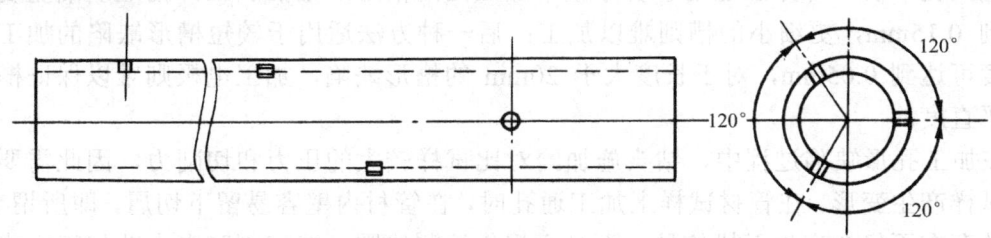

图3-22　评价检测系统周向灵敏度差的标准试样

图 3-23 所示试样是一典型的热交换器管探伤用对比试样。试样外表面从左至右加工有 5 个深度分别为管材壁厚 10%、20%、30%、40%和 50%深度的周向刻槽，内表面刻有 1 个深度为壁厚 10%的周向刻槽，槽深容许偏差为 0.075mm。各槽宽度和间距分别均为 50mm 和 25mm，槽宽和间距容许偏差为 1.5mm。

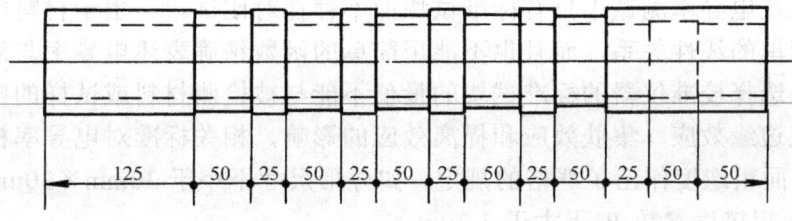

图3-23　热交换器管探伤用对比试样

图 3-24 给出了两个零件探伤用典型对比试样。图 3-24a、b 分别是用于平板试件或具有较大曲率半径试件和带有螺栓孔零件检测的对比试样。槽的深度如图 3-24 所示，宽度为 0.15mm，容许偏差均为 ±0.05mm。

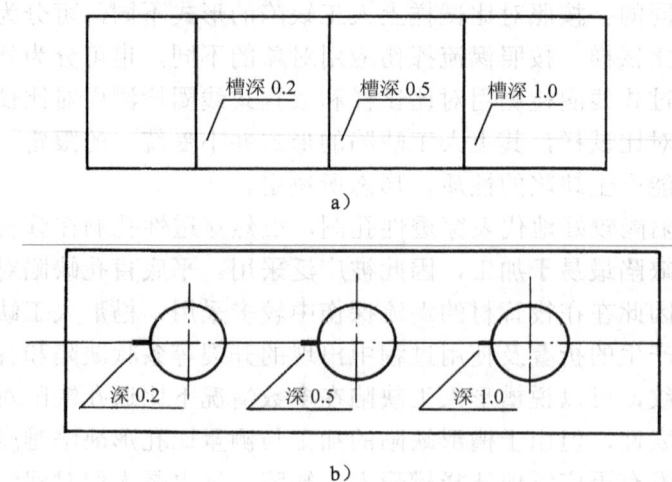

图3-24 零件检测用对比试样
a）平面或大曲率半径试件探伤用对比试样　b）螺栓孔探伤用对比试样

对比试样上孔形缺陷的制作一般采用机械加工的方法，在加工平底孔时，应选用平刃刀具钻制。槽形缺陷的制作一般采用电化学加工方式，最常用的两种加工方法是线切割和电火花。前一种方法适用于贯穿整个加工面的槽形缺陷的加工，槽形缺陷宽度一般可达到 0.15mm，更细小的槽则难以加工；后一种方法适用于较短槽形缺陷的加工，刻槽宽度可达到 0.05mm，对于长度大于 20mm 的槽形缺陷，加工电极则难以保证槽形缺陷的平直度。

在加工孔形缺陷过程中，钻头施加给对比试样较大的压力和切削力，因此需要注意防止试样产生变形。在管材试样上加工通孔时，在管材内壁容易留下切屑，即所谓毛刺。毛刺的存在不仅会产生干扰信号，而且会损伤检测线圈。线切割和电火花加工方式会产生较大的热量，应注意避免烧伤试样。不论是变形、毛刺，还是烧伤，都可能会引起涡流效应，因此涡流检测人员在制作对比试样时应将这些注意事项向加工人员提出。

2. 电导率测量与分选

电导率的测量是采用已知量值的电导率标准试块校准涡流电导仪后对材料或零件的电导率进行测量，不需要选择与被检测对象材料、热处理状态相同或相近的材料制作对比试块，因此在电导率测试中只有标准试块而不存在对比试块。由于材料电导率对涡流的影响不是简单的线性关系，而且也不能用简单的函数精确表述电导率与涡流响应的对应关系，因此选择校准仪器的标准试块的量值不能与被检测材料或试样的电导率值相差过大。受涡流边缘效应、集肤效应和提离效应的影响，相关标准对电导率标准试块的大小、厚度和表面粗糙度作出了严格的规定，如外形尺寸不小于 30mm×30mm，厚度不小于 5mm，表面粗糙度参数 R_a 不大于 3.2μm。

图 3-25 是美国波音公司制作的两套电导率标准试块，其中左边一套标块的电导率范围为 0.58～58MS/m（即 1%IACS～100%IACS），由 8 块试块组成，可用于钛及钛合金、奥氏体不锈钢、镁及镁合金、铝及铝合金、铜及铜合金的电导率测量；右边一套标块的电导率范围为 14.0～36.0MS/m（约 24.0%IACS～62.0%IACS），由 3 块试块组成，仅可用于铝及铝合金的电导率测量。

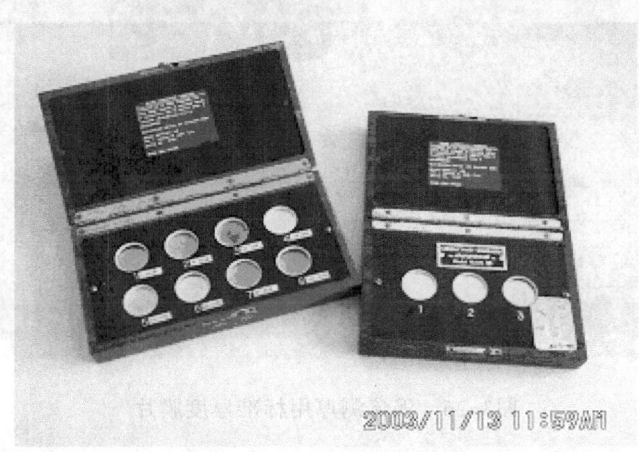

图3-25　电导率标准试块

早期大多数和近期少数的标块制造商将电导率值刻在标准试块的表面上，实际上这种做法是不科学的。因为材料都或多或少地存在时效性，特别是铝合金尤为明显。尽管在制作标准试块前的选材，就要求选择有足够时效时间的材料，但在实际应用中仍然发现标准试块在每一次检定时电导率值都会发生一些变化，标块的电导率值是在每一次检定时重新赋予的，因此在标块销售之初将电导率值固化在其表面是不合理的。

电导率的测量是进行材料分选的有效、可靠手段，如果仅关注于少数具体材料或零件的区分而不需要知道具体的电导率值，不采用电导率的读数测量方法也是可以实现的，这就是采用涡流分选技术，这种技术可以不依赖于电导仪和电导率标准试块。利用其他涡流仪器（如探伤仪）和对比试块对外观和形状相同而材质或热处理状态不同的材料或零件可实施正确的分选，这就要求对比试块应与被分选对象的材质、状态和尺寸相同，并且知道各个对比试块的材质和状态。

3. 膜层厚度测量

与电导率测量相似，膜层厚度测量是采用标准厚度片校准测厚仪对涂层厚度进行测量（因此绝大多数情况下不存在对比试片的问题），用作校准仪器用的标准试片必须有明确的量值，并满足以下要求：① 良好的刚性，即检测线圈压在上面时不会发生显著的弹性变形；② 良好的弯曲性能，当用于曲面制件表面覆盖层厚度测量时，应能与被检测对象的弧面基体形成良好的吻合。

膜层厚度测量用标准试片主要有两类，一类是不带有基体的薄膜（片），这类标准试片可覆盖在各种制件的基体进行仪器校准，具有良好的适用性，图 3-26 给出了这类标准厚度膜片；另一类是带有基体的标准试片，这类试片的覆盖层与基体结合为一体，但这类标准试块的使用有一定的局限性。

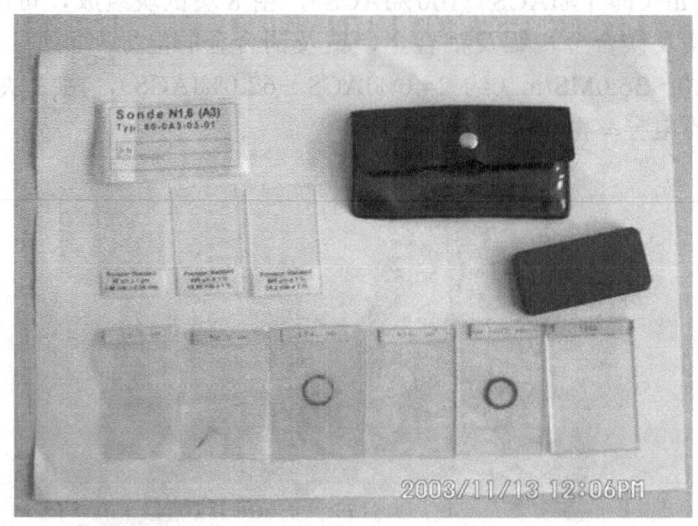

图3-26 涡流测厚用标准厚度膜片

涡流测厚的精度不仅与标准厚度膜片的不确定度、基体材料的电磁特性有关，而且与标准厚度试片的选用密切相关，校准仪器使用的标准厚度片与被测量覆盖层的厚度越接近，测量结果就越准确，因此涡流检测人员在购买涡流测厚仪时应特别关注仪器配备的标准试片的数量及其厚度与实际工作中检测对象厚度范围的相关性。

3.5 检测仪器（系统）的性能评价

对于不同的涡流检测仪器所关注的性能参数与指标是各不相同的，如对于涡流电导仪，要求仪器对探头离开被检测对象距离的微小变化的响应越小越好，即提离抑制（或称为提离补偿）性能越强越好，而对于涡流测厚仪，则要求仪器对于探头离开被检测对象距离的微小变化的响应越显著越好。因此，本节分别针对涡流探伤仪、电导仪和测厚仪介绍涡流仪器的性能和测试方法。

1. 涡流探伤仪的性能测试

涡流探伤仪的种类很多，当配以不同形式的检测线圈并用于不同的检测对象时，人们对其所关注的性能及其性能的表现形式也会有较大的差异。下面以对配备外通过式和内穿过式线圈、用于检测管材或管材制品的涡流检测系统为例加以介绍。检测系统的性能是通过对标准试样上人工缺陷的响应进行测试和评价的，因此标准试样的设计制作是正确、合理评价系统各种性能的关键。

（1）对缺陷深度响应性能的评价 如图3-27所示，试样外壁上加工有一组深度分别为壁厚20%、40%和60%，宽度为0.5mm，长度为30mm的纵向槽形缺陷。使标准试样以尽可能平稳的速度通过检测线圈（如果采用内穿过式线圈，使检测线圈平稳地穿过标准样管），调整检测灵敏度，使深度为60%壁厚的人工缺陷响应信号的幅度为显示屏最大显示值的 100%，记录和比较各人工缺陷响应信号的幅值来评价涡流仪对不同深度缺陷响应性能。

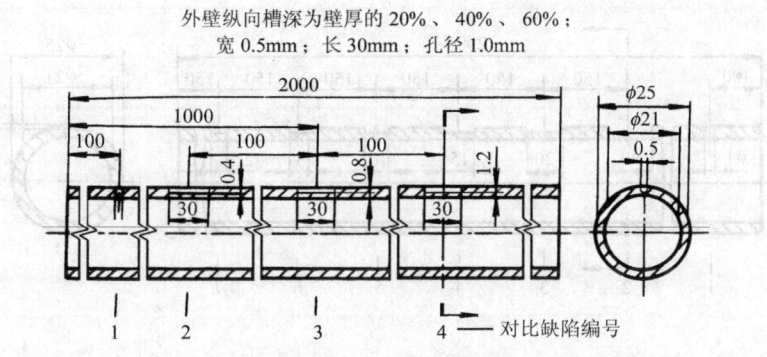

图3-27 评价缺陷深度响应性能的标准试样

（2）对内部缺陷和表面缺陷响应能力的评价 图 3-28 所示标准试样上有两对深度分别是管材壁厚的 20%和 40%，宽度均为 0.5mm 的内、外槽伤。以尽可能平稳的速度使试样同心地通过检测线圈中心，并将最大响应信号的幅度调整至仪器最大指示值的 100%，测量和记录各响应信号的幅度。根据标准试样内、外壁上深度为壁厚的 20%和 40%环形槽响应信号幅度的测定值，计算出检测仪器对表面缺陷和内部缺陷指示信号幅值之比，并以此作为评价仪器响应能力的指标。

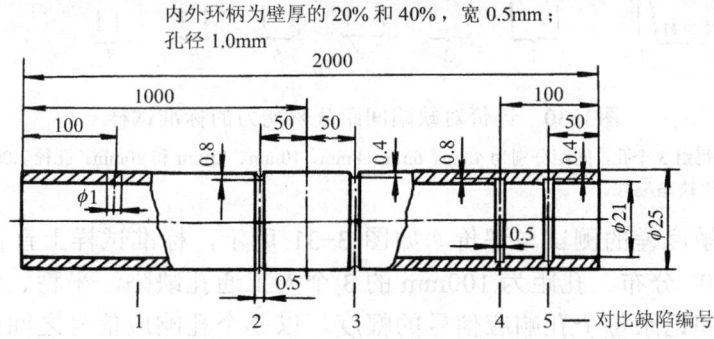

图3-28 评价内部缺陷和表面缺陷响应能力的标准试样

（3）对缺陷长度响应性能的评价 图 3-29 所示标准试样上加工有深度为 0.2mm，长度分别为 2.5mm、5mm、10mm、15mm、20mm 和 40mm 的人工槽形缺陷。将该试样平稳地穿过检测线圈中心，并测量和记录信号幅度。以响应信号幅度与 40mm 长槽形缺陷响应信号幅度之差不大于 3dB 的最短槽形缺陷的长度作为评价涡流检测仪"极限缺陷长度"的指标。

（4）对缺陷间距分辨能力的评价 如图 3-30 所示，试样管壁同一母线位置上加工有 6 组间距为 50mm、直径为 1mm 的通孔缺陷。每组缺陷包括 3 个通孔，它们之间的间距依序分别为 4mm、6mm、8mm、10mm、15mm、20mm。通过记录和比较各组人工缺陷响应信号的大小，以邻近两个孔指示信号与间距为 200mm 的孔的指示值不大于±3dB

时的最小孔间距作为评价和确定涡流仪的检测分辨能力和对不同间距缺陷响应性能的指标。

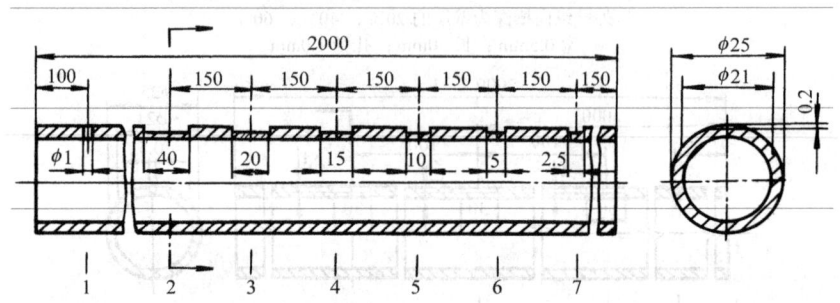

图3-29 评价对缺陷长度响应能力的标准试样

注：1～7为对比缺陷编号。

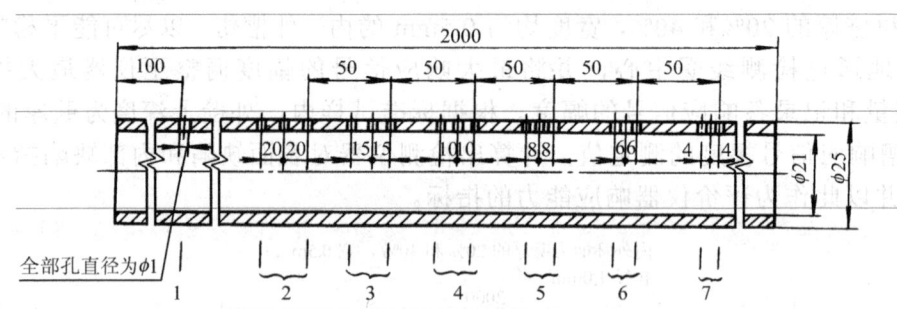

图3-30 评价对缺陷间距分辨能力的标准试样

注：1. 分成6组，每组3个孔，间距分别为4mm、6mm、8mm、10mm、15mm和20mm；孔径1.0mm；单个孔径1.0mm。
2. 1～7为对比缺陷编号。

（5）周向灵敏度差的测试与评价 如图3-31所示，标准试样上直径为1.0mm、沿圆周以角距为120°分布、孔距为100mm的3个人工通孔缺陷，平稳、匀速地通过检测线圈中心，测定和记录每个孔响应信号的幅度。以3个孔响应信号之间的最大差值作为评价仪器周向灵敏度差性能的指标。

（6）端部盲区的测试与评价 如图3-31所示，在距离标准试样一端的管壁同一母线位置上加工有10个间距为20mm、直径为1mm的通孔缺陷。使这10个通孔平稳、匀速地通过检测线圈中心，各孔响应信号幅度与距离管端部最远孔的响应信号幅度相比，以其中幅度之差不大于±3dB、距离管端部最近的孔到管端部的距离作为评价和确定涡流仪的检测端部盲区的评价指标。

（7）涡流仪灵敏度调节性能的测试与评价 采用图3-31所示标准试样，使直径为2mm的通孔缺陷平稳、匀速地通过检测线圈中心，调节仪器检测灵敏度，使该人工缺陷的响应幅度为仪器最大显示值的100%。依次降低检测灵敏度，使响应信号幅度分别约为仪器最大显示值的75%、50%、35%、25%和10%，在上述不同灵敏度水平下分别重复进行3次测量，并记录每一次孔形缺陷响应信号的幅度。以每个灵敏度级别下3次测量值的平均值与理论计算值之差作为评价仪器灵敏度调节性能的指标。

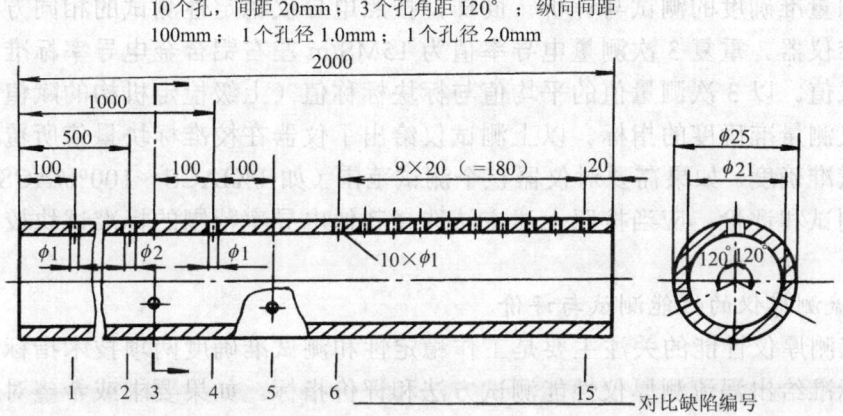

图3-31　评价周向灵敏度差、端部盲区及检测灵敏度的标准试样

（8）涡流仪相位调节性能的测试与评价（适用于带相位调节功能的仪器）　采用图3-27所示标准试样，以深度为壁厚20%的外表面槽形缺陷平稳、匀速地通过检测线圈中心，调节仪器的相位旋钮（或按键），使该槽形缺陷响应信号的相位角为0°或90°，记录仪器相位调节旋钮（或按键）的读数；同向改变相位调节器读数，直至该缺陷响应信号的相位角变化了360°（即响应信号旋转一周），再次记录仪器相位调节旋钮（或按键）的读数；将相位调节器的两次读数的差值均分为12档，以1/12差分档重新调节相位调节器，并测试和记录信号的相位方向与信号起始方向的相位角之差。分别绘制"信号相位角——相位调节器的读数"、"信号相移角——相位调节器的读数"和"信号幅度——相位调节器的读数"曲线，并以此评价仪器的相位调节性能。

（9）检测系统工作稳定性的测试与评价　采用图3-31所示标准试样，使周向夹角为120°的3个通孔缺陷在1h之内每隔15min平稳、匀速地通过检测线圈中心（仪器经过了规定的预热时间），并将通孔缺陷响应信号幅度调整至仪器最大指示范围的50%。测试和记录每个通孔各次通过检测线圈时响应信号的幅度，以3个孔每次通过时响应信号的幅度与平均值之间的最大差值作为评价检测系统工作稳定性的指标。

2. 涡流电导仪的性能测试与评价

（1）稳定性的测试与评价　电导仪按规定时间预热后，选择电导率值为15MS/m左右的铝合金电导率标准试块作为测试标块，并选择电导率值分别低于和高于该值的并与该值最邻近的两个标准试块校准仪器。在30min时间内每隔5min测量一次标称值为15MS/m左右的电导率标块，并记录各次测试值。以各次测试值与第一次测试值之差中的最大值作为评价电导仪工作稳定性的指标。

（2）提离抑制性能的测试与评价　按照与测试电导仪稳定性相同的方法选择测试标块和校准仪器。分别在测试标块上覆盖有厚度为0μm（无非导电膜层）、25μm、50μm、

75μm、100μm、200μm、300μm 和 500μm 非导电薄膜条件下测量电导率的读数，并记录各次测试值。以各次测试值与零覆盖层条件下的测试值之差中不大于±0.2MS/m 时覆盖层的最大厚度值作为评价电导仪提离抑制性能的指标。

（3）测量准确度的测试与评价　同样，按照电导仪稳定性测试的相同方法选择测试标块和校准仪器。重复 3 次测量电导率值为 15MS/m 左右铝合金电导率标准试块，并记录各次测试值。以 3 次测量值的平均值与标块标称值（上级检定机构的赋值）之差作为评价电导仪测量准确度的指标。以上测试仅给出了仪器在校准标块量值所覆盖的电导率范围内测量准确度。如果需要对仪器整个测试范围（如 1%IACS～100%IACS）的测试准确度进行测试和评价，应当按照上述方法选择其他电导率范围的标准试块校准仪器进行测试。

3．涡流测厚仪的性能测试与评价

对涡流测厚仪性能的关注主要是工作稳定性和测试准确度两项技术指标。目前还没有相关的标准给出涡流测厚仪性能测试方法和评价指标。如果要求或希望对所使用的涡流测厚仪上述两项性能进行测试，可参照电导仪的测试方法进行测试和评价。

复 习 题

1．涡流检测线圈的分类通常采用哪几种方式？
2．不同类型检测线圈的特点是什么？各种线圈的适用性如何？
3．根据 3.1.3 节关于差动式互感线圈内涡流信号的形成过程，说明绝对式互感线圈在接近导体时检测线圈（二次线圈）内涡流信号的形成过程。
4．按用途不同，涡流检测仪分为哪几类？
5．阻抗幅度型和阻抗平面型涡流仪的根本区别是什么？宽带式单涡流探伤仪与多频涡流探伤仪的区别是什么？
6．简要说明不同类型涡流仪器的优缺点及适用性。
7．绘图说明涡流检测仪的基本原理框图及其各组成部分的功能。
8．简述相位分析法、频率分析法和幅度鉴别法的技术原理及适用性。
9．涡流检测辅助装置主要包括哪些设备？
10．涡流检测用标准试样和对比试样有什么不同？对比试样的制作、选用应注意什么？
11．对涡流探伤仪、电导仪和测厚仪进行性能评价时，应分别测试仪器的哪些性能？

第4章 涡流检测技术的应用

4.1 概述

涡流检测技术以其适用性较强、非接触耦合、检测装置轻便等优点而在冶金、化工、电力、航空、航天、核工业等工业部门得到较广泛的应用。涡流检测技术具有较强的适用性主要体现在：① 可用于所有导电材料，不仅包括具有良好导电性的金属材料及制件，如各工业部门广泛应用的铝及铝合金、钛及钛合金、铜及铜合金、奥氏体不锈钢、镍基高温合金等非铁磁性金属材料及制件和铁磁性的钢铁材料及制件，而且还包括导电性较弱的非金属材料，如石墨制品及碳纤维复合材料；② 不仅可用于导电材料及制件表面缺陷的检测，还可用于表面下一定深度范围内近表层缺陷的检测；③ 检测线圈形式多样，不仅可适用于规则形状的管、板、棒、丝等原材料，而且还可以适应较复杂形状零件的检测。

涡流检测技术应用的广泛适用性不仅表现为可用于缺陷检测，而且还可用于材料或零件电、磁特性的测量以及非铁磁性基体上非导电覆盖层厚度的测量，因此在材质分选、电导率测量、防护层厚度测量等方面也有着广泛的应用。

由于涡流响应信号较为复杂，且难以将各种干扰信号与缺陷响应区分开来，因此涡流检测结果的可靠性受到一定的影响。此外，虽然涡流在较低频率条件下可达到较大的检测深度，但随之产生的检测灵敏度显著降低使得涡流检测能力往往达不到期望的要求。任何一种无损检测方法都有其优点和局限性，随着信号处理技术的发展和涡流检测仪器智能化程度的提高，近10年来，涡流检测技术呈现出应用范围迅速扩大的趋势。

4.2 涡流探伤

涡流探伤是涡流检测技术最主要的应用，它可应用于导电材料表面及近表面缺陷的检测。由于涡流检测是基于电磁感应现象，不仅被检测材料或制件的电、磁性能发生变化会引起检测线圈的响应，而且被检测对象的形状、尺寸的变化也会引起感应磁场和涡流分布的改变，正确、可靠地将缺陷信号从多种干扰因素所产生的"噪声"信号中分离、提取出来是涡流检测的根本目标。要达到这一目标，对全部引起涡流响应的因素及其作用规律进行分析、认识是十分必要的。以下通过对工作频率、电导率、磁导率、边缘效应、提离效应等主要影响因素作用规律的阐述，说明涡流探伤过程通常应注意的事项。

用于涡流探伤的检测频率范围约为几十 Hz 至 10MHz。大多数非铁磁性材料或制件检测选用的频率在几千赫至几百千赫范围。在任何具体的涡流检测中，工作频率是由被检测对象的厚度、期望的透入深度、要求达到的灵敏度或分辨率以及其他检测目的所决定的。

检测频率的选择往往是上述因素的一种折衷,虽然低频条件下可获得更大的涡流透入深度,但不能无限降低检测频率。因为随着频率的降低,发现缺陷的灵敏度也随之降低,并且某些情况下(如自动检测),检测速度也可能需要降低。在满足检测深度要求的前提下,检测频率应选得尽可能高,以得到较高的检测灵敏度。如果仅是需要检测表面裂纹,一般来说频率选择比较简单,通常可选择高达几兆赫的频率;但如果被检测表面粗糙,或是期望识别出表面不同裂纹缺陷的深度差异,则采用过高的检测频率并不能获得良好的检测结果。

电导率、磁导率是影响涡流透入深度和涡流分布密度的两个重要因素。涡流标准透入深度公式为:

$$\delta = \frac{1}{\sqrt{\pi f \mu_0 \mu_r \sigma}} \tag{4-1}$$

式中 δ —— 标准透入深度,单位是 m;
f —— 工作频率,单位是 Hz;
μ_0 —— 真空磁导率,$\mu_0 = 4\pi \times 10^{-7}$,单位是 H/m;
μ_r —— 相对磁导率,无量纲常数;
σ —— 电导率,单位是 S/m。

可以看到电导率和磁导率的平方根值与涡流标准透入深度成反比,即电导率和磁导率值越大,涡流在该材料中的透入深度越小。对于非铁磁性材料,其相对磁导率 $\mu_r = 1$,在确定检测深度时可不考虑磁导率的影响;而对于铁磁性材料,μ_r 是一个随磁化强度变化的量,即使在饱和磁化条件下依然是一个数值较大的量,因此在铁磁性材料检测时往往选择较低的检测频率,以保证涡流在被检试件中达到适当的透入深度。

由根据麦克斯韦关于电磁场理论的方程组针对半无限平面导体推导出的涡流分布密度公式:

$$J_x = J_0 e^{-(1+j)\sqrt{\pi f \mu_0 \mu_r \sigma} x} \tag{4-2}$$

式中 j —— 单位虚量;
J_x —— 被检测表面下 x 深度处的涡流分布密度;
J_0 —— 被检测表面的涡流分布密度。

可以看到 J_x 是一个大小取决于 J_0 并按照由检测频率、材料磁导率和电导率等参数构成的负指数函数变化的变量。由 $J_0 = \sqrt{\pi f \mu_0 \mu_r \sigma} H_0$ 可以看到,被检测对象表面的涡流密度与检测频率、电导率、磁导率等三个参数的平方根值成正比,即相同的磁化条件下(H_0),检测频率、电导率和磁导率越高,在被检测材料表面激励产生的涡流密度就越大,检测线圈拾取的感应信号也就越强。由此可以说明,涡流检测对于导电性能较好的材料具有比导电性弱的材料更高的检测灵敏度。由于铁磁性材料磁导率不均性显著,且磁导率随磁化程度而变化,在涡流检测过程中形成较大的干扰信号,致使涡流检测灵敏度随磁导率提高的效应被掩盖。

单位虚量 j 表示随着涡流透入深度增加的过程,涡流信号的相位角也在按照负指数函数的规律随时间产生相应的滞后。对于半无限大导体,涡流信号相位角随透入深度变化而滞后的计算公式为:

$$\theta(x) = \sqrt{\pi f \mu_0 \mu_r \sigma} x \quad (4-3)$$

式中 $\theta(x)$ ——在导电金属表面下 x 深度位置上涡流信号的相位角,单位为 rad。

由式(4-3)可以看到,电导率、磁导率和检测频率的平方根值与涡流信号的相位角滞后成正比,即电导率和磁导率值越大,感应涡流信号在该材料中的相位滞后越快;检测频率越高,涡流响应信号的相位滞后现象越显著。

边缘效应在涡流检测中会经常出现。当检测线圈扫查中接近零件边缘或其上面的孔洞、台阶时,涡流的流动路径就会发生畸变,如图 4-1 所示。

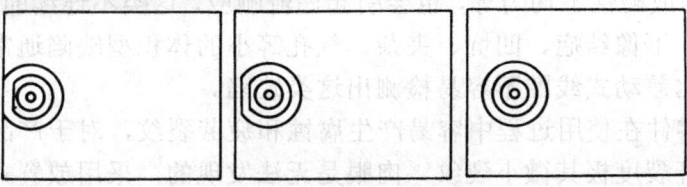

图4-1 涡流的边缘效应

这种由于被检测部位形状突变引起的涡流变化通常远远超过所期望检测缺陷的涡流响应,如果不能消除这种影响,也就无法检测出靠近或存在于试件边缘的缺陷。边缘效应作用范围的大小除了与被检测材料的导电性、导磁性相关,还与检测线圈的尺寸、结构有关。鉴于在这种条件下电磁场与涡流分布较为复杂,因此不作进一步的理论分析与计算。从实际经验来说,对于非屏蔽式线圈,通常认为磁场的作用范围是涡流检测线圈直径的 2 倍,如图 4-2 所示。

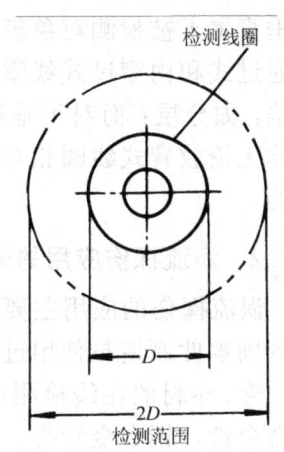

图4-2 非屏蔽式线圈涡流场的有效范围

提离效应这一概念是针对放置式线圈而言,是指随着检测线圈离开被检测对象表面距离的变化而感应到涡流反作用发生改变的现象,对于外通过式和内穿过式线圈而言,表现为棒材外径和管材内径或外径相对于检测线圈直径的变化而产生的涡流响应变化的现象。无论是提离效应,还是填充系数变化的影响,其作用规律均较为显著和一致,即该因素变化引起检测线圈阻抗的矢量变化具有固定的方向,且在通常采用的检测频率条件下,该方向与缺陷信号的矢量方向具有明显的差异,因此采用适当的信号处理办法或相位调整可比较容易地抑制或消除这类干扰因素的影响。

4.2.1 涡流探伤适用的典型缺陷及响应特点

在涡流透入深度范围内，所有导致被检测材料或零件电磁特性变化的不连续均可能引起涡流的异常响应，其中影响被检测对象使用性能的不连续通常被视为缺陷。这些缺陷包括制造过程中出现的冶金缺陷、工艺缺陷和使用过程中产生的各类损伤缺陷和疲劳缺陷。

采用环绕式线圈（包括外通过式和内穿过式线圈）检测管材或棒材，对于方向以纵向为主并在径向方向具有不同深度的不连续，如裂纹、折叠、未焊透、焊接错位等缺陷比较容易检测出来。检测线圈对缺陷的涡流响应与线圈的结构、缺陷的形状密切相关，对于通常使用的自比差动式检测线圈，容易在长条状缺陷的两端产生较强的响应信号，而在条状缺陷中间，特别是深度较为一致的区域，难以产生响应信号。对于管、棒材内部的分层缺陷，由于对周向流动的涡流改变较小，不足以引起涡流响应的明显变化，因此难以检出。对于结疤、凹坑、夹杂、气孔等体积型的表面和近表面缺陷，无论是采用绝对式线圈，还是差动式线圈，都比较容易检测到。被检测材料如果存在材质不匀，如成分偏析、热处理或磁性不均匀等，也会引起涡流响应，这类不连续的响应一般呈连续、缓慢变化的特征，不像结疤、凹坑、夹杂、气孔等小的体积型缺陷通常表现为突变形式的响应，因此自比差动式线圈不容易检测出这类缺陷。

金属产品或零件在使用过程中容易产生腐蚀和疲劳裂纹，对于产品下表面的腐蚀和探测面上出现的开裂度极其微小裂纹，肉眼是无法发现的，采用放置式线圈则比较容易发现，尤其是探测面上出现的疲劳裂纹。由于腐蚀缺陷通常在腐蚀区域的边沿部位深度较浅，中间部位较深，且有一定的面积，当采用自比差动式检测线圈时，涡流响应的变化较为平缓；而对于疲劳裂纹，当检测线圈扫过缺陷时涡流变化则非常显著。放置式线圈垂直置于被检测对象表面时，涡流在试件表层形成平行于表面的涡旋状流动电流，与外通过式和内穿过式线圈类似，这种流动方式的涡流难以发现平行于试件表面的平面型缺陷，如分层；而对于垂直于试件表面的裂纹缺陷，涡旋状流动电流总是垂直于开裂面，因此无论放置式线圈相对于裂纹方向以何种角度扫过缺陷时，所产生的涡流响应都是一致的。

4.2.2 涡流探伤应用的分类

涡流探伤的应用主要分为管、棒材的在线检测与入厂复验检测、管道的在役检测和非规则零件制造与使用过程的检测。

管、棒材的在线检测在冶金、有色部门广泛应用，如钢管、冷拉圆钢、钛合金管（棒）、铝合金管、铜合金管等。以管、棒、丝材作为原材料进行相关产品加工制造的单位通常在原材料购进后进行质量复验，应用较多的行业有核能、电力、航空、航天、兵器及机械制造。在核能和电力部门，钢管、铜管被广泛用于锅炉管道和热交换器冷凝管制造，在航空、航天部门，飞机、火箭的油路系统大量使用小直径薄壁金属管，小直径棒材是制造螺栓等紧固件的材料，兵器部门制造枪炮所用各种规格的钢管也可采用涡流方法进行原材料检测。不论是在原材料生产部门的检测，还是各制造行业的原材料复验，绝大多数是采用外通过式线圈，且以检测原材料中的冶金缺陷为主要目标。

金属管材加工成产品并运行使用一段时间后，如锅炉、热交换器等，通常需要进行定期监测，由于管道外壁与其他构件相连接，无法采用外通过式线圈实施检测，因此对于管状类产品的在役检测多采用内穿过式线圈。

管棒类材料及制件采用外通过式或内穿过式涡流线圈进行检测，主要在于环形线圈可以在同一时刻对管棒材整个圆周区域实施相同灵敏度的检测，具有易于实现自动化、速度快、效率高的优点。对于非管棒类材料及制件，环形线圈无法提供可靠、有效的检测，因此放置式线圈在非规则零件的制造和使用中具有广泛的应用。

4.2.3 管、棒材探伤

要有效、可靠地对管棒材实施涡流探伤，应解决好以下问题：检测频率与填充系数的确定、检测线圈与扫查间距的选择、传送速度与稳定性的控制和对比试样人工缺陷的制作。对于铁磁性管、棒材，还应考虑施加适当的磁饱和。

不同于放置式线圈在半无限平面导体上的涡流透入深度可通过较简单的公式计算得出，对于管、棒材，由于涡流线圈的电磁场强度和试件中涡流的分布密度计算十分复杂，通常管、棒材的检测频率通过以下几种方式确定：① 利用表征线圈内金属棒材尺寸和电磁特性的特征频率参数 f_g 进行非铁磁性棒材检测频率的计算，② 利用"频率选择图"进行非铁磁性棒材检测频率的选择，③ 利用放置式线圈在半无限大平面导体上的涡流透入深度公式近似估算非铁磁性管材的检测频率，④ 利用对比试样上不同深度人工缺陷的涡流响应情况确定。以下分别举例说明。

1. 根据特征频率参数计算检测频率

[示例] 有钛合金棒和铜棒各一根，直径、电导率分别为：d_{Ti}=5mm，σ_{Ti}=0.7MS/m，d_{Cu}=10mm，σ_{Cu}=58MS/m。由特征频率计算公式 $f_g = \dfrac{1}{2\pi \mu_0 \sigma r^2}$ 有：

$$f_{g(Ti)} = \dfrac{1}{2\pi \mu_0 \sigma_{Ti} r_{Ti}^2} = 28978\text{Hz}$$

$$f_{g(Cu)} = \dfrac{1}{2\pi \mu_0 \sigma_{Cu} r_{Cu}^2} = 87\text{Hz}$$

通常对于圆柱形棒材，f/f_g 取值在 5~50 范围时，缺陷引起的涡流响应变化最为显著，因此可以得出钛合金棒和铜棒的检测频率分别为：

$$f_{(Ti)} = (5\sim50) \times 28978 = 144890\sim 1448900\text{Hz}$$

$$f_{(Cu)} = (5\sim50) \times 87 = 43.5\sim 4350\text{Hz}$$

由上述计算结果可以看到，被检测材料电导率和直径的差异对于检测频率选择的影响十分显著。

2. 利用"频率选择图"确定检测频率

对于非铁磁性棒材，涡流检测的工作频率可利用图 4-3 估算。图上 4 个主要变量为电导率、棒材直径、工作频率和单一阻抗曲线上的工作点。通常对于圆柱形棒材，所要求的工作点对应于 $kr = r\sqrt{2\pi f\mu\sigma}$ 的一个值。这个值近似为 4，但可在 2~7 范围内变动。

对于实际检测问题，被检测材料的电导率和半径（或直径）为已知量，要求在单一阻抗图上的特殊工作点决定出工作频率。这种情况下可以根据图 4-3 按照下列步骤和方法确定检测频率。

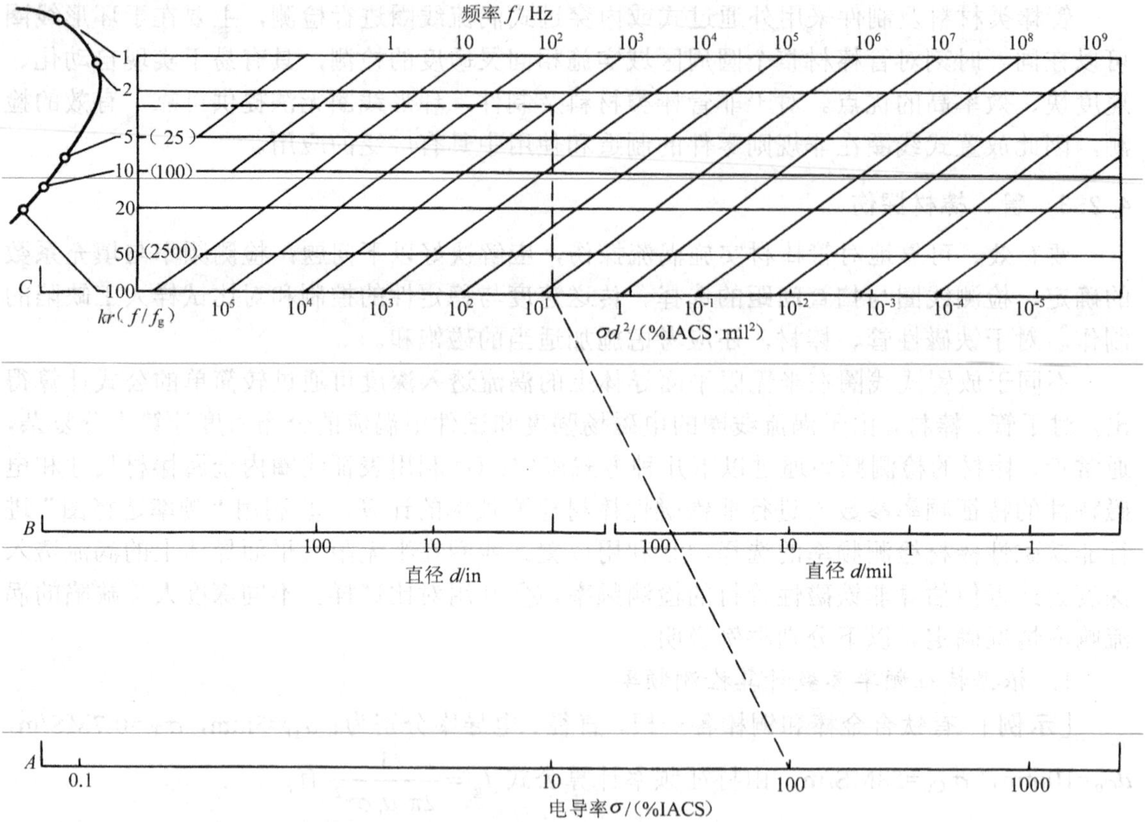

图4-3 用于非铁磁性棒材检测的频率选择图

注：mil=1/1000in。

1）在 A 线上取棒材的电导率 σ，图中给出的电导率单位为国际退火铜标准（%IACS）。

2）在 B 线上取棒材直径 d，单位为 in（英寸）或 mil（密尔，1mil=1/1000in）。

3）用直尺连接两点，并将连线延长使之与 C 线相交。

4）由连线与 C 线的交点垂直向上画直线，与所需的 kr 值对应的水平线相交，得到一交点。

5）选择第 4）步得到的交点所在的频率线，从该频率线上可读出检测所需的工作频率。

3. 利用半无限大平面导体上的涡流透入深度公式计算非铁磁性管材的检测频率

［示例］ 有一内、外径分别为 24mm 和 30mm 的铝合金管材，电导率 $\sigma=25$MS/m。试确定采用外通过式线圈检测的频率。

分析：涡流检测频率的选择必须使涡流的有效透入深度大于管材的壁厚。工程上，通常取标准透入深度的 3 倍作为涡流的有效透入深度，以管壁厚度作为涡流的有效透入深度，则标准透入深度为壁厚的 1/3。

计算：由放置式线圈在半无限大平面导体上的涡流透入深度计算公式 $\delta = \dfrac{1}{\sqrt{\pi f \mu \sigma}}$ 有：

$$f = \dfrac{1}{\pi \mu \sigma \delta^2} = \dfrac{1}{3.14 \times 4 \times 3.14 \times 10^{-7} \times 25 \times 10^6 \times 0.001^2} \text{Hz} = 10142\text{Hz}。$$

其中：因 $3\delta = (D_\text{o} - D_\text{i})/2 = (30 - 24)\text{mm}/2 = 3\text{mm}$，故有 $\delta = 1\text{mm}$；

$$\mu = 4\pi \times 10^{-7} \text{H/m}。$$

说明：在有效透入深度位置上涡流的分布密度仅约为表面涡流密度的5%，因此对于管壁内表面缺陷的检出灵敏度非常低，按照该方法计算得出的检测频率可作为频率选择的极限值，实际检测选定的工作频率应低于这个极限频率值。

4. 利用对比试样上人工缺陷的响应情况确定检测频率

涡流检测频率的确定，最可靠的方式是根据涡流对于对比试样上不同深度人工缺陷的响应情况确定。简便的做法是在线圈最难检测的管壁上加工深度较浅的人工缺陷，缺陷的深度一般可取壁厚的10%。对于外通过式线圈，人工缺陷应在管材内壁制作，对于内穿过式线圈，人工缺陷应在管材外壁加工。通过改变试验频率，观察是否得到内壁或外壁上人工缺陷的响应，并根据响应信号的大小确定合适的检测频率。

填充系数是影响管、棒材涡流检测灵敏度的重要因素。从电磁感应原理讲，检测线圈与管、棒材接近程度越高，检测灵敏度越高。由于管、棒材的平直度、轴对称性和椭圆度总是存在一定的偏差，加上传动装置运行中可能造成管、棒材出现微小的偏离，如果仅仅关注追求填充系数的提高，必然会增大检测线圈被高速运行的管、棒材撞击的概率和磨损。面对被检测的管、棒材，如何选择适当尺寸的检测线圈，其中没有其他更复杂的影响因素，只要将尽可能提高填充系数和防止检测线圈受撞击或过度磨损这两个基本原则协调处理好即可。如果管、棒材的平直度、同心度、表面粗糙度都很好，检测系统传动装置运行的稳定性和精确度也比较高，则可选择填充系数值大的条件实施检测；否则应适当降低填充系数。

这里有两个值得稍加注意的问题：第一，填充系数是指一种检测的条件或状态，是检测线圈尺寸与试件尺寸之间的一种相对关系，而不是检测线圈的属性或参数，通常所说的"检测线圈的填充系数"是指具体的线圈相对具体的对象而言；二是填充系数不是一个单纯取决于检测线圈或被检测对象尺寸的绝对值，而是一个与检测线圈和被检测对象尺寸相关的一个相对值，因此脱离检测线圈和被检测对象尺寸简单以填充系数值的大小评价检测条件的优劣是不确切的，因为对于直径为10mm和100mm的管材或棒材，相同填充系数条件下，线圈与管、棒材表面之间的间隙是会相差很大的。例如，对于外通过式线圈和直径为10mm的管、棒材，当填充系数取0.9时，检测线圈与其表面的间隙为不到0.3mm；而对于直径为100mm的管、棒材，检测线圈与其表面的间隙则接近3mm。

对于管、棒材涡流探伤，检测线圈的选择除了对填充系数这一重要因素的考虑之外，还应注意对线圈结构和类型的考虑。绝对式线圈受被检测对象材质、尺寸变化的影响更加敏感，如果对这两项因素的影响不必特别关注时，则应选择能够较好克服这两项因素影响的差动式线圈。我们知道，采用通过式线圈具有很高的检测效率，但对于沿管、棒材轴向的条状缺陷，如果其深度比较一致，则采用该类线圈容易造成漏检，因此，必要时应考虑增加放置式线圈的扫查。

放置式线圈沿管材作周向旋转运动，管材沿其轴向作水平匀速运动，线圈在棒材表面形成螺旋式的扫查。扫查轨迹的螺距取决于放置式线圈的旋转速度和管材的传动速度。如果探头旋转速度慢而管材运行速度快，扫查螺距过大，就会出现扫查不到的区域，可能会因此造成缺陷漏检；如果探头旋转速度快而管材运行速度慢，扫查螺距过小，就会出现重复扫查的区域，检测效率大大降低。如何通过调整线圈旋转和管材运行的速度确定合适的扫查间距，这是必须要解决的问题。根据检测线圈电磁场的有效作用范围，确定扫查间距为放置式线圈直径的 2 倍。

设单个放置式线圈直径为 D，周向旋转速度为 ω(r/s)，管材水平传动速度为 v(m/s)。当采用单个放置式线圈扫查时，探头旋转 1 周所用时间为 $1/\omega$，管材在 $1/\omega$ 时间里水平方向位移为 v/ω。要保证不出现漏检区域，必须满足 $v/\omega \leq 2D$。当采用多个放置式线圈扫查时（假设设线圈数量为 n），且各相邻线圈的间距为 $2D$，则管材在该组线圈周向旋转一周时在水平方向位移最大为 $v/\omega \leq 2nD$。

由于检测线圈对缺陷的响应与传送速度有关，因此管、棒材检测时应保持与采用对比试样调整检测灵敏度时所选择的速度相同，管、棒材在运行过程中应保持相对稳定的匀速运动，速度变化的波动不应超过平均速度的 ±10%。此外，传送装置应保持管、棒材在外穿过式线圈中心轴线上平直移动，尽可能减小在线圈中心线上的上下、左右偏移。管、棒材运行的稳定程度取决于机械传动机构的性能，该性能可采用周向灵敏度标准试样或对比试样进行调整和评价。通常要求检测系统对 3 个沿周向 120° 均匀分布的人工通孔缺陷的响应差异小于 3dB。

对比试样上人工缺陷制作的形式和大小取决于被检测管、棒材的生产工艺和检测要求。如果管、棒材在制造过程中容易形成条状缺陷，如折叠、重皮、裂纹等，在对比试样上加工制作纵向人工槽形缺陷更合理，且对于自然缺陷更具有代表性。由于外通过式线圈对于外表面缺陷响应最灵敏，而对于管壁内部和内表面缺陷的响应灵敏度远远低于外表面槽形缺陷；只有保证线圈对于内壁上槽形缺陷具有适当的检出灵敏度，才可以保证对于整个管壁的检测灵敏度，因此在加工槽形人工缺陷时，不应仅在管材外壁上制作，而在管材内壁上也需要考虑。

不仅可以在管、棒材表面加工纵向槽形缺陷，也可以根据实际情况和需要沿管、棒材表面周向方向加工制作。图4-4 中给出了管材对比试样上的几种典型槽形缺陷。

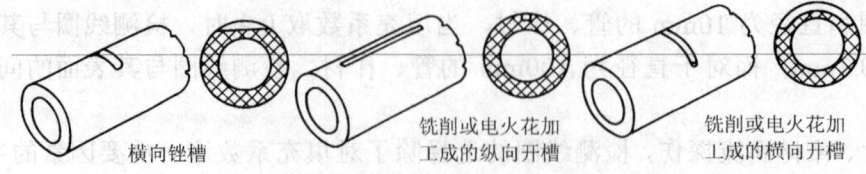

图4-4 几种典型的人工槽形缺陷

带人工通孔缺陷的对比试样在管材涡流检测中广泛应用，其主要原因在于孔形缺陷易于加工制作，而实际上通孔缺陷对于多数自然缺陷的代表性不如槽形缺陷。由于通孔缺陷贯穿管材的整个壁厚，响应信号不能反映出涡流对于不同深度位置上缺陷检出能力的差异。近年来，军工行业在订购管、棒材原材料时，已开始注意到向材料供应方提出选用槽形缺陷对比试样的要求，这对于保证军工产品的质量具有重要意义。

人工缺陷的大小是根据产品质量要求确定的。国外金属管材涡流检测方法标准中多数未给出人工缺陷大小的规定，而国内相关标准则多数针对不同规格和壁厚的管材规定了人工缺陷的尺寸，并以此作为产品质量等级的评价标准，且多数标准只规定制作通孔形式的人工缺陷，这也反映我国的管、棒材涡流检测技术与国外的检测水平存在一定的差距。

4.2.4 热交换器管道探伤

热交换器管道内的液体介质可能造成管壁的腐蚀和沉淀物的堆积。设备在运行过程中，由于热交换器管的振动，与支撑板之间形成碰撞和摩擦，造成热交换器管外壁与支撑板接触部位磨损。采用内穿过式线圈的涡流检测方法是检测热交换器管道内、外壁缺陷，保证设备安全运行最为有效和可靠的无损检测方法，也是热交换器管道检测中应用最为广泛的一项无损检测方法。

1. 热交换器管道涡流探伤信号的形成

热交换器管道的涡流检测多采用内穿过式自比差动线圈，我们知道，差动式线圈的信号输出端是两个匝数相同缠绕方向相反的串接线圈的两端。当两个串接的检测线圈所处检测部位的电磁特性相同，则在两个线圈两端产生大小相等而方向相反的感应电压，因此输出电压为零；当两个检测线圈所处检测部位的电磁特性出现差异，则在两个线圈两端产生大小不等、方向相反的感应电压，因此在输出端形成不为零的电压信号。图4-5给出了检测线圈通过通孔缺陷时"8"字形信号的形成过程。

当探头处于管中如图4-5a位置时，管壁上通孔缺陷开始进入线圈1的响应范围，由于通孔相对于管壁材料电磁特性不同而引起涡流畸变，导致线圈1接收到不同于管壁内正常流动的涡流所产生的电磁场，从而打破两个检测线圈的平衡状态，在涡流仪的示波屏上形成如图4-6a所示的离开平衡位置的阻抗信号；当探头处于管中如图4-5b位置时，通孔缺陷处于线圈1正上方，其涡流响应与管壁涡流场作用于线圈2的差异达到最大，形成如图4-6b所示的阻抗信号；探头继续推进，随着线圈1离开通孔缺陷距离逐渐增大和线圈2逐渐进入通孔缺陷涡流场的作用范围，两个线圈对于通孔缺陷感应产生的电压差值逐渐减小，当通孔处于两个线圈正中间时，如图4-5c，线圈1、线圈2所感应产生的电压大小相等，方向相反，差动线圈输出端电压为零，达到如图4-6c所示的新的平衡状态。随探头继续推进，线圈1离开了对通孔缺陷的响应范围，而线圈2逐渐增大对通孔缺陷的响应，检测线圈处于如图4-5d所示位置，新的平衡状态又被打破，在涡流仪的示波屏上形成如图4-6d所示的离开平衡位置的阻抗信号，并在通孔缺陷处于线圈2正上方时，阻抗信号幅度达到最大值；当探头在管中推进到如图4-5e位置时，线圈2离开了通孔缺陷的影响范围，两个差动连接的线圈都感应着来自管壁的涡流响应，线圈阻抗显示再一次回到如图4-6e所示的平衡位置。

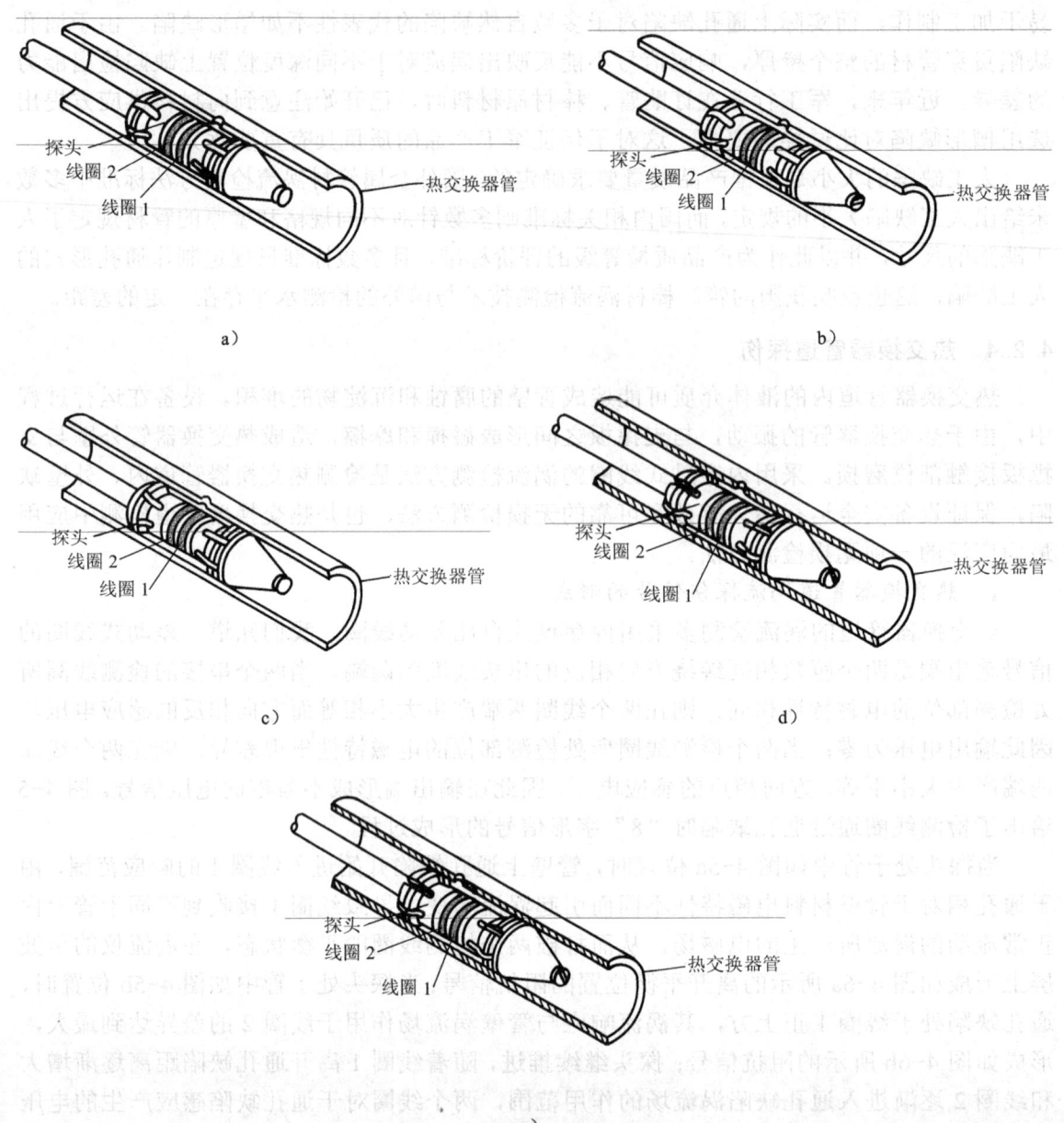

图4-5 内穿过差动式线圈相对管壁上通孔伤的不同位置

如图 4-6e 所示涡流检测信号的相位角按以下方式定义：① 取响应信号阻抗为最大值的两个点，如图 4-7a 中两个小圆圈确定的位置；② 用直线连接这两个点，并规定垂直线方向的上方为正方向；③ 该直线与水平方向的负方向所成夹角，如图 4-7 中粗的圆弧线所表示的角。值得注意的是，在涡流检测中，响应信号夹角的定义方式与解析几何中直线的角度（即与水平方向的正方向所成夹角）定义不同，二者之间的对应关系是涡流信号的相位角等于 180° 减去几何学中直线与水平线的夹角。

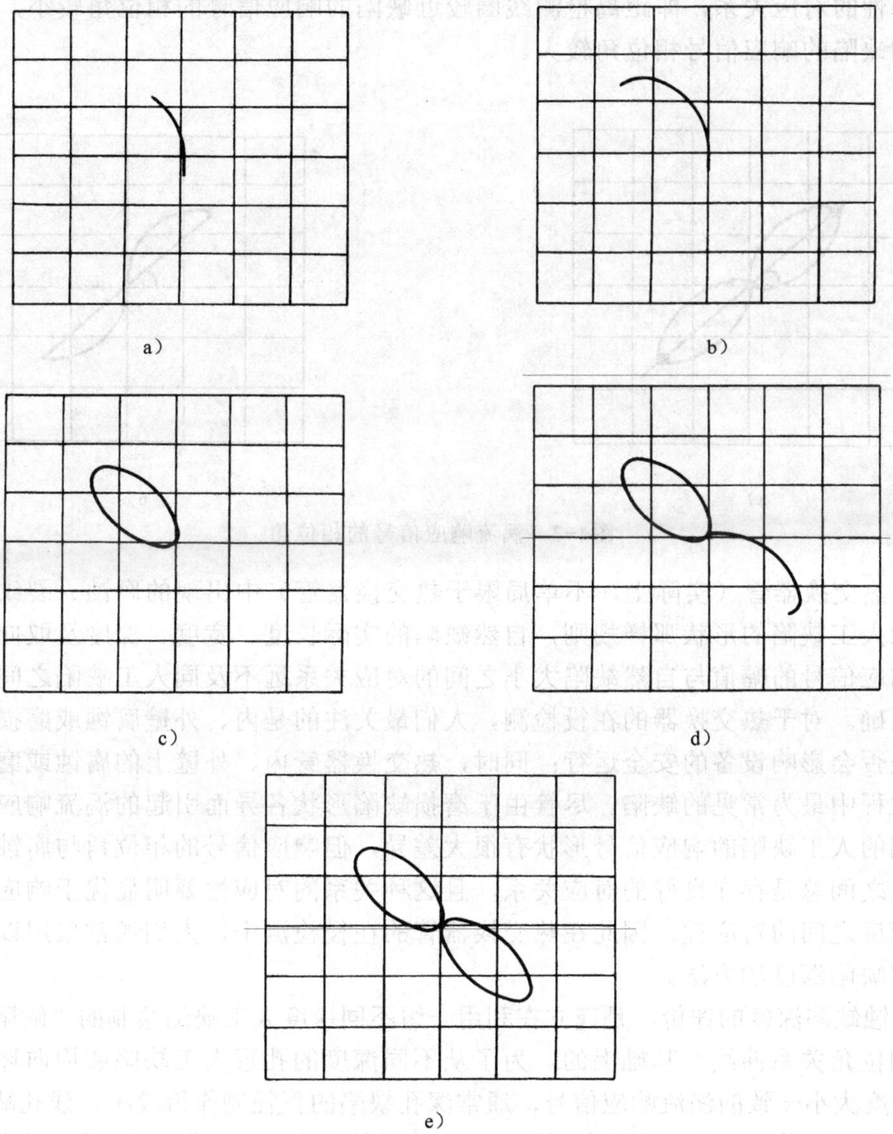

[图示 a) b) c) d) e)]

图4-6 差动式线圈扫查过通孔缺陷不同位置时涡流响应的变化

实际涡流检测中，由于涡流仪在信号处理电路部分所采取的特殊设计，内穿过式自比差动线圈通过管壁上通孔缺陷或周向槽形缺陷时的响应信号的阻抗图并不是如图4-6e所示的呈对称状的"8"字形，而是如4-7b所示的类似于半个"8"字的形状，在涡流检测中仍称之为"8"字形阻抗曲线，这种形状响应信号的相位角更容易识别和判定。

2. 热交换器管道的单频涡流探伤

涡流在管壁中的分布密度不仅与涡流透入深度相关，而且涡流场的相位也随着涡流透入深度的改变而变化。对于规则形状的人工缺陷，如不同深度的槽形缺陷或孔形缺陷，如果槽的宽度、长度相同或孔径相同，则涡流响应信号的幅值大小与槽伤或孔的深度存在良好的对应关系；同时对应不同深度的槽形缺陷或孔形缺陷，响应信号的相位角也呈现出规律性的对应关系，即距离检测线圈较近缺陷的响应信号的相位角较小，而距离线圈较远的缺陷的响应信号相位角较大。

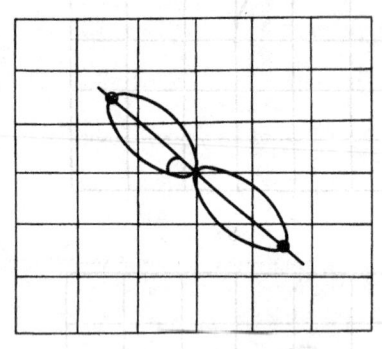
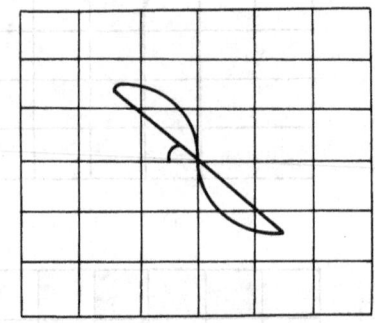

图4-7 涡流响应信号的相位角

由于热交换器管（实际上，不单局限于热交换器管）中出现的腐蚀、裂纹等自然缺陷并不像人工缺陷的形状那样规则，自然缺陷的实际长度、宽度、深度及取向各异，因此涡流响应信号的幅值与自然缺陷大小之间的对应关系远不及同人工缺陷之间的对应关系那么明确。对于热交换器的在役检测，人们最关注的是内、外壁腐蚀或磨损引起管壁的减薄是否会影响设备的安全运行；同时，热交换器管内、外壁上的腐蚀或磨损也是设备运行过程中最为常见的缺陷。尽管由于磨损缺陷形状各异而引起的涡流响应信号的形状与规则的人工缺陷的响应信号形状有很大差异，但响应信号的相位角与腐蚀或磨损缺陷的深度之间总是存在良好的对应关系，且这种关系的对应性要明显优于响应信号幅度与缺陷深度之间的对应性，因此在热交换器管的在役检测中，人们通常采用以信号的相位角评定缺陷深度的方法。

对腐蚀缺陷深度的评价，是建立在利用一组不同深度人工缺陷绘制的"缺陷深度与响应信号相位角关系曲线"基础上的。为了从不同深度的孔形人工缺陷或周向环形槽缺陷上获得幅度大小一致的涡流响应信号，通常深孔缺陷的直径制作得较小，浅孔缺陷的直径加工得较大；同样，深槽缺陷的宽度较小，而浅槽的宽度较大。图4-8a是一根典型的用于热交换器管涡流检测的对比试样，上面加工有不同深度且直径不等的平底孔和通孔缺陷。

图4-8b是在工作频率f=400kHz条件下，自比差动式线圈穿过整个样管时缺陷形成的涡流响应信号。可以看到，不同深度缺陷的响应信号按照随深度减小而相位角增大的规律依序排列。实际检测中，约定将通孔缺陷响应信号的相位角设定为40°，根据管材电、磁特性参数和壁厚尺寸选择合适的检测频率，使管材外表面上最浅人工缺陷（如壁厚的25%）的相位角处于150°~160°范围，以保证外表面上不同深度缺陷（管材壁厚的0%~100%）在40°~180°范围内显示，这是因为缺陷信号可能存在对称性（如人工缺陷），将不同深度缺陷响应信号的相位角控制在不超过180°的范围，目的在于更容易识别信号的相位角和判定缺陷的深度。图4-8c是根据图4-8b绘制的缺陷深度与响应信号相位角的关系曲线。可以看到，如上所述，通孔缺陷响应信号的相位角为40°，外

表面上深度为管材壁厚25%的平底孔的相位角为152°。相位角在0°～40°范围的阻抗信号表示管材内壁上腐蚀深度不同的缺陷。阻抗信号的相位角越小，则腐蚀深度越浅；反之，相位角越大，腐蚀深度越深。

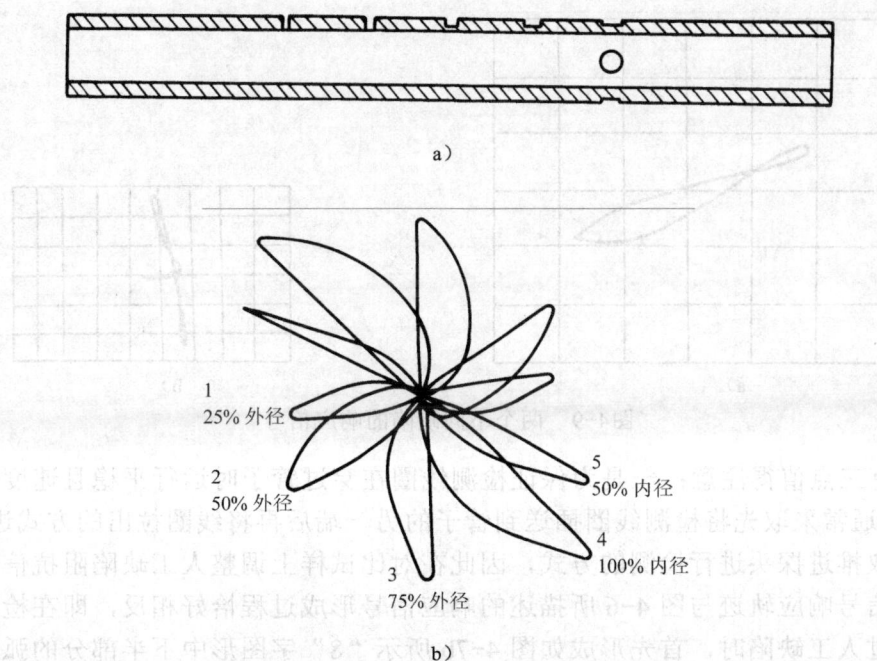

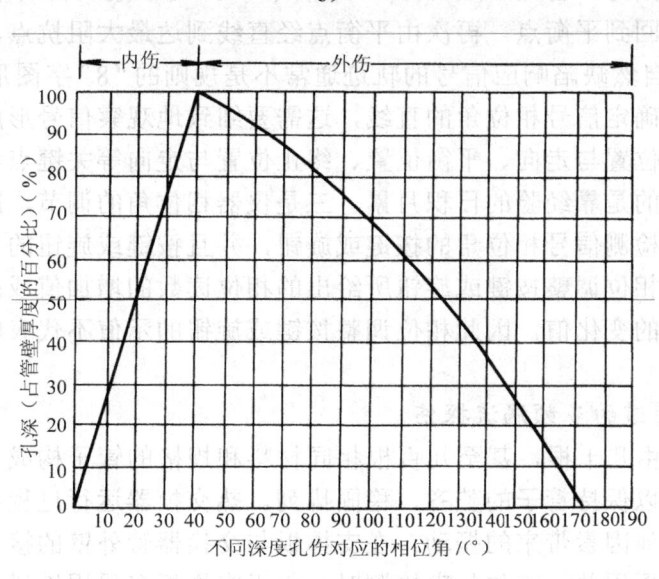

图4-8 典型的热交换器管对比试样及不同深度人工缺陷响应信号的相位

根据这一曲线，在相同的试验条件下（被检管材的材料、直径及规格与对比试样相同，且采用的检测频率与利用对比试样调定涡流仪器工作条件时的试验频率相同），即可通过对自然缺陷响应信号相位角的识别来判定缺陷的位置与深度。

如图4-9a、b所示两个缺陷响应信号的相位角分别为20°和110°，根据上述原则可以判定：图4-9a响应信号对应的缺陷处于管材内壁上，其深度为壁厚的50%；图4-9b所示缺陷处于管材外壁上，其深度为壁厚的60%。

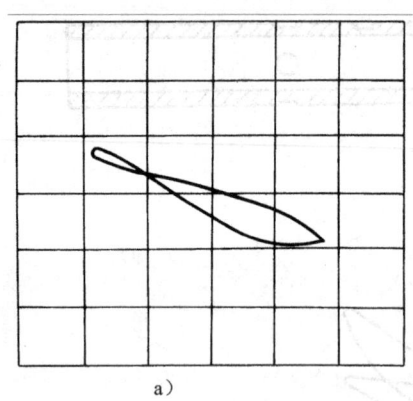
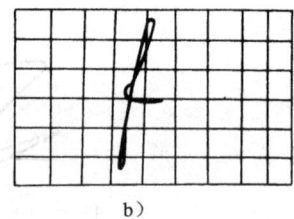

图4-9　两个不同缺陷的响应信号

这里有三点值得注意：一是为保证检测线圈在穿过管子时运行平稳且速度均匀，手动操作时，通常采取先将检测线圈插送到管子的另一端后再将线圈拉出的方式进行检测，而不是采取推进探头进行检测的方式，因此在对比试样上调整人工缺陷阻抗信号时，会发现缺陷信号响应轨迹与图4-6所描述的响应信号形成过程恰好相反，即在检测线圈拉出过程经过人工缺陷时，首先形成如图4-7b所示"8"字图形中下半部分的弧线部分，其次经过直线部分回到平衡点，再次由平衡点经直线到达最大阻抗点，最后以弧线轨迹回到平衡点。二是自然缺陷响应信号的轨迹通常不是规则的"8"字图形，甚至差异很大，往往较难确定用以确定信号相位角的直线，这需要细致地观察信号形成的过程，特别是对信号形成时起始位置与走向、平衡位置、终止位置与走向等关键点和阻抗曲线变化趋势的识别，这更多的是靠经验的日积月累。三是仪器相位角的调节，阻抗平面式涡流仪器通常有用于调整检测信号相位角的按键或旋钮，并且按键或旋钮的调整对应确定的数值，但是通过调节相位调整按键或旋钮所给出的相位读数的增加值或减少值，并不一定是响应信号相位角的变化值，因此相位调整按键或旋钮的示值不代表响应信号相位角的实际值。

3. 热交换器管道的多频涡流探伤

热交换器通常由几十根，甚至几百根相同材料和规格的管子构成，各管之间有一块或多块金属板支撑以保持管子的整齐、稳固排列。热交换器运行过程中管道内部液体介质的流动和外界其他因素带来的振动，在支撑板与交换器管外壁的接触部位容易产生磨损和电化腐蚀。当采用单一工作频率检测时，由于支撑板多采用铁磁性钢板制作，检测线圈运行至支撑板材所在位置时会受到来自支撑板感应产生的强电磁信号干扰，这种干扰信号足以"淹没"该位置上热交换器管内、外壁可能存在的缺陷所引起的响应信号，因此必须消除支撑板的干扰信号才能够正确地检测和评价热交换器管的质量。一种可有效消除支撑隔板干扰信号的涡流检测技术就是下面要介绍的多频涡流检测技术。

多频涡流检测是指涡流仪具有多个工作通道，并能够同时以两个或两个以上的工作频率进行检测的技术。通过调整不同激励频率的涡流对隔板产生响应信号，再经过混频通道进行信号叠加，达到消除隔板响应信号、提取缺陷信号的目的。

如图 4-10 所示，涡流仪通道 A 和通道 B 分别显示的是工作频率为 f_1 和 f_2 时隔板产生的涡流响应信号，可以注意到，通道 A、B 所获得的涡流响应信号已调整为幅度相等、相位相差 90°（该状态是通过分别调整涡流仪通道 A、B 的增益和相位获得的）。将幅度和相位满足上述条件的 A、B 通道的检测信号输入到另外一个工作通道进行混频处理，得到如图中混频通道（通道"A+B"）的响应信号。可以看到隔板的响应信号已被消除。

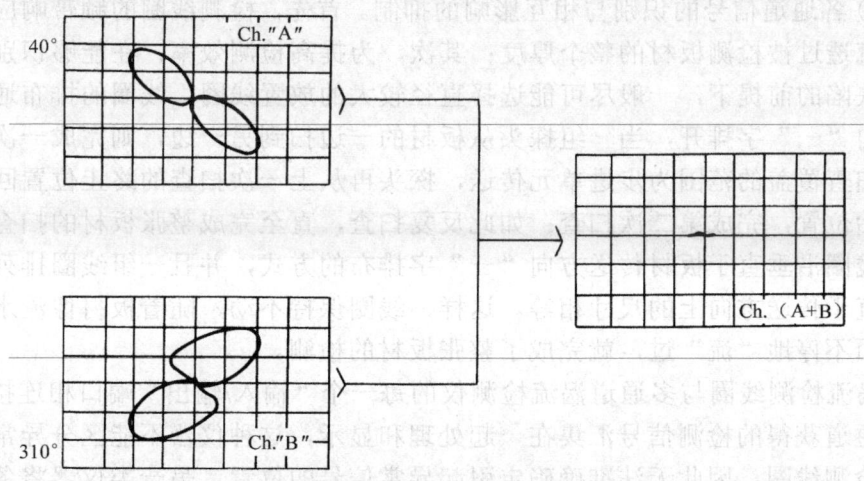

图4-10 响应信号的混频处理

从混频处理后得到的显示信号可以看到热交换器管在隔板支撑处没有其他响应信号，因此可以判定该位置上没有出现腐蚀和磨损缺陷。图 4-11 给出了仪器 A、B 通道在相同工作条件下在另一根热交换器管的隔板支撑位置获得的涡流响应信号，经混频处理后得到一个相位角约为 110°的响应信号。从"缺陷深度与响应信号相位对应关系曲线"可以判定该缺陷为热交换器管外壁缺陷，缺陷深度约为管材壁厚的 60%。

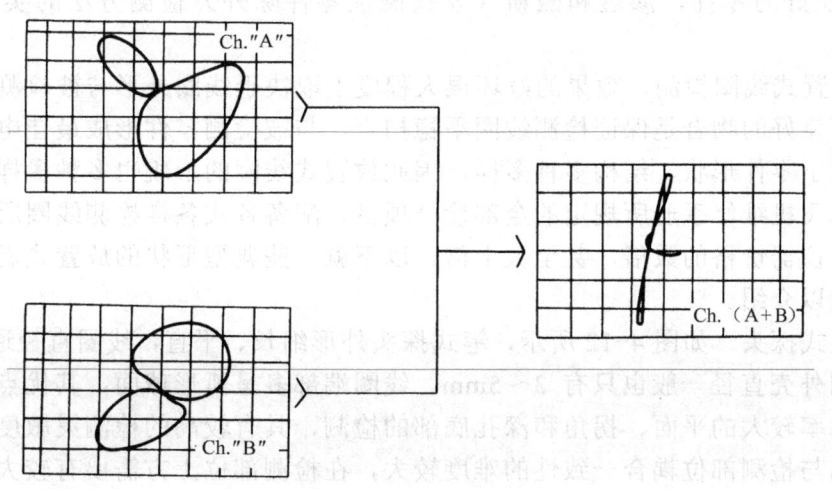

图4-11 经混频处理得到的支撑板处磨损缺陷的涡流响应信号

4.2.5 非规则形状材料和零件探伤

非规则形状材料和零件是相对于具有规则形状并适合采用外通过式或内穿过式线圈检测的管、棒材及其制件而言，指适合采用放置式线圈检测的材料和零件，既包括形状复杂零件的探伤，也包括除管棒材以外形状规则的材料和零件的探伤，如板材、型材等。

对于金属薄板原材料的探伤，国外有较多的报道，主要采用多通道仪器连接多个放置式涡流线圈进行自动化检测。在这种涡流探伤的应用中，主要考虑① 涡流线圈的选择与排布；② 各通道信号的识别与相互影响的抑制。首先，检测线圈的频带响应范围应能够保证涡流透过被检测板材的整个厚度；其次，为提高检测效率，在能够识别所要求检出的最小缺陷的前提下，一般尽可能选择直径较大的放置线圈。线圈的排布通常沿垂直于扫查方向"一"字排开，当一组探头从板材的一边扫到另一边，则完成一次扫查；板材以探头扫查覆盖的范围为步进单元传送，探头再从上一次扫查的终止位置回到上一次扫查的起始位置，完成第二次扫查；如此反复扫查，直至完成整张板材的扫查。也可以采取检测线圈沿垂直于板材传送方向"一"字排布的方式，并且一组线圈排列的长度与板材在垂直于传送方向上的尺寸相等。这样，线圈保持不动，随着板材像流水一样从这组线圈下面不停地"流"过，就完成了整张板材的检测。

每个涡流检测线圈与多通道涡流检测仪的每一个"输入/输出"端口相连接，有的仪器是将各通道获得的检测信号汇集在一起处理和显示，这种仪器不能区分异常信号来自于哪一个检测线圈，因此无法准确确定引起异常信号的位置。另一类仪器将各通道获得的检测信号分别独立地处理和显示，便于对引起异常信号位置准确定位，但通常这类仪器造价较高。由于国内极少应用这种技术对金属薄板实施涡流检测，因此不作更详细的介绍。

采用放置式线圈对非规则形状零件进行检测的技术更多的是应用于零件的原位检测，这主要由以下两方面因素所决定：① 对于制造过程中未装配零件的表面或近表面缺陷，采用渗透或磁粉（仅指铁磁性零件）检测方法具有更高的灵敏度和效率；② 对于装配好的零件，渗透和磁粉（非铁磁性零件除外）检测方法的实施往往受空间的限制。

采用放置式线圈检测，效果的好坏很大程度上取决于线圈外形与被检测零件形面的吻合状况，良好的吻合是保证检测线圈平稳扫查、与被检测零件形成最佳电磁耦合的重要前提。由于零件形状、结构多种多样，因此放置式线圈的形貌也多种多样。要采用涡流方法完成飞机维修手册所规定的全部检查项目，配备各式各样检测线圈所需花费往往是一台涡流仪器价格的数倍，甚至数十倍。以下就一些典型形状的放置式涡流检测线圈及其应用加以介绍。

（1）笔式探头 如图 4-12 所示，笔式探头外形细长、平直，线圈直径通常只有 1～2mm，线圈外壳直径一般也只有 3～5mm。线圈端部多呈弧形球面，其优点是能够较好地适用于曲率较大的平面、拐角和深孔底部的检测，具有较高的检测灵敏度；缺点是保持线圈端部与检测部位耦合一致性的难度较大，在检测部位上方需要有较大的操作空间（至少大于探头外形高度）。

第 4 章　涡流检测技术的应用

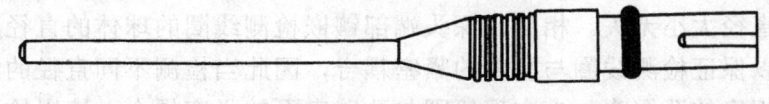

图4-12　笔式探头

（2）钩式探头　钩式探头的线圈直径和外形尺寸与笔式探头相近，所不同的是钩式探头的端部呈直角，如图 4-13 所示。这种结构的探头不仅可较好地适用于曲率较大的平面、拐角部位的检测，具有较高的检测灵敏度，而且克服了检测部位上方需要有较大操作空间的限制，操作平稳性也要较笔式探头稍好一些。

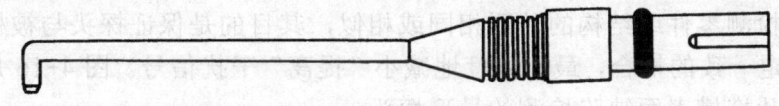

图4-13　钩式探头

（3）平探头　如图 4-14 所示，平探头检测线圈的直径一般在 5~15mm，外壳直径在 10~20mm 左右，探头的探测面为平面，内部通常装有弹簧，能够与被检测面形成稳定的耦合。由于平探头检测线圈的直径较大，线圈电感量较高，通常工作在较低的检测频率下。同时，由于涡流的实际透入深度不仅与检测频率有关，而且与检测线圈的直径相

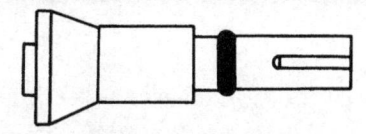

图4-14　平探头

关，因此平探头适用于检测埋藏深度较深的近表面缺陷和薄金属板下表面的缺陷。此外，由于单次扫查覆盖区域较大，因此检测效率高，适合于平面和曲率较小的弧面上的检测，不足之处在于不适合形状复杂零件的检测和对表面微小缺陷的检测灵敏度相对要低一些。

（4）孔探头　如图 4-15 所示，孔探头的线圈尺寸较小，直径通常在 1~2mm 范围，

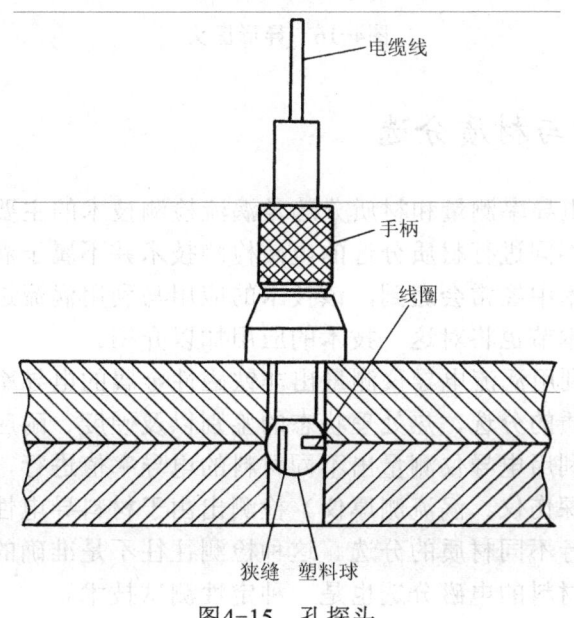

图4-15　孔探头

与被检测孔的直径大小无关。相反，探头端部镶嵌检测线圈的球体的直径应与被检测孔的直径相同，以保证检测线圈与孔壁的紧密耦合，因此当检测不同直径的螺栓孔时，就需要购买相应规格的孔探头。为实现线圈与孔壁表面的紧密耦合，镶嵌检测线圈的球体采用弹性较好的塑料制作，并在塑料球的中间切割一条狭缝。孔探头专为检测螺栓孔内壁表面缺陷设计，通常与专用的探头枪配合使用，以获得良好的检测信号。由于探头枪的价格较高，一些单位在配备检测设备时往往舍弃了探头枪的采购。采用手动方式转动、推进探头，耦合的稳定性、一致性和检测速度要明显劣于使用探头枪的操作。

（5）异形探头　异形探头是为检测特殊形状零件而设计、制作的专用探头，探头外形和尺寸与被检测零件或结构的外形相同或相似，其目的是保证探头与被检测面之间形成最佳的、稳定一致的耦合，最大限度地减小"提离"干扰信号。图 4-16 是一种用于发动机涡轮盘叶片榫槽表面缺陷检测的异形探头。

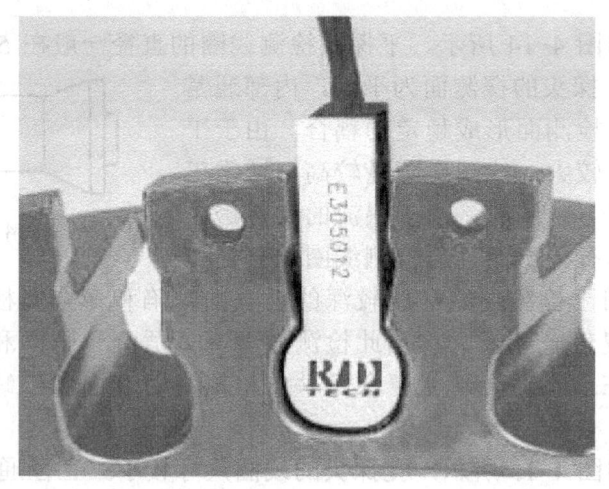

图 4-16　异形探头

4.3　电导率测量与材质分选

非铁磁性金属的电导率测量和材质分选是涡流检测技术的主要应用领域之一。严格说来，通过磁导率的不同进行材质分选的电磁检测技术并不属于涡流检测技术的范畴，但在电磁涡流检测技术中经常会遇到，该技术的应用与利用涡流进行材质分选的检测技术有相似之处，因此本节也将对这一技术的应用加以介绍。

电导率的测量是利用涡流电导仪测量出非铁磁性金属的电导率值，通过电导率值的测量结果可以进行材质的分选、热处理状态的鉴别以及硬度、耐应力腐蚀性能的评价。材质分选可以是通过利用电导仪测量出不同材料的电导率值进行，也可以是利用其他类型涡流仪器（如涡流探伤仪、涡流测厚仪）检测出由于材料导电性的差异引起的涡流响应的不同，并据此进行不同材质的分选。这种检测往往不是准确的定量测量，而是定性的测试分析。铁磁性材料的电磁分选也是一种定性测试技术。

4.3.1 非铁磁性金属电导率的涡流检测

当载有交变电流的线圈接近导电材料时,线圈内交变电流产生的交变磁场会在导电材料表层生成涡旋状流动的电流,该涡旋电流的大小除了与激励磁场的大小及交变电流的频率有关外,还与导电材料的电、磁特性及尺寸等参数密切相关。对于非铁磁性的铝合金,其相对磁导率 $\mu_r=1$,因此其磁特性参数 $\mu=\mu_0\mu_r$ 是一个常量。对于确定的仪器,当线圈紧密接触厚度无限大铝合金平板时,影响涡流场大小的只有一个变量,即铝合金板材的电导率。为了精确测量出电导率的微小变化,通过复杂的阻抗分析、计算和比较试验,确定了电导率在 1%IACS~100%IACS 范围的金属及其合金最合适的测试频率为 60kHz 左右。

利用涡流电导仪测量非铁磁性金属及其合金电导率的技术本身比较简单,只要试件的厚度、大小、表面状态等满足测试条件要求,使用量值准确的电导率标准试块校准性能合格的电导仪,即可直接测量出材料和零件的电导率值,并据此进行牌号、状态的识别或分选。不同于其他非铁磁性金属,由于铝合金的一些力学性能(如硬度)与其电导率之间具有密切的对应关系,如图 4-17 所示,因此铝合金电导率的涡流检测技术应用更为广泛。

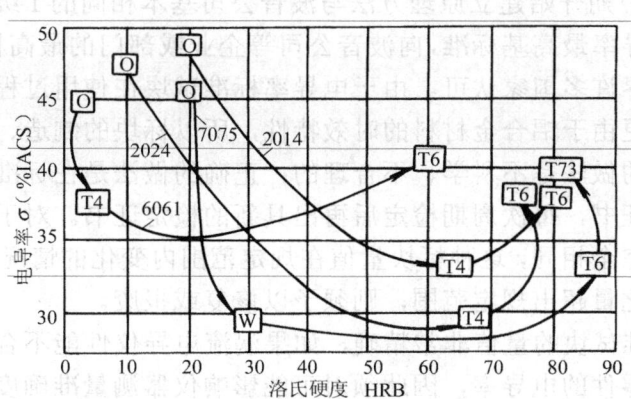

图4-17　几种牌号铝合金的热处理状态、硬度及电导率之间的关系曲线

利用涡流电导仪测量材料或制件电导率之前,首先要用电导率标准试块校准仪器的测量范围。以 Sigmatest 2.067 型电导仪为例,该仪器配备了电导率值分别为 9.18MS/m 和 58.2MS/m 的标准试块。从该型号电导仪的指示盘可以看到,在不同的量值范围内等量的电导率变化引起指针的偏移量并不相等,这是因为电导仪指示被测试件电导率值的刻度盘与仪器内某平衡电桥电路上的可调电容相联接,电导率变化量与电桥平衡过程中电容改变量之间存在近似的对数函数关系,而不是线性关系。美国波音公司在 20 世纪 60 年代末期最早发现,以仪器配备的标准试块校准仪器量限的高、低端,测试铝合金得到的电导率读数与其真实电导率值有较大偏差,这是因为模拟对数函数变化规律标记的刻度盘不能在很宽的测试范围内准确反映电导率变化,为此增补了量值分别约为 11.6MS/m、16.7MS/m、25MS/m、34.9MS/m 和 49MS/m 的电导率标准试块,各标准试块量值间隔为 5~15MS/m。选用与被测件电导率最接近的两块标准试块校准仪器相应的测量范围,测

得的铝合金电导率结果要比采用仪器配备的标准试块校准后测量结果精确得多。20 世纪 70 年代之后，美、德、英、俄及中国先后开展了电导率标准试块的研究与制造，试块不再是仪器的附属品，而成为独立于商售仪器之外专卖的标准物质，因此用户在订购电导仪的同时，应根据其测试对象购置相应范围的电导率标准试块。

严格地讲，涡流电导仪属计量器具，校准仪器用的试块属于标准物质范畴，因此需要按照计量技术管理原则开展标准试块量值溯源、传递及仪器周期检定工作。早期标准试块的量值基本上采用机械加工方式将电导率值刻印在其表面上，而且许多试块的量值不具有可溯源性。美国波音公司在 20 世纪 60 年代末最早开始研究电导率标准试块量值的计量溯源问题，他们首先在大量合金材料中选择均匀性好、稳定性佳的板材，经过精密机械加工制成尺寸为 1524mm×50.8mm×12.6mm 条形板，在能够精确控温的油槽内向长条板输入定值直流电，并在固定长度位置上（间距 1m）精确测量电压降，经过电阻 R，电阻率 ρ 的计算，导出电导率 σ 值，并定义该组长条板为 I 级电导率标准，以 I 级电导率标准的定值校准专用的涡流电导率测量装置，再测量尺寸为 30mm×30mm×5mm 试块的电导率值。以该方法及测量装置给出的量值作为试块的标准值，并定义其为 II 级电导率标准。美国国家标准技术研究院（简称 NIST，即原美国国家标准局 NBS）在 20 世纪 70 年代中期开始建立原理方法与波音公司基本相同的 I 级电导率标准，并以此作为美国国家电导率最高基标准，向波音公司等企业或部门的最高标准进行量值传递，其传递量值得到世界许多国家认可。由于电导率标准试块在使用过程中会磨损，保存不当还会出现腐蚀，更由于铝合金材料的时效特性，所以标块的制造、供应商在标块表面上刻印电导率量值的做法是不科学、不合理的；正确的做法是在标准试块销售时出具包含标块量值的检定证书，每次周期检定后再出具新的检定证书。对于同一标准试块，各次检定的结果并不完全相同，这种标块量值在规定范围内变化的情况是正常的、允许的；如果标块量值的变化量超出规定范围，则须予以修复或报废。

即使电导率标准试块的量值非常精确，如果涡流电导仪性能不合格，则仍不能准确测量铝合金材料或零件的电导率，因此须对可能影响仪器测量准确度的有关性能定期校验，如仪器的测试稳定性、准确度、灵敏度及提离抑制性等。稳定性是指仪器在一定时间内持续测量同一试件时指示值的变化；准确度是指仪器在校准范围内测量结果的正确程度；灵敏度是指仪器能够测量出电导率的最小差值或变化；提离抑制性是指仪器消除或减小探头与试件间微小间隙影响的能力。

4.3.2 铁磁性材料的电磁分选

根据涡流检测仪器对不同铁磁性材料产生不同的涡流响应可实现对铁磁性材料的分选，但由于涡流仪的响应是对铁磁性材料导电性与导磁性的综合效应，既包含了材料磁导率作用的贡献，也包含了材料电导率作用的贡献，当某两种铁磁性材料的电导率 σ_1 和 σ_2、磁导率 μ_1 和 μ_2 之间均存在明显差异，而它们的电导率与磁导率的乘积相等时，即 $\sigma_1\mu_1=\sigma_2\mu_2$ 情况下，二者对涡流检测仪的电磁作用大小相等，导致无法根据涡流仪的响应区分这两种电、磁特性均不相同的铁磁性材料。

为克服或减小不同铁磁性材料电导率不同对材料分选带来的不利影响，工程上通常采用很低的检测频率对铁磁性材料分选,即所谓的电磁分选。当检测频率只有几十~几百赫时,检测线圈交变电流所产生的低频交变磁场在铁磁性材料中激励产生的涡流非常微弱,其再生的磁场对检测线圈的反作用远远小于由铁磁性材料磁导率感应的磁场对检测线圈的反作用,因此涡流效应可以被忽略不计,从而实现仅根据低频线圈对铁磁性材料磁导率的不同响应进行材料分选。

铁磁性材料在低频交变磁场作用下产生的反作用磁场,与高频电磁场在导电金属材料中形成的涡流的反作用磁场本质上是相同的,即铁磁性材料引起的反作用磁场的大小和相位与材料的磁导率之间存在密切的对应关系(由于材料电导率的作用非常微弱而被忽略),因此可根据电磁响应信号幅度和相位的不同实现对不同铁磁性材料的鉴别。

图 4-18 和图 4-19 分别给出了不同含碳量钢棒和不同处理状态的同一牌号碳钢材料在电磁分选仪示波屏上的阻抗响应波形。

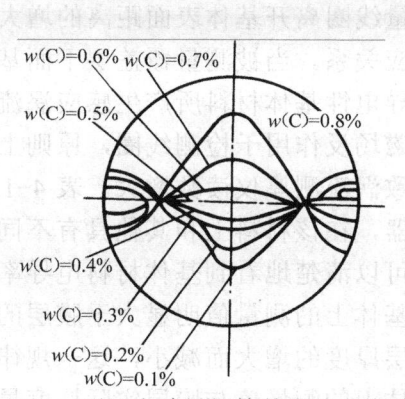

图4-18 不同含碳量钢棒的阻抗响应波形

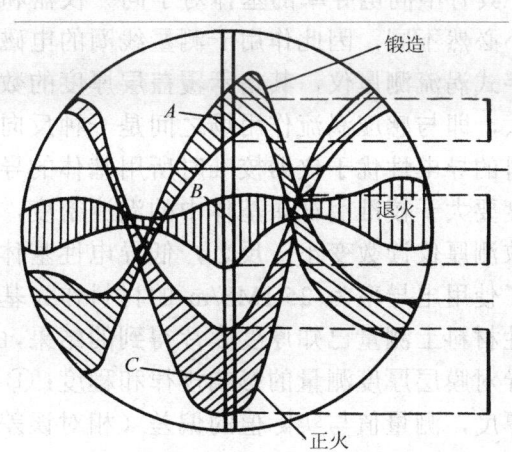

图4-19 不同热工艺条件钢棒的阻抗响应波形

需要说明的是,电磁分选是一种定性比较的测试方法,单根据电磁响应的差异往往不能给出被区分材料的牌号,除非根据已有材料的电磁响应图谱对其中某两种材料在相同试验条件下进行鉴定,否则需要在被区分的两类或多类材料中分别取样,再根据化学分析或金相试验结果作进一步的判定。

4.4 覆盖层厚度测量

根据覆盖层及其附着的基体材料的电磁特性,覆盖层厚度测量技术分为涡流测厚与磁性测厚两种方法。涡流法适用于基体材料为非铁磁性导电材料,如常见的铜及铜合金、铝及铝合金、钛及钛合金以及奥氏体不锈钢等,覆盖层为非导电的绝缘材料,如漆层、阳极氧化膜等。磁性法适用于基体材料为铁磁性材料,如碳钢,覆盖层为非铁磁性材料,包括非导电的漆层、阳极氧化膜、珐琅层和导电的铜、铬、锌的镀层等。

4.4.1 非导电覆盖层厚度的涡流法测量

涡流测厚技术是利用涡流检测中的提离效应。为提高涡流测厚的灵敏度和准确度,涡流测厚仪在设计、制造时选用了很高的检测频率,一般在 1~10MHz 的频率范围。不同于涡流探伤仪，测厚仪通常使用固定的检测频率，在测试过程中不需要、也不能够进行频率选择。较高的检测频率可以增大检测线圈在被测量覆盖层下面导电基体中所激励产生涡流的密度，进而增强涡流的提离效应，达到提高测量灵敏度和准确度的目的。这一点从图 2-28 中放置式线圈归一化阻抗变化与检测频率的关系曲线可以得到理论解释：$P_c=2$ 时，随提离改变，线圈阻抗的变化最小；$P_c=5000$ 时，随提离改变，线圈阻抗的变化最大。对于确定的检测线圈和检测对象，参数 $P_c = r^2\omega\mu_r\sigma$ 中仅有 ω 为变量，即相同的提离变化，高频线圈的阻抗变化最大。

影响非导电覆盖层厚度测量的因素除了检测频率外，主要还包括：基体的导电性、基体的厚度、测量部位的形状、尺寸及表面粗糙度、校准膜片厚度的选择、覆盖层的刚性以及操作的一致性等。

具有不同电导率的基体对于同一仪器和检测线圈，在相同距离上所感应产生的涡流大小必然不同，因此作用于测量线圈的电磁场的强弱也就存在差异。无论是指针式还是数字式涡流测厚仪，其指示覆盖层厚度的数值随着测量线圈离开基体表面距离的增大而增大，即与感应涡流作用场之间是一种反向变化的对应关系。当被测量覆盖层下面基体材料的导电性优于仪器校准时所用基体的导电性，高导电性基体材料所产生感应涡流的密度要大于校准用试块基体中的涡流密度，增强的电磁场反作用于检测线圈，原则上将导致测厚仪读数变小；反之，低导电性基体材料将导致涡流测厚仪读数增大。表 4-1 给出了使用电导率为 25.1MS/m 的材料作为基体校准仪器，在该材料上和其他具有不同导电性材料上测量已知厚度膜片得到的结果，由图 4-20 可以清楚地看到基体材料电导率的差异对膜层厚度测量的影响规律和程度：① 低电导率基体上的测量值明显大于膜层的实际厚度，测量值与实际值的偏差（相对误差）随着膜层厚度的增大而减小，这一规律与上述理论分析一致；② 在与校准材料电导率相同的基体上的测量值与膜层实际厚度最为相近，误差最小；③ 高电导率基体上的测量值与膜层的实际厚度较为接近，多数情况下略大于膜层的实际厚度，这一结果与理论分析不一致，其原因有待进一步研究和分析；④ 随着覆盖层厚度的增大，基体电导率差异的影响逐渐减小。因此，在采用涡流法测量覆盖层厚度时，首先要清楚被测量覆盖层下面基体的导电性，最好选择具有相同导电性的材料作为基体校准仪器。

表 4-1 不同电导率基体上非导电膜层厚度的测量值

试样编号	电导率 /(MS/m)	膜片标称厚度/μm					
		18.5	50.5	174	494	1025	1519
1	0.60	66.8	98.8	218.6	520	1036	1538
2	5.42	25.1	56.5	180.6	499	1024	1533
3	11.73	21.2	52.4	179.3	498	1016	1528
4	16.74	20.1	51.5	177.3	498	1015	1524
5	25.10	18.6	50.7	175.3	490	1016	1532
6	34.99	19.2	50.7	178.3	497	1017	1529
7	49.25	18.3	49.8	176.3	499	1023	1541
8	58.60	19.2	51.1	178.3	495	1017	1531

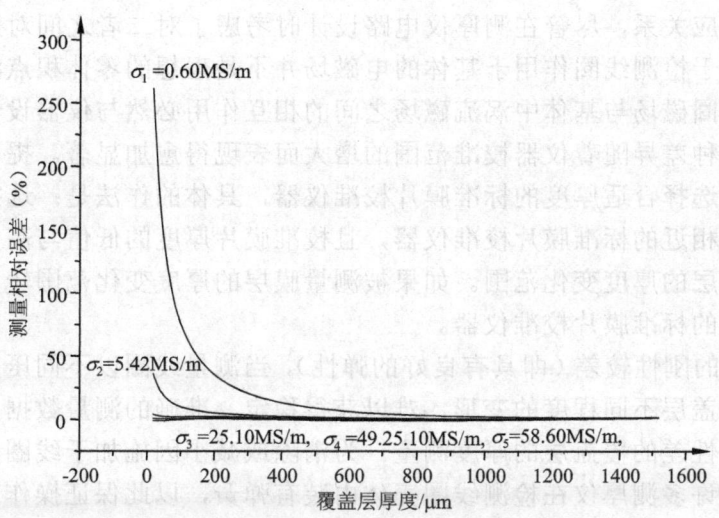

图4-20 基体电导率不同对膜层厚度测量的影响

基体有效厚度是指不影响对覆盖层厚度准确测量的最小厚度。由于涡流测厚仪采用的工作频率很高，以检测频率为 4MHz、电导率在 1%IACS～100%IACS 范围的常用金属为例，取 3 倍的标准透入深度作为涡流的有效透入深度，则对应的基体有效厚度范围为 0.03～0.3mm，因此绝大多数情况下基体的厚度都会大于这一厚度要求。但对于带有多种覆盖层试件表面非导电覆盖层厚的测量，应注意表面覆盖层下面覆盖层的性质与厚度。如果多层覆盖层均为绝缘材料，则可以不考虑其厚度，但测量的结果是多重覆盖层的总体厚度；如果表层下的覆盖层是导电材料，如镀层，则必须考虑镀层的导电性和厚度，仪器校准时应采用带镀层的试样。

测量部位的形状、尺寸及表面粗糙度会直接影响测量线圈与基体的电磁耦合状况。第 4.5.5 节中图 4-34 给出了某种型号涡流测厚仪在平面基体上校准后测量相同材料、不同直径棒材上非导电膜层厚度的结果，由此可见曲率的影响是十分显著的，即使是在直径为 100mm 棒材的表面上这种影响依然存在，因此在有曲面的零件上测量覆盖层厚度时，应在相同曲面形状的基体上或直接在不带有覆盖层的零件上校准仪器，以消除曲面的影响。值得注意的是，不同仪器对于相同曲面的响应可能是不同的，当使用不同型号的涡流测厚仪时，不应以一种仪器的测量修正结果或修正曲线应用于另一种型号的仪器。基体表面和覆盖层表面的粗糙状况都会对覆盖层厚度的精确测量带来影响，通常表面较光洁的零件的粗糙度 R_a 在 1～10μm 范围，非导电覆盖层的粗糙度一般要劣于这一水平，因此当基体和覆盖层粗糙度值不是很小时，期望测量厚度小于 10μm 的覆盖层和在粗糙覆盖层表面获得精确度高于 10μm 的结果都是不现实的。基于检测线圈离导电基体距离越近电磁感应越显著这一现象，仪器在 10μm 以上的测量范围内，一般说来，对于较小的厚度测量范围，测量结果不确定度的绝对值较小，而对于较大的厚度测量范围测量结果不确定度的绝对值较大。

涡流检测线圈到导电基体表面的距离与基体表层感生涡流对线圈反作用磁场的大小之间不是线性对应关系，尽管在测厚仪电路设计时考虑了对二者之间对应关系的数学模型的拟合，但由于检测线圈作用于基体的电磁场并不是理想的零体积点源磁场的相互作用，因此检测线圈磁场与基体中涡流磁场之间的相互作用必然与仪器设计采用的物理模型存在差异，这种差异随着仪器校准范围的增大而表现得愈加显著。提高仪器测量精度的最有效办法是选择合适厚度的标准膜片校准仪器，具体的作法是：选择厚度与被测覆盖层厚度尽可能相近的标准膜片校准仪器，且校准膜片厚度的低值与高值所包含的范围应覆盖被测量膜层的厚度变化范围。如果被测量膜层的厚度变化范围较大，应按上述原则分别选用合适的标准膜片校准仪器。

如果覆盖层的刚性较差（即具有良好的弹性），当测量线圈以不同压力施加于测量表面时，会引起覆盖层不同程度的变形，难以获得稳定、准确的测量数据，因此涡流测厚方法不适用于刚性差的覆盖层的厚度测量。为消除或减小因施加于线圈作用力不同对测量结果的影响，许多测厚仪在检测线圈壳体内装有弹簧，以此保证操作的一致性。

此外，涡流检测技术还被应用于薄规格金属板材的厚度测量，这种涡流测厚技术的应用在原理上与非导电涂层的厚度测量技术有着本质的区别。如前所述，膜层厚度的涡流测量技术是基于涡流检测中的提离效应。薄规格金属板材的厚度测量是基于涡流检测中的集肤效应，这项技术可直接用于测量金属薄板的厚度，而不涉及表面覆盖层的问题。众所周知，涡流透入深度与检测频率密切相关：频率低，则涡流透入深度大；反之，频率高，则涡流透入深度降低。由于涡流测厚仪选用的工作频率很高，因此不适用于金属板材厚度的测量，这种技术的应用通常是采用检测频率较低的涡流仪器，如探伤仪和电导仪。

利用涡流方法测量金属板材的厚度并不一定局限于非铁磁性金属材料，从涡流检测原理上讲，该技术同样适用于铁磁性金属板材的厚度测量。但由于铁磁性材料磁导率不均匀的情况极为普遍，且有磁导率的不一致导致的涡流响应的变化可能往往比由厚度差异引起的涡流响应要大，因此难以对厚度的变化进行准确测量。

应用涡流方法测量金属薄板的厚度应注意以下几个问题：

1）选择合适的频率，确定有效的厚度测量范围。虽然从原理上讲，选择足够低的检测频率可使涡流透入深度达到几十毫米，甚至更大，但由于过低的工作频率会导致产生的涡流非常弱，实际上检测线圈无法提取到有效的涡流响应信号。一般来讲，涡流有效透入深度达到 5mm 左右基本可视为有效实施涡流检测的极限厚度。采用工作频率为 60kHz 的涡流电导仪，对于电导率为 15MS/m 的铝合金板，其有效透入深度约为 1.5mm，即采用固定频率为 60kHz 的涡流电导仪可测量电导率低于 15MS/m、厚度小于 1.5mm 铝合金薄板的厚度差异。当使用工作频率可调节的涡流探伤仪，可根据涡流的有效透入深度计算公式 $\delta_{\text{eff}} = (2.6 \sim 3) \times \dfrac{1}{\sqrt{\pi f \mu \sigma}}$ 确定检测频率。

2）被检测对象的电、磁特性应具有良好的均匀性。

3）在选定工作频率条件下的涡流有效透入深度范围内，涡流响应信号的大小与具有相同电磁特性的金属板材厚度之间的对应关系并不是一种单值对应关系，即存在不同厚度板材的涡流响应信号的大小相等的情况，而涡流响应信号的相位与金属板材厚度之间的关系却是一种单调对应关系。

4）在一定厚度范围内，如厚度约在 2/3 的涡流有效透入深度范围内，涡流响应信号的大小与金属板材厚度之间呈单值对应关系，且响应信号的大小随金属薄板厚度变化而变化的情况较为显著，有利于更准确地测量板材的厚度。

应用涡流方法对金属板材厚度实时测量之前，除了要合理选定工作频率、确定适用范围外，还要依据被检测对象的厚度及测量精度要求加工制作厚度阶梯试块，并通过实验绘出被测材料的厚度与涡流响应信号的幅度或（和）相位之间的对应关系曲线。在实际测量中，根据被测对象的涡流响应信号的幅度或（和）相位对应到前面制作好的关系曲线上，以确定被检测部位的厚度值。

最后需要说明，利用涡流方法测量薄规格金属板材的厚度，并没有专门的涡流测厚仪，而是利用涡流探伤仪或电导仪进行相对测量，因此这种测量的精度一般不是很高。要相对地提高测量精度，需要在频率选择、厚度阶梯试块制作、材料均匀性控制及对应关系曲线绘制等方面进行充分的技术准备。有关利用涡流检测信号幅值和相位与被检测对象厚度之间对应关系曲线的绘制，可分别参考图 4-33 和图 4-8c。

4.4.2 非铁磁性覆盖层厚度的磁性法测量

磁性测厚技术包括机械式和磁阻式两种测量方法。机械式的磁性测量方法原理如图 4-21 所示，测厚装置的核心部分是探头中的永久磁铁（通常采用钕铁硼强磁材料制作）。测量时，探头与非铁磁性覆盖层接触，由于铁磁性基体与探头内永久磁铁的磁引力作用，永久磁铁克服弹簧的弹力向下移动，位移的大小取决于覆盖层的厚度。覆盖层薄，磁引力大，永久磁铁的位移就大；反之，覆盖层厚，磁引力小，永久磁铁的位移就小。由于磁引力的大小，不仅取决于永久磁铁与铁磁性基体表面之间的距离，而且还与基体材料的磁性

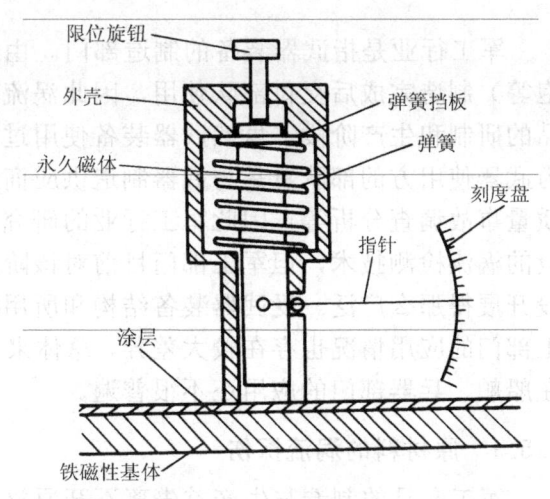

图4-21 机械式的磁性测量方法原理

大小有关，永久磁铁的位移并不直接代表覆盖层的厚度，而是二者之间存在一种单值对应关系，并且这种对应关系随基体材料磁性不同而有所差异，因此这种对应关系需要采用标准厚度膜片针对具体的基体材料通过校准予以确定。

磁阻式的磁性测量方法原理如图 4-22 所示，测厚装置的核心部分是带有磁芯的电感线圈。为避免或减小涡流效应的影响，磁阻式磁性测厚仪采用较低的工作频率，通常是几十到几百赫的频率。当线圈通以低频交流电时，线圈内产生磁通，磁通穿过磁芯和被测量对象的铁磁性基体形成闭合的磁路。当非铁磁性覆盖层厚度不同时，磁路中的磁阻不同。对于较薄的覆盖层，回路中的磁阻较小；对于较厚的覆盖层，回路中的磁阻则较

大。因此根据磁阻的大小可以获得覆盖层的厚度信息。与机械式磁性测厚仪类似，回路中磁阻的大小不仅取决于检测线圈与铁磁性基体表面之间的距离，而且取决于基体材料的磁性大小。磁阻的大小与表面覆盖层厚度之间存在着明确的对应关系，这种对应关系同样随基体材料磁性不同而有所差异，因此它们之间的对应关系也需要针对具体的基体材料，利用标准厚度膜片通过校准予以确定。

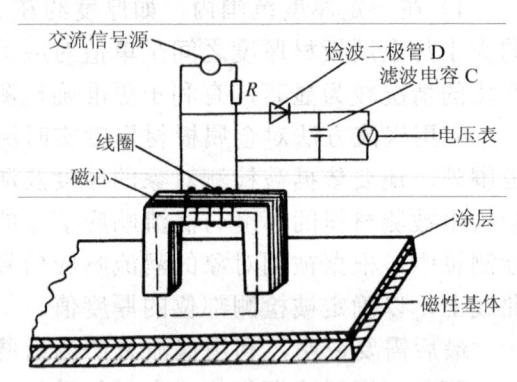

图4-22 磁阻式的磁性测量方法原理

与涡流测厚方法一样，无论是机械式磁性测厚技术，还是磁阻式测厚技术，磁性法测厚结果的准确度同样受基体的磁特性、基体的厚度、测量部位的形状、尺寸及表面粗糙度、校准膜片厚度的选择、覆盖层刚性以及操作一致性等因素的影响，而且这些因素影响的规律基本是一致的，因此不再赘述。

4.5 涡流检测技术在军工行业的典型应用与分析

军工行业是指武器装备的制造部门。由于各种武器装备（如飞机、舰船、火箭及火炮等）制造完成后交付部队使用，因此涡流检测技术在军工行业的应用主要是在军工产品的研制和生产阶段。虽然武器装备使用过程中的维修检测主要由部队负责进行，但作为武器使用方的部队总是与武器制造供应商之间存在着千丝万缕的联系，如售后服务、质量事故调查分析等，因此军工行业的研究、生产部门仍需研究和实施武器装备在役阶段的涡流检测技术，但军工部门目前对该阶段涡流检测技术的研究与应用远不及制造阶段开展得那么广泛。受武器装备结构和所用材料不同的限制，各种涡流检测技术在各军工部门的应用情况也存在较大差异，总体来说，在航空、核工业、航天部门应用较广泛，在船舶、兵器部门的应用还不很普遍。

4.5.1 原材料的涡流探伤

军工产品的制造与生产首先离不开原材料采购后的入厂质量复验，飞机、火箭燃油系统及控制系统用的小直径薄壁管，制造连接各种结构的紧固件使用的小直径棒材等，由于采用超声检测方法难度大、检测系统复杂，因此涡流探伤成为较为普遍采用的检测方法。相反，受透入深度的限制，对于大规格棒材和管材，除非对于表面质量有特殊的要求，一般很少采用涡流方法进行检测。本节以钛合金小直径棒材（$\phi=3\sim6mm$）涡流检测为例介绍和说明涡流检测技术在军工行业相关部门原材料质量复验中的应用。

1. 方法的选择

对于$\phi 3\sim6mm$的钛合金小直径棒材，采用外通过式线圈实施检测具有速度快的优点，为减小和消除小棒材沿轴向方向尺寸变化引起的涡流响应，通常选用自比差动式线圈。从提高涡流透入深度和保证检测灵敏度两方面考虑，采用 50～500kHz 范围的检测频率较为适宜。需要注意的是，对于采用外通过式线圈检测，不能机械地套用半无限大平板上涡流透入深度公式计算涡流在棒材中的透入深度，因为即使采用很低的检测频率，外通过式线圈内棒材轴线上的涡流密度总是为零，因而无法检测棒材芯部区域质量的好坏。

如 4.2.3 节所述，采用自比差动式线圈虽然有利于抑制被检测棒材沿轴线方向上直径、化学成分不均匀带来的影响，但两个串联反接的检测线圈容易对轴线方向上深度比较一致或深度变化比较缓慢的条状缺陷的响应相互抵消以致漏检，加上环形线圈在棒材芯部区域形成检测"盲区"，要实现对小直径钛合金棒材的可靠检测，有必要考虑补充采用放置式线圈沿棒材表面作周向扫查。

2. 人工缺陷的制作

对比试样制作主要是人工缺陷的设计与加工。人工缺陷的形式可以选择钻孔、轴向刻槽或周向刻槽等多种方式。对于采用拉拔工艺生产的钛合金小直径棒材，产生长条状缺陷的几率大于点状缺陷和周向缺陷出现的可能，因此在棒材表面制作轴向刻槽最为合理。表面轴向槽形缺陷通常采用电火花方式加工，槽的长度、宽度取决于作为加工电极的铜片的长度和厚度，由于槽形缺陷的长度和宽度不是影响涡流响应信号幅值和相位大小的主要因素，而人工槽形缺陷的深度与涡流响应信号密切相关，因此缺陷的深度是对比试样制作需重点控制的指标。为保持涡流检测结果的可比性，对槽的长度和宽度也应作出统一的要求。通常槽的长度控制在 5~10mm，槽的宽度在 0.05~0.1mm。槽的深度是依据产品的验收标准确定的，采用涡流检测方法可检测出最小深度约为 0.1mm 的槽形缺陷，从这一角度来说，如果产品表面不允许有深度小于 0.1mm 的缺陷，则不适合采用涡流方法进行检测。

如果明确了以某一深度人工缺陷作为产品的质量实际需要验收标准，可以在对比试样上仅加工这一种深度的槽形缺陷；如果考虑对发现的缺陷进行定量评价，则需要加工多种深度的人工缺陷。为调整检测系统传动装置的稳定性和保证线圈周向检测灵敏度的一致性，应在对比试样表面沿轴向方向等间距地加工制作 3 个沿周向 120°分布的槽形缺陷。如果对比试样的长度过短，则不利于试样的稳定夹持与传送，因此对比试样长度一般控制在 1000~2000mm 范围。

3. 缺陷信号的分析与识别

图 4-23 是采用自比差动式的外通过线圈检测直径为 5.5mm 钛合金棒材对比试样的结果。试样上加工有 3 个深度为 0.2mm 人工槽形缺陷和 0.15mm、0.1mm 深度的槽形缺陷各 1 个。该结果记录了人工缺陷的位置和响应信号的幅度。可以看到，响应信号的幅度与缺陷的深度之间有着良好的对应关系。

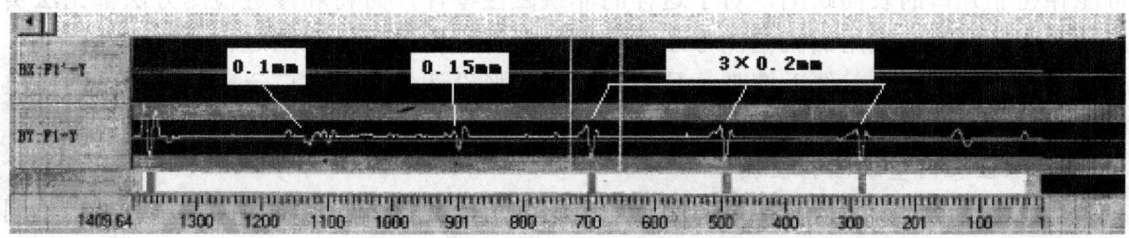

图4-23　钛合金棒材上不同深度人工槽形缺陷的涡流响应信号

对于人工缺陷来说，由于加工形状规则、位置确定且目视可见，因此检测获得的信号，不论是缺陷的数量、位置，还是大小，都非常容易识别，而在实际的产品检测中，对检测信号的识别与判读则远非如此简单，往往单从仪器显示信号上较难直接得出缺陷的真实情况。

图4-24是一根φ5.5mm×1866mm TC16棒材的涡流检测结果记录，采用的是外通过自比差动式线圈。由图4-24可见，在棒材末端约460mm长度范围内，出现了多个涡流响应信号，并达到了检测设定的报警范围。

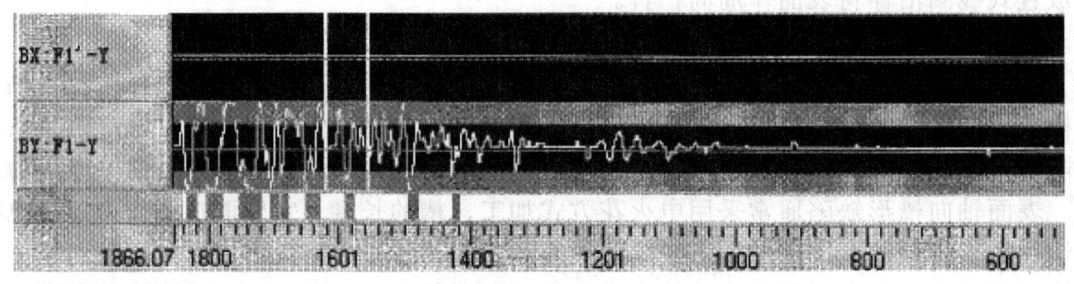

图4-24　钛合金棒材上自然缺陷的涡流响应信号

4.5.2　零件的涡流探伤

与射线和其他检测技术相比，涡流检测方法不适于尺寸较大零件的内部缺陷检测，而渗透检测方法对复杂形状零件具有更好的适应性和检测效率。因此在零件的制造过程，铸件和焊接件的内部缺陷普遍采用射线照相的检测方法，表面缺陷主要采用渗透检测方法。变形材料及制件，如锻件和机械加工件，通常在留有大于检测盲区的加工余量条件下采用超声方法进行检测。铁磁性材料零件经磁化后，采用施加磁悬液，并用肉眼观察磁痕显示的磁粉检测方法，同样比涡流检测方法具有更高的检测灵敏度和检测效率，且通过磁痕记录和显示缺陷的方式比涡流仪以指针偏摆或阻抗变化的形式显示缺陷的方式更直观，加上铁磁性材料的磁性分布不均匀特性非常突出，容易成为涡流检测中的干扰因素，因此对于外形不是很复杂的铁磁性材料零件表面缺陷检测，通常是更优先选用磁粉检测方法。

由此可见，在制造阶段的无损检测工作中，涡流探伤方法一般不作为零件质量检验优先选用的无损检测方法，大多情况下是作为其他常规无损检测方法难以有效实施的补充手段。例如机械加工零件在实施超声检测时已没有加工余量，而在超声检测盲区范围可能存在非开口的表面缺陷，对于这样的非铁磁性零件，磁粉和渗透检测方法都无法实施，因此只能考虑采用涡流检测方法对零件上超声检测的盲区范围进行检测。

涡流仪器体积小，便于携带，且检测线圈外形设计灵活，被广泛应用于零件的原位检测和返修检查。

1. 螺栓孔内壁缺陷的检测

螺栓连接方式在大型机械设备制造中广泛采用，武器装备也是如此。作为连接不同部件的螺栓多为承力件，螺栓孔受螺栓作用力而容易出现疲劳裂纹。孔探头是采用涡流方法检测内壁疲劳裂纹的最佳选择，其应用主要有两种方式，一是利用如图 3-19 所示探头枪带动探头在孔内高速旋转并逐步推进，仪器以"时间基线-信号幅度"方式显示检测结果，如图 4-25 所示，时间基线表示探头旋转 360°时线圈扫过孔壁的线迹，当螺栓孔内壁上存在疲劳裂纹时，涡流检测仪显示屏会在时间基线的对应位置形成响应信号，信号的幅值与裂纹的深度相关。另一种方式是手工转动探头在孔内旋转并逐步推进。这种操作方式下转动速度较慢，且不均匀，仪器无法实现在螺栓孔圆周壁上位置的缺陷自动识别和定位，缺陷的定位是通过观察在缺陷响应信号出现时探头上检测线圈扫到的位置。这种扫查方式下，缺陷在阻抗平面式示波屏上形成"8"字形的响应信号，而不是"时间基线-信号幅度"的显示方式。

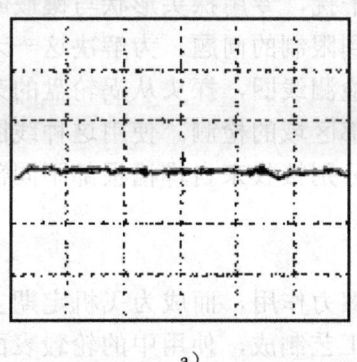 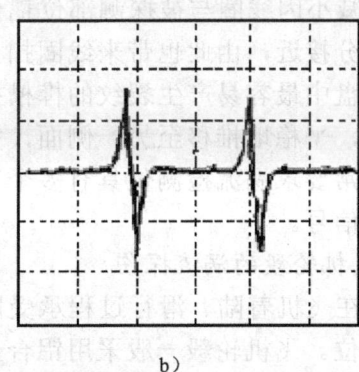

图 4-25　探头枪驱动孔探头的扫查结果

a）孔壁无缺陷时的响应波形　b）孔壁上有两个缺陷时的响应波形

　　除了采用专用的孔探头检查外，也可以使用钩式探头进行扫查。与孔探头相比，钩式探头的优点是对不同直径大小的螺栓孔具有良好的适用性，不足之处在于探头与孔壁耦合的稳定性和一致性较差，且对操作人员的要求较高。如果孔壁上裂纹深度较大，利用孔探头或钩式探头从孔壁圆周面上扫查可能无法确定裂纹的深度，因此需要采用直探头和钩式探头在垂直于螺栓孔的平面上沿裂纹扩展的方向进行扫查的方式加以确定。

2. 发动机涡轮盘表面缺陷的检测

　　涡轮盘是舰船和飞机发动机的重要承力构件。在高速旋转条件下，受材料自身离心力和叶片离心拉力的巨大作用。如果涡轮盘表面在加工过程中产生裂纹或划痕，或是在使用过程中出现裂纹，特别是周向裂纹，对涡轮盘的安全使用会形成严重的事故隐患。

　　制造过程中，涡轮盘表面缺陷的涡流检测可利用超声 C 扫描系统的机械扫查装置同时进行，需要注意的是，采用超声 C 扫描技术检测涡轮盘时，通常使用具有一定焦距尺寸的水浸聚焦换能器，因此超声探头是在涡轮盘表面上较大距离处进行检测，而涡流线圈需要贴近涡轮盘表面才可获得更高的检测灵敏度。作为主承力的重要构件，涡轮盘中不允许存在的缺陷的尺寸非常小（往往在几百微米量级），要求所采用的超声换能器的焦点尺寸与之相适应，且扫查步进量为最小检测目标尺寸的 1/3～1/2。从提高涡流检测灵敏度和缺陷定量的准确度角度讲，宜选择频率较高、直径较小的涡流线圈进行扫查。

　　为了保证涡流检测线圈对涡轮盘表面缺陷具有一致可靠检测能力，需要在涡轮盘表面典型形面位置上制做人工缺陷。检测过程中灵敏度的调整可以采取以下两种方式：一是以涡流响应最小的缺陷调整周向灵敏度对整个涡轮盘进行检测，二是分别以不同形面上缺陷调整灵敏度，对不同形面区域分别进行扫查，前一种方式适用于不同形面位置上缺陷的涡流响应差异不大的情况，后一种方式适用于不同形面区域上缺陷的涡流响应差异较大的情况。以何种方式确定检测灵敏度和扫查方式，需要根据人工缺陷的涡流响应情况和相关标准的质量要求确定。

涡轮盘在使用中受发动机起动、加速、减速、停转过程叶片交替载荷作用，在安装叶片的榫槽部位容易产生疲劳裂纹，尤其是榫槽的根部。4.2.5 节介绍的特殊形状的探头（见图 4-16）就是为检测发动机形状复杂的榫槽根部缺陷而设计、制造的。

为了减小因线圈与被探测部位耦合不良产生的干扰，专用探头形状与镶嵌叶片的榫槽外形十分接近，由此也带来线圈扫查位置大大受到限制的问题。为解决这一矛盾，探头在涡轮盘中最容易产生裂纹的榫槽根部镶嵌多个检测线圈，探头从涡轮盘的某一侧面嵌入榫槽，平稳地推移至另一侧面，完成对榫槽根部区域的检测。使用这种线圈结构的探头，通常要求涡流检测仪具有多个工作通道，以分别接收来自榫槽根部不同部位上线圈的响应信号。

3. 飞机轮毂的涡流探伤

轮毂在飞机着陆、滑行过程承受巨大冲力和磨擦力作用，而成为飞机定期安全检查的重点部位。飞机轮毂一般采用铝合金铸造或锻造工艺制成，使用中的轮毂表面涂有一层较厚的防护漆层。在飞机着陆时，轮胎将承受的巨大冲击力传递给毂体，特别是毂体外缘。同时，飞机在急速刹车过程中，刹车盘与飞机轮毂之间的剧烈摩擦产生大量的热量，使轮毂材料可能产生过热或过烧。

以下是针对上述情况，制定的涡流检测方案：

（1）涡流探伤　轮毂的检测可采用如图 4-26 所示装置进行自动扫查。外缘部位受力最大，形状特殊，在检测线圈的配备和检测信号的监视等方面应予以特别的关注。

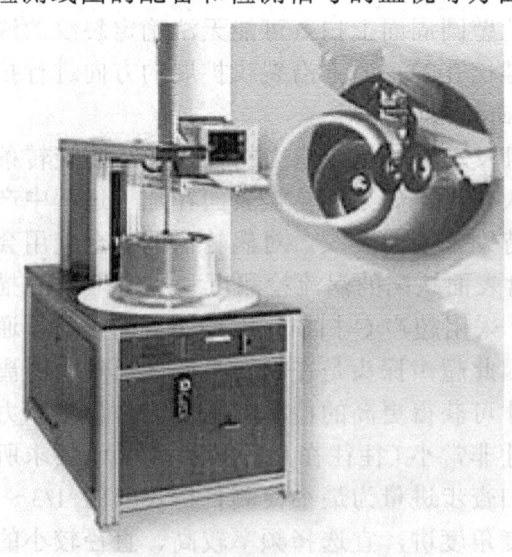

图4-26　轮毂自动检测装置

无论是轮毂主体部位,还是轮毂的外缘部位,在实施涡流检测时都要考虑漆层对检测的影响。表 4-2 和图 4-27 给出了铝合金试样上覆盖有不同厚度非导电层时,不同深度人工槽形缺陷响应的变化情况,可供参考使用。

表 4-2 不同厚度非导电覆盖层下不同深度人工缺陷的响应

检测频率 f=200kHz

人工刻槽深度/mm	响应信号	非导电覆盖层厚度/μm				
		0	85	170	255	340
0.2	幅值	3.24	2.04	1.71	1.32	1.02
	相位	8.9°	11.3°	6.7°	8.7°	11.3°
0.5	幅值	5.92	4.81	3.91	3.1	2.60
	相位	15.7°	16.9°	13.3°	14.9°	15.6°
1.0	幅值	7.4	6.07	4.71	3.89	3.16
	相位	18.9°	20.2°	17.3°	18.0°	18.4°

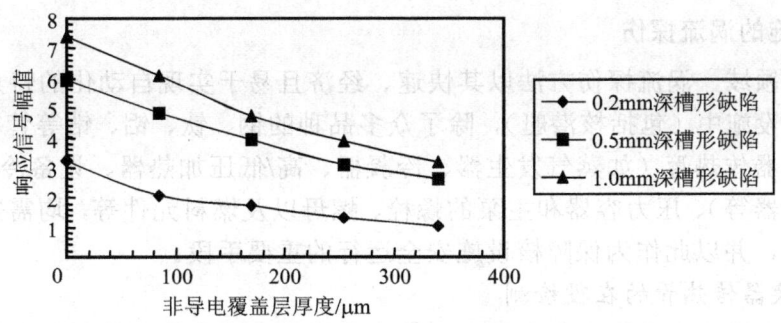

a)

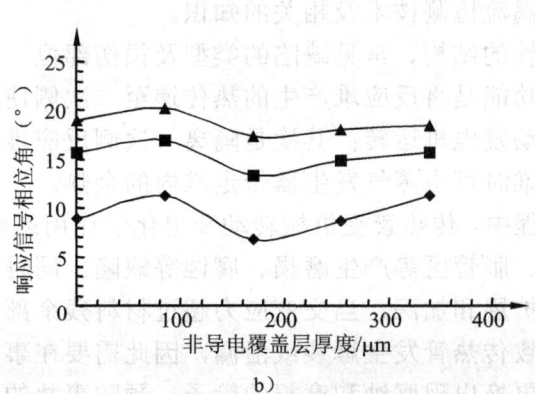

b)

图 4-27 不同厚度非导电覆盖层对缺陷响应的影响

a) 对信号幅度的影响 b) 对信号相位的影响

由图4-27可见，随着导电材料表面非导电覆盖层厚度的增大，涡流响应信号的幅度和相位都发生了较显著的变化。如果期望准确地测定可能出现的疲劳裂纹的深度，首先要清楚漆层的厚度，这就又涉及涡流检测技术另一项应用，即非铁磁性基体表面非导电覆盖层厚度的测量技术。

（2）电导率检查　由于轮毂采用铝合金制成，飞机刹车过程产生的高温可能引起轮毂局部区域材料发生相变。我们知道，铝合金的高强度、高硬度是通过将材料加热至一定温度使之发生相变，并迅速置入水槽中进行淬火，然后通过人工时效或自然时效方式获得的。轮毂过热或过烧部位的铝合金在发生相变后，因没有经历迅速冷却的淬火过程而导致这些部位硬度和强度大大降低，形成"软点"。由于"软点"部位的组织发生了变化，导电性能也随之改变，因此通过电导率检查，可以确定飞机轮毂是否因飞机制动过程与制动片剧烈摩擦产生的热量而导致铝合金材料出现过热或热烧的情况。

涂层的存在同样会影响电导率的准确测量，影响程度的大小与所使用的涡流电导仪的提离补偿性能有关。了解涡流电导仪提离抑制性能的好坏，一种途径是从制造商提供的使用手册查到，另一种途径是通过试验确定。如果所使用的涡流电导仪没有足够的提离抑制性能，则需要考虑采用涡流测厚仪测量出漆层的厚度，然后根据漆层的实际厚度对电导率的测量结果进行修正。

4.5.3　核设施的涡流探伤

在核工业领域，涡流探伤方法以其快速、经济且易于实现自动化的特点而得到广泛应用。核动力设施中（包括核潜艇），除了众多品种的钢、钛、铝、锆等管材制品外，还有多种热交换器传热管（如蒸气发生器、冷凝器、高/低压加热器、设备冷却水交换器、汽水分离再热器等）、压力容器和主泵的螺栓、螺母以及燃料元件等，均需采用涡流技术实施在役检测，并以此作为保障核设施安全运行的重要手段。

1. 热交换器传热管的在役检测

如前所述，核动力设施中有多种多样的热交换器，这些热交换器的传热管道均采用内穿过式线圈的涡流技术实施在役检测。下面以压水堆核电站的蒸气发生器为例，介绍热交换器传热管的在役涡流检测技术及相关的知识。

（1）热交换器传热管的结构、常见缺陷的类型及损伤部位　蒸气发生器是压水堆核水站的关键设备，它的功能是将反应堆产生的热传递至二次侧使之转变为高温、高压的蒸气，以推动汽轮机带动发电机运转；其次是隔离一次侧反应堆反应时伴随产生的放射性辐射，再者当需要停堆时可由蒸气发生器带走堆内的余热。

热交换器在运行过程中，传热管受机械转动和电化学作用或液体、气体介质的作用，容易在支撑隔板、弯管、胀管区等产生磨损、腐蚀等缺陷。同时在振动和腐蚀的交互作用下，各种缺陷会不断扩展和加深，当交变应力超过材料残余部分的强度极限时会形成破坏性的裂纹，最终导致传热管发生爆裂或泄漏，因此需要在事故发生前定期对热交换器管道进行检查，及时更换出现腐蚀和磨损的管子，预防事故的发生。

典型的蒸气发生器的结构、运行中常见缺陷及发生部位见图4-28。

（2）传热管涡流检测系统的基本组成及其功能　传热管在役涡流检测系统主要由4

个基本单元组成，如图 4-29 所示。它们是：

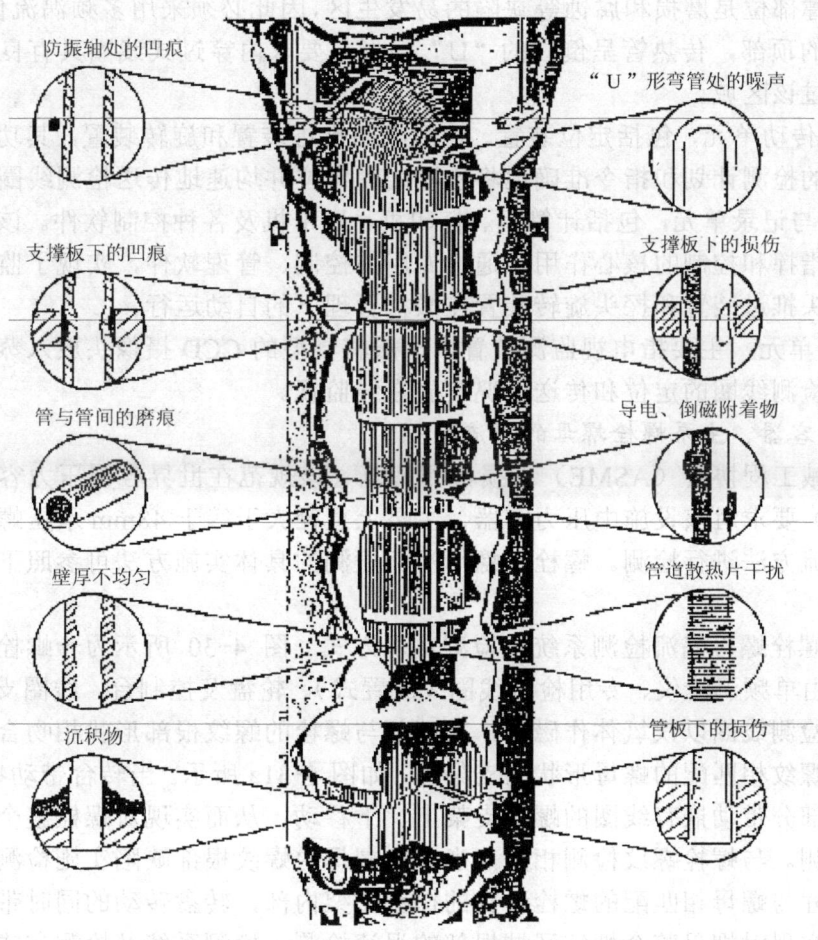

图 4-28　蒸气发生器的结构、运行中常见缺陷及发生部位

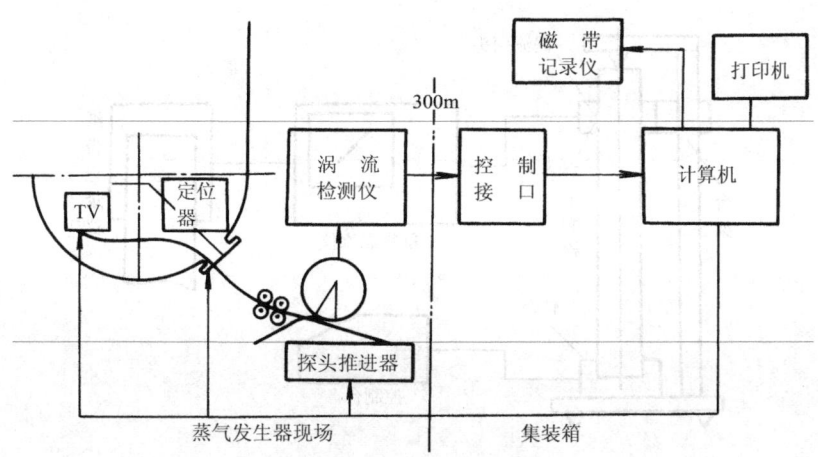

图 4-29　传热管在役涡流检测系统的基本组成单元

1）涡流检测单元，包括涡流仪和检测线圈。由于热交换器传热管之间由钢板支撑，并且管板支撑部位是磨损和腐蚀等缺陷的易发生区，因此必须采用多频涡流仪实施检测；在热交换器的顶部，传热管呈倒立的"U"字形，要求内穿过式线圈具有良好的柔性，以顺利地通过该区域。

2）机械传动单元，包括定位装置、检测线圈推进装置和旋转装置，其功能是按照控制系统传递的检测计划和指令准确地将检测线圈定位并均速地传送检测线圈。

3）控制与记录单元，包括计算机、打印机、磁带机及各种控制软件。该单元在检测系统中起着指挥和控制的核心作用，通过专用的控制、管理软件，实现了监视装置、定位装置、探头推进装置和探头旋转装置在微机管理下的自动运行。

4）监视单元，主要指电视监测装置。一般将小型的CCD摄像头放入蒸气发生器外壳内部，对检测线圈的定位和传送情况实施在线监视。

2. 压力容器、主泵螺栓螺母的涡流检测

美国机械工程协会（ASME）无损检测规范（该规范在世界各国压力容器检测行业被广泛采用）要求对核设施中压力容器、主泵上直径大于等于48mm承压螺栓件的表面缺陷采用涡流方法进行检测。螺栓、螺母涡流检测的具体实施方法可参照下面的应用实例进行。

（1）主螺栓螺母涡流检测系统及检测实现方式　图4-30所示为一螺栓涡流检测系统，该系统由单频涡流仪、专用检测线圈（放置式）、轮盘及控制台、线圈支架、纸带记录仪组成。检测线圈以铁氧体作磁芯，其端部与螺栓的螺纹根部形状相吻合，并嵌入到一个与螺栓螺纹相匹配的螺母形状的支架上，如图4-31a所示。当转台带动螺栓旋转时，其带螺纹的部分带动嵌有线圈的螺母支架上、下移动，从而实现对螺栓整个螺纹区域根部表面的检测。与螺栓螺纹检测相反，当对主螺母内螺纹根部缺陷实施检测时，将检测线圈嵌入尺寸与螺母相匹配的螺栓形状的探头支架内部，转盘转动的同时带动螺栓支架旋转，从而实现对螺母整个螺纹区域根部的涡流检测，检测系统及检测方式如图4-31b所示。

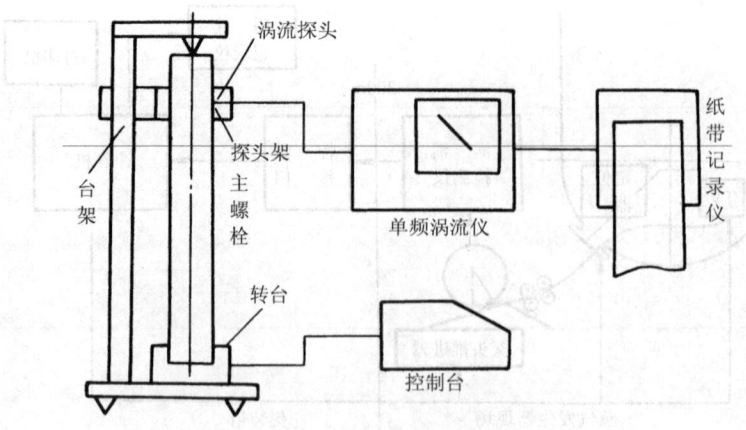

图4-30　主螺栓涡流检测系统

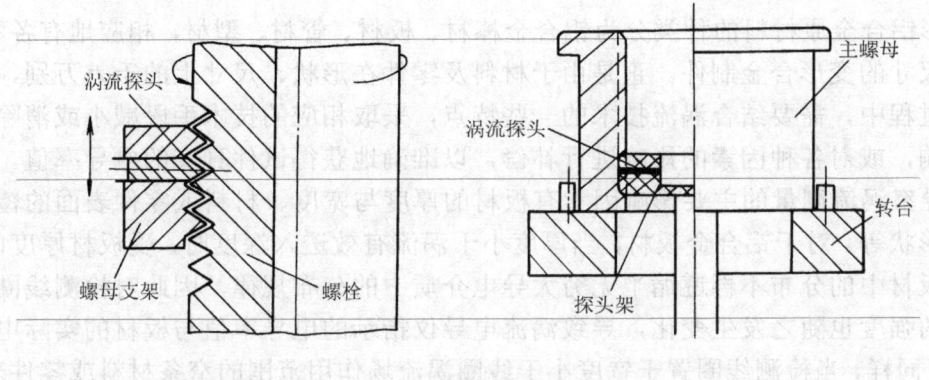

图4-31 螺纹根部裂纹检测方式
a) 栓螺的检测方式 b) 螺母的检测方式

如图4-32所示，分别在螺栓、螺母试样上加工宽度为0.2mm，深度为0.5mm、1.0mm、2.0mm的人工槽形缺陷作为涡流检测用对比试样。

（2）检测的实施 用对比试样对检测系统进行校准，并调整检测灵敏度和滤波相位，使记录纸带上打印出各人工缺陷响应信号的幅值，且呈近似的线性对应关系。检测频率可在100～500kHz范围进行优化选择，并记录所有幅度大于0.5mm人工缺陷的响应信号。

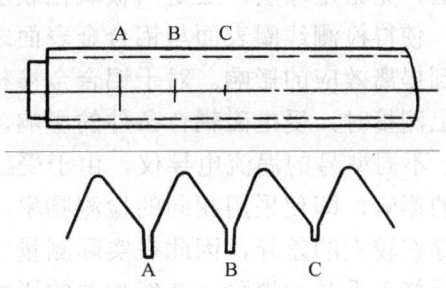

图4-32 螺纹根部人工槽形缺陷的制作方式

4.5.4 铝合金材料电导率的涡流检测

铝合金材料和零件的硬度和热处理状态均匀状况是工程应用十分关心的技术指标。由于压痕式硬度检验是一种破坏性测量方法，且测试设备通常也比较大，对试件大小及硬度又有一定的要求，因此铝合金热处理质量的检验一般不直接采用打硬度的方法，而是通过电导率的测量间接地评价。由图4-17可见，各种牌号铝合金的电导率值与其硬度、热处理状态之间并不是单值的一一对应关系，因此要根据电导率值评价铝合金的硬度，首先还需要明确被测试对象的牌号和热处理状态。

铝及铝合金的电导率范围大致在17%IACS～62%IACS。对于不同牌号和热处理状态的铝及铝合金，当电导率的测得值在规定的电导率极限值范围内，可根据电导率的合格推断其硬度合格；当电导率的测得值超出规定的电导率验收值范围，特别是超出量又比较小的情况下，绝不能由电导率的不合格断定该试件为不合格品，而需要对电导率不合格的试件（或部位）做补充硬度试验，并以硬度试验结果作进一步的分析和定。

变形铝合金原材料的种类分为铝合金棒材、板材、管材、型材，相应地有各种形状、规格、尺寸的变形合金制件。正是由于材料及零件在形状、尺寸上的千差万别，在电导率测试过程中，需要结合涡流技术的一些特点，采取相应的技术手段减小或消除各种因素的影响，或对各种因素的影响进行补偿，以准确地获得试件真实的电导率值。

电导率涡流测量的主要影响因素有板材的厚度与宽度、材料或零件表面的覆盖层以及表面形状等。对于铝合金板材，当厚度小于涡流有效透入深度时，受板材厚度的限制，涡流在板材中的分布不再遵循半无穷大导电介质中的分布规律，因此对检测线圈的反作用磁场的强度也随之发生变化，导致涡流电导仪指示的电导率值与板材的实际电导率并不相同。同样，当检测线圈置于宽度小于线圈涡流场作用范围的窄条材料或零件表面时，受边缘效应的影响，涡流场的分布也会发生畸变，出现仪器显示值与真实电导率不符的情况。

材料和零件表面的覆盖层主要有包铝层和漆层或阳极氧化膜层两类。前一类的包铝层一般具有比基体铝合金更高的导电性，因此在带有包铝层的材料或零件（厚度大于涡流有效透入深度）表面上测得的电导率值要高于基体铝合金的实际电导率；后一类的覆盖层，无论是漆层，还是阳极氧化膜层，均为非导电层。铝合金零件表面非导电层的存在，使得检测线圈表面与铝合金表面之间形成了一定的间隙，铝合金电导率的测量因此受到提离效应的影响。对于铝合金棒材或曲面形状的铝合金制件，涡流检测线圈置于曲面上测量时，受电磁耦合条件的影响，同样无法正确测得棒材或曲面制件的电导率。

不同型号的涡流电导仪，由于受线圈尺寸、结构及仪器信号处理电路等方面不同因素的影响，即使采用相同的检测频率，对于上述各项影响因素的响应也不相同，并且可能存在较大的差异，因此在实际测量中，必须针对具体的仪器建立或制定适用的修正关系或修正系数，消除或补偿相关的影响。

对于厚度大于涡流透入深度、宽度大于检测线圈涡流场作用范围的非包铝板材及其制件，只要其电导率值稳定，便可在板材或零件表面直接测得正确的电导率值。当材料或零件不满足上述条件，或存在其他影响线圈与被检测对象之间达到正常耦合状态的因素时，便无法直接正确地测得其电导率值。下面以薄规格裸铝板材、铝合金棒材为例，介绍铝合金材料电导率测试中经常遇到的有关电导率测试值修正或补偿的问题。

1. 薄规格裸铝板材的电导率测试

图 4-33 是采用工作频率为 60kHz 的 Sigmatest 2.607 型电导仪对 0.4～2.0mm 范围内四种不同厚度和电导率的铝合金板电导率进行测量获得的试验曲线。可以看到，板材厚度大于标准透入深度而小于有效透入深度时，电导率测量的视在值与板材的实际电导率值有较大差异，只有厚度达到或超过有效透入深度，电导仪的视在读数才正确反映出材料的真实电导率值。

因此实际测量时，被测件厚度应大于涡流的有效透入深度，否则，需要采取叠加测量的办法。叠加测量时，可采取两张板叠加，亦可采取三张板叠加，原则上要求叠加后的厚度大于涡流有效透入深度，并要求各层必须贴紧，各层上、下位置互换后测量结果应一致。

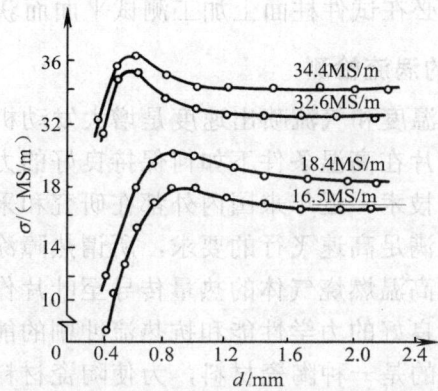

图4-33　Sigmatest 2.067型涡流仪的电导率测量读数与板厚关系

2. 铝合金棒材的电导率测试

对于铝合金棒材的电导率测量，通常不允许在棒材横端面直接进行，这是因为与铝合金电导率相关的技术标准给出的数据均是在平行于铝合金轧制方向的平面上获得的。对于曲率半径小于 250mm 的内凹状试件，不能在凹面上直接测得其真实电导率值；对于曲率半径大于 60mm 的外凸状试件，才能在凸面上直接测得其真实电导率值，否则需要加工平整的测试面或采取修正测量方法。

对于直径在 $\phi 20 \sim \phi 120$mm 范围的棒材，按下述公式对实测数据加以修正后可得到铝合金棒材的真实电导率值：

$$\sigma(\infty) = \sigma(\phi)/\exp\left(s + \frac{t}{\phi}\right)$$

式中　$\sigma(\phi)$——直径为 ϕ 的棒材上测得的视在电导率读数；

　　　$\sigma(\infty)$——材料的真实电导率值，即最终期望获得的电导率值；

　　　s, t——与试件直径 ϕ 有关的修正系数。

不同直径范围内 s, t 的取值见表 4-3。

表 4-3　不同直径范围内 s, t 的取值

直径 ϕ / mm	s	t
20～50	0.050	−4.87
50～120	0.018	−3.28

注：该修正系数的取值仅适用于 Sigmatest 2.607 型涡流电导仪。

举例说明：在 $\phi 40$ 和 $\phi 90$mm 铝合金棒材柱面上测得的电导率值分别为 30%IACS 和 37%IACS，在表 4-3 中选择对应的 s, t 值分别代入修正系数计算式中，可分别得到 $\phi 40$ 和 $\phi 90$mm 铝棒的真实电导率值：

$\sigma(\infty)|_{\phi=40} = \sigma(\phi 40)/\exp(-0.07175) = 1.074\sigma(\phi 40) = 1.074 \times 30\%\text{IACS} = 32.22\%\text{IACS}$

$\sigma(\infty)|_{\phi=90} = \sigma(\phi 90)/\exp(-0.01844) = 1.019\sigma(\phi 90) = 1.019 \times 37\%\text{IACS} = 37.70\%\text{IACS}$

采用上述修正方法可不必在试件柱面上加工测试平面而获得比较准确的电导率。

4.5.5 叶片热障涂层厚度的涡流检测

提高飞机发动机燃烧室温度和气流喷出速度是增大发动机推力的有效途径，随着燃烧气流的温度不断提高，叶片在高温条件下如何保持良好的力学性能和耐腐蚀性能已成为提高飞机飞行速度的关键技术。近年来国内外都在研究和采用热障涂层技术提高叶片的工作适应温度，使之能够满足高速飞行的要求，所谓热障涂层，就是在叶片表面喷涂或沉积一层具有阻碍或减缓高温燃烧气体的热量传导至叶片作用的功能涂层，使叶片在相对较低的温度条件下保持良好的力学性能和抗热流冲刷的能力。

目前热障涂层广泛使用的是一种陶瓷材料，为使陶瓷材料与叶片基体的高温镍基合金材料之间形成良好的结合，在陶瓷热障涂层与叶片基体材料之间先沉积一种富铝材料的界面层。陶瓷层厚度一般要求在 250μm 左右，如果厚度小于这一指标，则阻热作用达不到预期的效果；如果热障涂层厚度过大，不仅会增加叶片的重量，而且会使保护层变脆，容易产生剥落，同样起不到热障及保护叶片的作用。除此之外，热障涂层厚度的均匀性也是实际应用关注的一项指标。

由于涂层厚度较薄，且在陶瓷层与富铝层之间、富铝层与叶片基体之间难以对超声波形成明显的反射回波信号，因此超声测量方法对于热障涂层厚度的测量受到一定的限制。由于镍基高温合金和富铝层材料均为非磁性导电材料，陶瓷热障涂层是非导电材料，因此特别适合采用涡流方法进行厚度测量。

采用涡流测量叶片表面陶瓷层的厚度，应注意以下两方面的技术问题：

（1）不同型面曲率的影响　以 Mini 2100 型涡流测厚仪为例，在 $\phi 5 \sim \phi 100$mm 直径范围的阶梯铝棒上对厚度 $\delta=15\mu m$ 的非导电薄膜进行测量，试验结果见表 4-4。

根据表 4-4 试验数据所绘制的"测厚仪读数-棒材直径关系曲线"，如图 4-34 所示。可以看出：

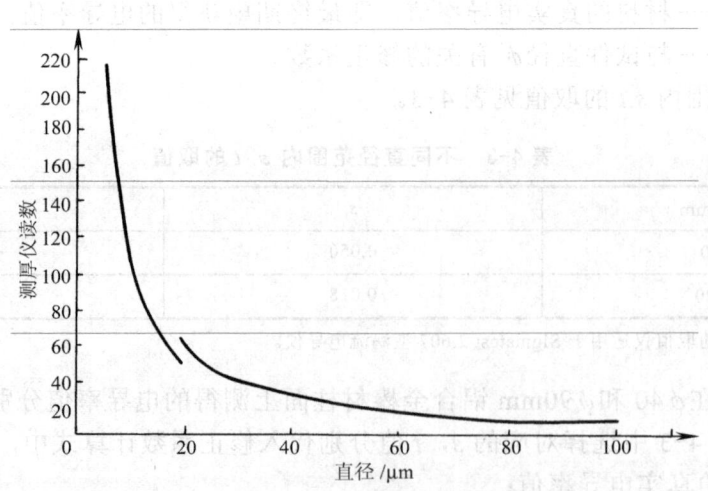

图4-34　测厚仪读数与棒材直径关系曲线

表 4-4 铝合金棒材上非导电薄膜厚度的测量结果

测量次数	$\phi 5 \sim \phi 20$mm 直径/mm				
	5	7.5	10	15	20
1	207.5	140.6	130.8	68.2	49
2	203	141.8	102.4	67.1	48.8
3	207.51	140.2	103.6	67.3	47.3
4	206.5	140.6	103.6	66.8	49.3
5	205.5	138.6	103.2	67.1	50.4
平均值	206	140.4	1.3.3	67.3	49

测量次数	$\phi 20 \sim \phi 100$mm 直径/mm							
	20	25	40	50	70	80	90	100
1	63.8	46.7	30.6	23.8	21.8	18	17.3	16.6
2	61.2	44.4	30.4	25.4	21.7	17.4	17.4	16.7
3	58.7	44.6	31	23.8	19.8	18.3	18.5	18.1
4	61.4	45	30.6	26.5	20.7	20.7	16.4	16
5	59.2	45.4	31.4	24.5	19.7	17.4	18.5	15.9
平均值	60.9	45.2	30.8	24.8	20.7	18.4	17.6	16.7

1）测厚仪读数变化明显受棒材曲率大小影响，大曲率（小直径）的影响较大，小曲率（大直径）的影响较小，呈单调变化规律；

2）在直径不大于 100mm 的曲率范围，曲率的影响一直存在。

（2）不同厚度导电层的影响 在叶片上选择曲率不同的典型部位（叶根平面、叶背 1、叶背 2、叶心 1、叶心 2），分别覆盖厚度为 20μm、40μm、60μm 的铝箔进行测量，并与无覆盖层状态下测量结果相比，得到表 4-5 数据。叶背 1 部位的曲率大于叶背 2 部位的曲率、叶心 1 部位的曲率大于叶心 2 部位的曲率。

表 4-5 叶片不同曲率位置上不同厚度导电层的测量结果　　（单位：μm）

测量状态（覆盖铝箔厚度）	平面		叶背 1		叶背 2		叶心 1		叶心 2	
	测值	均值	测值	均值	测值	均值	测值	均值	测值	均值
0	-0.7	-0.48	25.4	24.3	7.0	8.0	-11.3	-12.2	-4.6	-4.2
	-0.5		24.6		6.3		-13.5		-3.6	
	-0.2		22.8		10.8		-11.8		-4.3	
20	-119	-118	-60.2	-62.7	-114	-107	-224	-227	-155	-162
	-124		-62.8		-103		-220		-157	
	-112		-65.1		-104		-238		-176	
40	-157	-155	-85.1	-85.0	-127	-126	-231	-237	-187	-182
	-155		-85.1		-125		-238		-186	
	-154		-84.8		-127		-242		-174	
60	-169	-166	-86.2	-87.2	-136	-135	-259	-255	-209	-211

由表 4-5 数据可得到图 4-35。

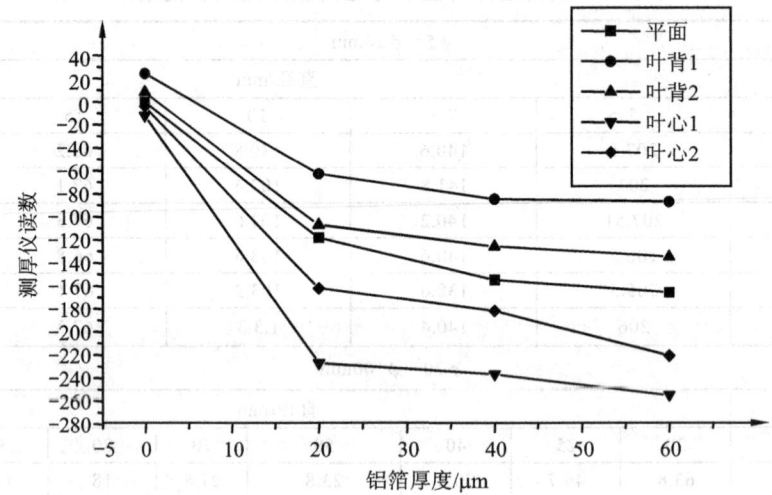

图4-35　不同厚度导电层对测厚仪读数的影响

如果没有铝箔覆盖层和曲面的影响，所有测试数据均应为零。由图 4-35 可以看出铝箔厚度对涡流测厚仪读数的影响有以下特点：

1）影响趋势一致：由于铝箔的存在导致测厚仪读数变为负值，且随着铝箔厚度的增加，这种影响变大。

2）以平面上测量数据为分界线，叶背（凸面）上铝箔的影响小于平面上铝箔的影响，叶心（凹面）上铝箔的影响大于平面上铝箔的影响。

3）不论是叶背部位，还是叶心部位，曲率大的部位上铝箔的影响大于曲率小的部位上铝箔的影响大。

以上针对解决带热障涂层叶片的保护层厚度测量的问题，提出了需要考虑的主要影响因素及试验分析方法，并没有完整地给出测量方法和相关技术的最终解决方案，因为该项技术本身尚需要做进一步的深入研究。上面的介绍是希望给读者提供一种研究、解决同类问题的思考方法。

复　习　题

1．涡流检测技术的主要特点是什么？

2．计算说明标准透入深度上涡流密度与有效透入深度（取标准透入深度的 3 倍）上涡流密度的大小之比。

3．简要说明不同类型（绝对式、自比差动式、他比差动式）线圈对不同类型（体积型、面积型和线型）缺陷的响应特点。

4．确定检测频率主要有哪几种方法？各种方法的适用性如何？

5．试计算当检测频率为 100Hz、100kHz 时，涡流在铝合金板材（具有足够的厚度，电导率为 25MS/m）中的标准透入深度和有效透入深度分别为多少？

6．使用阻抗平面型涡流仪检测时，首先需要调整的最主要的三个参数（或旋钮/按键）是什么？并分别说明其中一个参数改变（即调整其中某一个旋钮/按键）时，对涡流响应信号的其他两个参数的影响。

7．填充系数的意义是什么？是否填充系数值越大，检测灵敏度就越高？为什么？

8．涡流检测中使用的对比样管上的通孔形缺陷、平底孔形缺陷、轴向和周向槽形缺陷分别对何种自然缺陷具有更好的代表性？

9．详细描述内穿过式差动线圈通过管壁上一通孔缺陷时的涡流响应信号的变化过程。

10．将通孔缺陷涡流响应信号的相位角设定为 40°时，被检测管材内壁缺陷和外壁缺陷响应信号相位角的分布有何规律？

11．在对热交换器管实时多频检测时，如何利用混频技术消除管板干扰信号？

12．典型的放置式线圈有哪几种？其优缺点分别是什么？

13．为什么涡流电导仪的工作频率一般设定为 60kHz？电导率测量技术为何能够广泛用于评价铝合金的热处理状态和硬度？

14．电磁分选与涡流分选技术有何不同？

15．涡流测厚与电磁测厚原理有何不同？影响涡流与电磁测厚精度的主要因素是什么？

16．在进行涡流测厚或电磁测厚时，应如何选择标准厚度膜片校准仪器？

17．零件、结构件和热交换器管在使用中最常出现的缺陷分别是什么？

18．管棒材在线探伤、零件和结构的原位探伤、热交换器管道的在役探伤应如何正确选用仪器和检测线圈？

19．简要说明铁磁性材料或零件探伤前进行饱和磁化的必要性及探伤完成后如何实施退磁处理。

*第5章　电磁涡流检测新技术的发展与应用

5.1　概述

从人类第一次利用涡流检测技术进行材质分选至今已有了百余年，但涡流检测技术真正得到广泛应用是始于半个多世纪前。20 世纪 40 年代初，德国、美国等工业发达国家的一些研究人员开始较系统、广泛地对涡流检测技术进行研究，在理论和实践上完善涡流检测技术，极大推动了涡流检测技术的发展和应用。最早的涡流检测只是采用单一的较高频率的线圈检测导体表面、近表面的缺陷或电磁特性参数，当时与其他几种常规的无损检测方法相比，具有易于耦合、速度快、灵敏度高和成本低等优点，因此，涡流检测在各工业领域较迅速地得到了广泛的应用和发展，成为一种常规的无损检测方法。

随着工业的发展，对材料、产品检测要求的不断提高，并由于涡流检测自身的特点，人们逐步认识到常规涡流方法的一些局限性，它对解决某些问题显得无能为力。例如高频磁场激励的涡流，由于极强的集肤效应，使它对更深层缺陷和材料特性的检测受到限制；由于对提离效应敏感，而检测线圈与被检试件间精确、稳定的耦合十分困难；干扰信号同有用信号混淆在一起，无法分离、辨别；检测易受工件形状限制等等。针对以上这些问题，人们在努力完善涡流检测技术的同时，提出了很多新的基于电磁原理的检测设想，经过逐步的发展，有的成为相对独立的新的检测方法，如远场涡流、电流扰动、磁光涡流、涡流阵列检测技术等。它们同常规的涡流检测方法一道组成了电磁涡流检测技术，这些技术方法的分类并不是断然分明的，而是相互融合和交叉，只是各有优势。

5.2　远场涡流检测技术

远场涡流（RFEC. Remote Field Eddy Current）检测技术是一种能穿透金属管壁的低频涡流检测技术。1951 年，美国的马科里姆首次将远场涡流申请了专利，1957 年美国的壳牌石油公司发展部开始用此方法对石油管道的外壁腐蚀情况作了一些测试的尝试。随后各国学者对远场涡流检测技术进行了不断的探索，使远场涡流理论得到逐步完善和实验验证，到了 20 世纪 80 年代，远场涡流技术用于铁磁性管道检测的优越性得到人们的广泛认可，并且出现了一些先进的远场涡流检测系统，在石油、天然气输送管道、城市煤气供应管道及核反应堆压力管等方面得到实际应用。

5.2.1　远场涡流效应原理

远场涡流效应原理如图 5-1 所示。图 5-1a 是远场涡流检测探头示意图，它一般是内

*第 5 章 电磁涡流检测新技术的发展与应用

通过式探头,由激励线圈和检测线圈构成,激励线圈与检测线圈相距约 2~3 倍管内径的长度。激励线圈通以低频交流电,产生磁场,检测线圈用以接受发自激励线圈的磁场、涡流信号,利用接收到的信号能有效地判断出金属管道内外壁缺陷和管壁的厚薄情况。

当在图 5-1a 中的激励线圈通以低频交流电时,在线圈的周围空间会产生一个缓慢变化的时变磁场 B,由于电磁感应,时变磁场 B 又会激发出一个时变涡旋的电场 E,在该电场的作用下,在金属管壁内会形成涡流 J_e,同样由于电磁感应,涡流会在其周围产生一个时变的磁场,因此,金属管壁内外的磁场是由线圈内的传导电流 J 和金属管壁内的涡流 J_e 产生的磁场的矢量和。通常不是检测线圈阻抗的变化,而是测量检测线圈的感应电压与激励电流之间的相位差;激励信号功率较大,但检测到的信号十分微弱(一般为微伏)。

从图 5-1b 中可以看出,随着两线圈间距的增大,检测线圈感应电压的幅值开始急剧下降,然后逐渐变缓,并且相位存在跃变。通常把信号幅值急剧下降后变化趋缓而相位发生跃变之后的区域称为远场区,信号幅值急剧下降区域称为近场区,近场区与远场区之间的相位发生较大跃变的区域称为过渡区。T.R.Schmidt 认为远场涡流的能量耦合可能存在两种方式:一是在管子内部对激励线圈的直接耦合;二是通过管壁与激励线圈间接耦合。近场区直接耦合占优势,远场区间接耦合占优势。

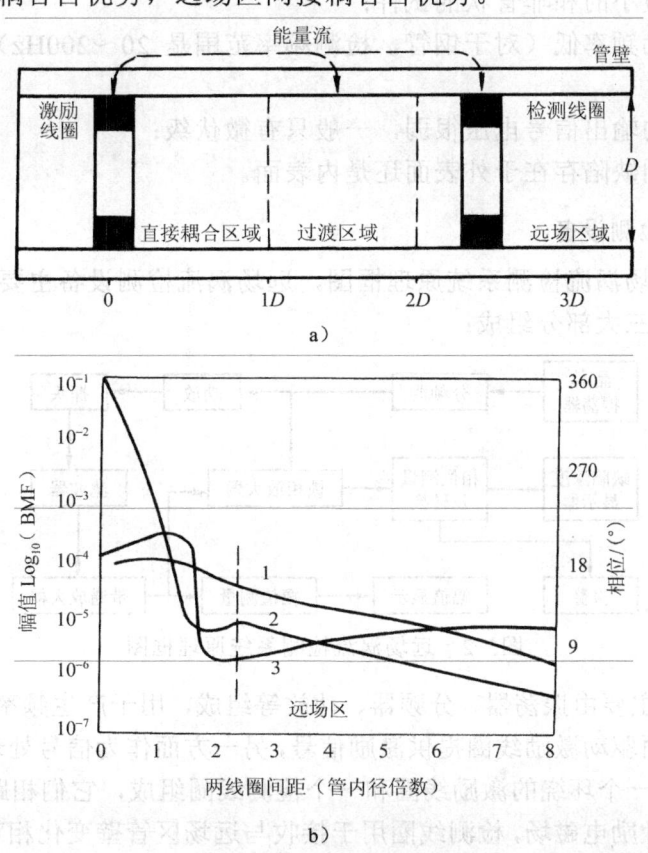

图 5-1 远场涡流效应示意图

a) 远场涡流检测探头 b) 检测线圈信号特征曲线

1—管外壁检测信号幅值 2—管内壁检测信号幅值 3—管内壁检测信号相位曲线

5.2.2 远场涡流技术的特点

与常规涡流检测方法相比，远场涡流技术有其自身的一些特点：

1. 优点

1）检测系统的制造与操作十分简单；
2）具有较高的检测灵敏度；
3）对于低磁性材料管的内外壁缺陷和管壁变薄情况具有相同的检测灵敏度；
4）壁厚与相位滞后之间存在线性关系；
5）污物、氧化皮、探头提离以及相对于管子轴线位置的不同等对检测结果影响很小；
6）在远场范围内，检测线圈摆放的位置对检测灵敏度影响不大；
7）不受趋肤深度条件的限制；
8）由于温度对相位测量的影响微不足道，因此应用相位测量技术的远场涡流特别适用于高温、高压状态。

2. 缺点

1）不适用于短小的和非管状的试件；
2）检测的激励频率低（对于钢管，检测频率范围是 20~200Hz），因而大大限制了检测速度；
3）检测线圈的输出信号电压很弱，一般只有微伏级；
4）不能够辨别缺陷存在于外表面还是内表面。

5.2.3 远场涡流检测设备

如图 5-2 是远场涡流检测系统原理框图，远场涡流检测设备主要由激励信号源、探头及信号处理显示三大部分组成：

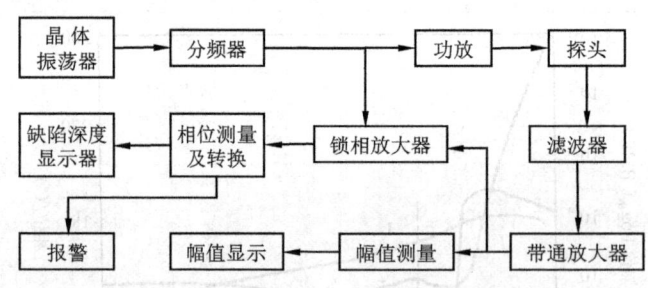

图5-2 远场涡流检测系统原理框图

（1）信号源 主要由振荡器、分频器、功放等组成，用于产生频率和幅值稳定的可调激励信号，它一方面驱动激励线圈提供激励信号，另一方面作为信号处理单元的参考相位。

（2）探头 由一个环绕的激励线圈和一个检测线圈组成，它们相距 2~3 倍管径的长度。激励线圈产生激励电磁场，检测线圈用于接收与远场区管壁变化相对应的电磁场信息。

（3）信号处理及显示单元 主要将检测线圈接受到的微伏级信号实现高增益、低噪声放大，将接受相位与参考相位之差用填充脉冲计数及幅值处理，并直接显示与相位差对应的缺陷深度百分比及其幅值。

5.3 电流扰动检测技术

电流扰动（ECP, Electric Current Perturbation）法是指在被检部件上产生一种电流流动（通常借助于一感应线圈），并利用一独立的探测器测定电流流过缺陷时电流扰动引起的磁场。探测器一般对感应线圈产生的原磁场不敏感的方向取向，以减小对提离效应的灵敏度。"电流扰动"这一术语最早是由美国空军西南研究所的 G.L.Burkhardt、C.M.Teller 和 R.E.Beissner 等研究人员于 20 世纪 70 年代末提出，他们针对美国空军对飞机部件的检测要求，作了大量的相关研究工作，并在多种飞机部件的检测中得到应用。

5.3.1 电流扰动的方法原理

电流扰动系统中的线圈同其他涡流检测方法的线圈一样，包括激励线圈和检测线圈两个最基本的组成部分，但不同的是，电流扰动系统的激励线圈和检测线圈是分立的，且相互正交取向。如图 5-3a 所示，为一电流扰动线圈示意图，图中激励线圈的法线垂直于 xy 平面，两个相互平行的感应线圈的法线平行于 xy 平面。一般激励线圈相对于感应线圈的尺寸足够大，这样导电试样内激励的涡流沿 y 轴方向可视为近似直线流动，如图 5-3b 所示，磁力线亦可近似视为平行于 xz 平面。感应线圈取垂直于电流流动方向，因而穿过感应线圈的磁通最少，这表明，此时对提离变化的敏感度最小。如果有缺陷存在，会引起电流扰动而导致磁通变化，即使是很微弱的变化，感应线圈也能很灵敏地发现。当激励线圈与感应线圈的大小可比时，则激励线圈所产生的磁场的磁力线在穿过感应线圈时方向各异，如图 5-3a 所示，这样势必会严重地影响检测由缺陷引起的电流微弱扰动而导致的磁通变化，且提离变化明显。

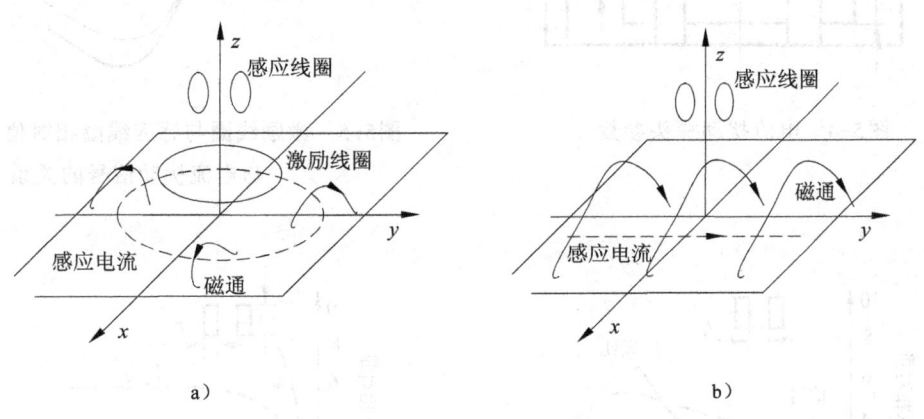

图 5-3 电流扰动方法示意图
a）电流扰动线圈 b）感应电流

5.3.2 电流扰动线圈

电流扰动探头结构参数示意图如图 5-4 所示，图中大的矩形框代表激励线圈，矩形框内部为感应线圈，线圈的各部分位置、尺寸如图中所示。评价探头性能好坏的一个重要指标是它的信噪比。为使不同结构、尺寸的探头间具有良好的可比性，在探头沿缺陷长度方向扫查的过程中，保持激励线圈、感应线圈的横截面积及激励场强不变。

图 5-5 给出了激励线圈相对于感应线圈不同位置对感应线圈响应信号的影响情况。从图中可以看到，感应线圈置于激励线圈外侧附近时可获得最佳响应信号。图 5-6、图 5-7 描述了探头不同结构参数情况下的感应线圈的电流扰动信号。图 5-6a 表明，随着激励线圈尺寸的增大，信噪比不断提高；从图 5-6b 中可以得到结论："饼形"线圈（即长厚比值较小）比长而薄的线圈具有很好的检测效果。图 5-7a 中保持感应线圈的长度不变，通过变化线圈绕制形状来改变线圈之间的距离；图 5-7b 中不改变线圈的形状，只变化线圈之间的距离。从这两个图中可以看到，随着线圈的挨近，信噪比不断提高。应当注意的是，该结论仅适用于小的表面缺陷，对于不同大小的缺陷以及缺陷所处位置不同（次表面缺陷、表面下深层缺陷）是不适用的。计算表明，对于上述情况，两线圈的间隔存在一最佳间隔。

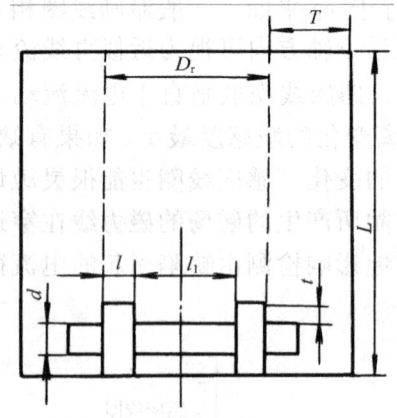

图5-4　电流扰动探头参数

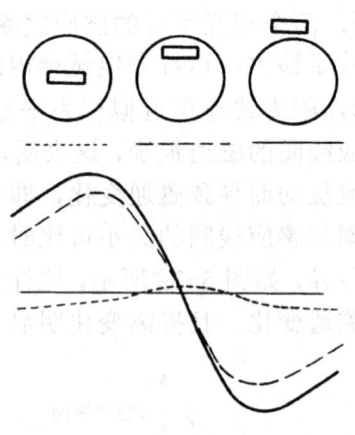

图5-5　激励线圈与感应线圈相对位置与电流扰动信号的关系

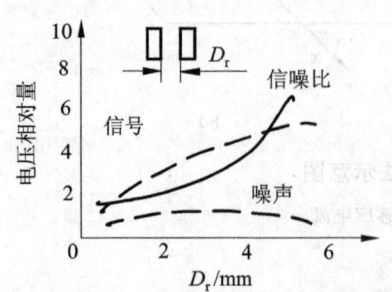

a)

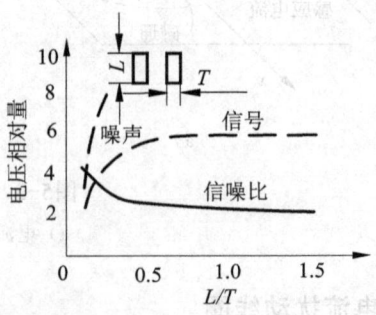

b)

图5-6　激励线圈尺寸对信噪比的影响

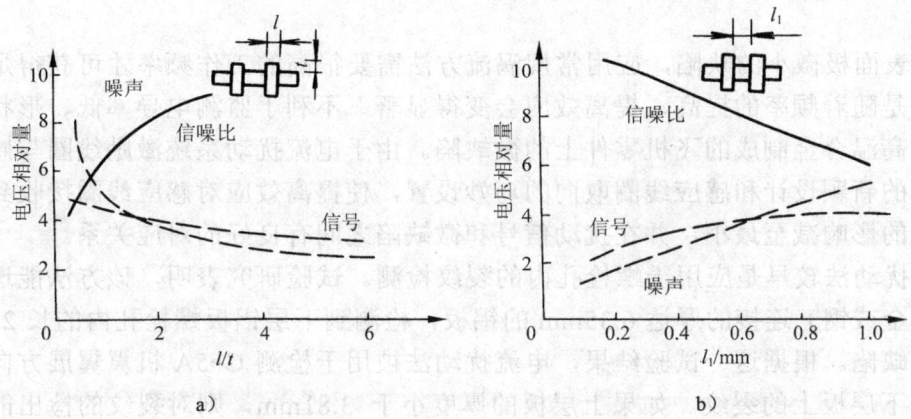

图5-7 感应线圈间隙对信噪比的影响

5.3.3 电流扰动设备

图 5-8 给出了电流扰动检测系统的框图,电流扰动检测设备一般主要由激励信号源、探头以及计算机组成。信号源在被检工件上产生扰动电流,探头检测扰动信号,计算机主要用来处理和显示检测信号。

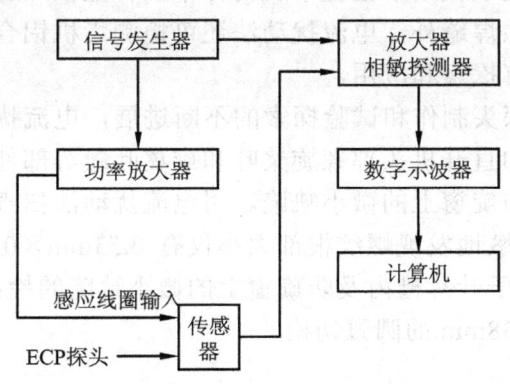

图5-8 电流扰动仪器框图

在电流扰动检测系统中,一般利用一数字示波器根据探头位置将电流扰动信号数字化,并传送到计算机内进行数据处理和绘图。为了提供放大的缺陷信号,常利用一数字式高通滤波器来剔除与缺陷无关的低频信号。在这类研究中,数字式滤波器用得很普遍,模拟式滤波器只能用在金属构件的检测。

电流扰动方法与常规的涡流方法所不同的在于:电流扰动探头是一独立不同的感应器,该感应器是缠在一平行于检测表面的轴上。

5.3.4 电流扰动法的应用

电流扰动法具有以下优点:便于扫描检验;只需要对被检验装置的外表面检查,且利用数据实时分析以确定缺陷的深度和大小。电流扰动对埋深裂纹和表面开口裂纹都很敏感。

对于表面极微小的缺陷，应用常规涡流方法需要很高的工作频率才可获得足够的灵敏度，但是随着频率的提高，提离效应会变得显著，不利于监测电导率低、形状复杂的钛合金、高温合金制成的飞机零件上的微缺陷。由于电流扰动系统激励线圈与感应线圈尺寸比例的新颖设计和感应线圈取向的巧妙设置，使提离效应对感应线圈接收到的磁通扰动信号的影响减至最小，并在扰动信号和微缺陷之间有良好的对应关系。

电流扰动法较早是应用于螺栓孔内的裂纹检测。试验研究表明，该方法能透过用螺钉（钛合金或钢）连接的厚达 6.35mm 的铝板，检测到下层铝板螺栓孔内的长 2.5mm 圆弧形槽形缺陷。根据这一试验结果，电流扰动法被用于检测 C-5A 机翼翼展方向上的连接结构中下层板上的裂纹。如果上层板的厚度小于 3.81mm，则对裂纹的检出能力就可达到实验室同等水平。电流扰动法还可透过 1.27mm 厚的不锈钢塞孔套，周向扫查到飞机发动机涡轮盘上螺栓孔内的 1.5mm×0.7mm 大小的径向裂纹。

对铝构件焊缝的检测试验表明，电流扰动法适用于可变极等离子弧焊（PAW）和惰性气体保护焊（TIG）两种焊缝的质量检验。可从变厚度铝板（3.56～5.84mm）表面检测到背面 PAW 焊缝上 4.78mm×0.36mm 的电火花加工槽；从 6.4mm 厚的铝板上检出 TIG 焊缝内 3.10mm×1.6mm 的电火花加工槽或 0.81mm 深处 ϕ1.6mm 的平底孔。进一步的试验研究表明，该方法可能取代用于检验宇航构件中铝合金板焊缝的射线检测，如宇宙飞船外部携挂的燃料箱。除焊缝外，电流扰动法还可检测飞机铝合金构件上出现的腐蚀；对于磁性材料的检验也有探索和应用。

随着方法、理论、探头制作和试验探索的不断进展，电流扰动技术又应用于飞机上形状复杂零件的检测，如直升机头部螺旋桨叶和旋翼叶毂等部件，喷气式发动机一级叶片榫槽内和第二、三级防旋窗上的微小缺陷。用电流扰动法扫查螺纹构件的外径（凸起的尖峰部位），能够很灵敏地发现螺纹根部大小仅有 0.53mm×0.64mm×0.23mm 的指甲形电火花加工的细槽；对于叶片槽内及防旋窗上的微小缺陷的检出能力可分别达 0.27mm×0.15mm 的狭缝、R=0.38mm 的圆弧切槽。

5.4 磁光涡流检测技术

美国 PRI 仪器公司于 1990 年开发出一种新的涡流检测仪器——磁光涡流成像仪（Magneto-optical Eddy Current Imager, MOI）。

5.4.1 基本原理

法拉第（Faraday）磁光效应是指：具有一定偏振面的光沿磁场方向传播，通过放置在磁场中的物质时，偏振光的偏振面会发生旋转，如图 5-9 所示，图中旋转角 θ_f 与物质长度 L、磁感应强度 B 之间的关系是

$$\theta_f = VLB \tag{5-1}$$

式中　V——与物质性质、光的频率有关的常数，称为费尔德常数。

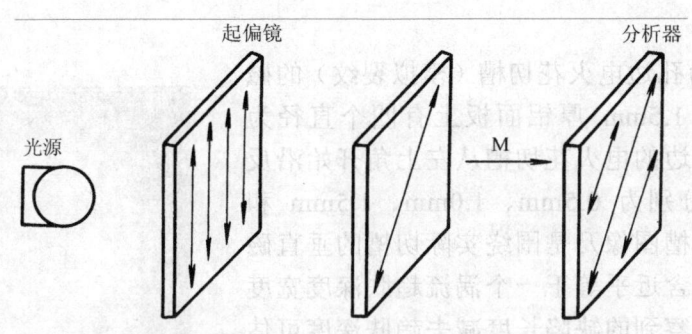

图5-9 法拉第磁光效应示意图

磁光涡流检测技术就是根据法拉第磁光效应和电磁感应定律而提出的一种新的电磁涡流检测技术。磁光涡流成像仪用涂覆铋的石榴石铁氧体材料薄片组成磁光效应传感器，利用放置在片上的线圈产生交变磁场，而被检测表面区涡流及其产生感生磁场的变化则以不同的偏转角反射的磁光信号来给出，此信号可由电荷耦合器件（CCD）检测器接受。经分析显示在检测器上。图 5-10 为成像扫查头的结构示意图。

磁光涡流技术需要用在平行于试件表面的近表面层中的涡流感生磁场，且需要这电流不是圆环形而是层流状的，这与普通涡流检测技术不同。图 5-11 说明了在铆钉上磁光涡流的成像。

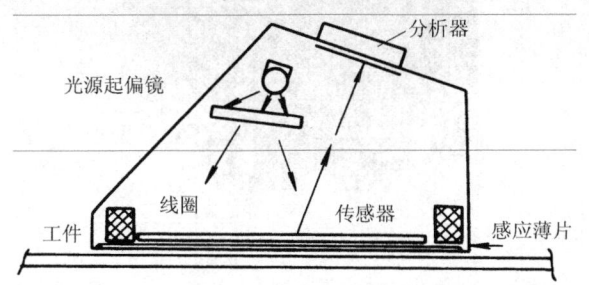

图5-10 涡流成像仪成像扫查头结构示意图

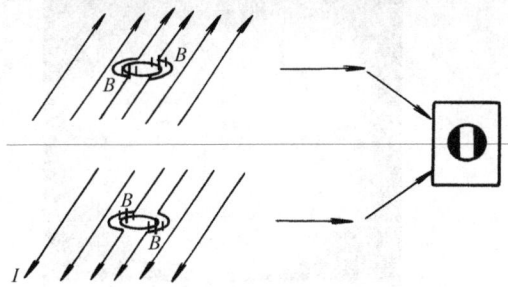

图5-11 铆钉上磁光涡流的成像

5.4.2 磁光涡流检测的优点

1）可克服常规涡流检测法检测面积小、速度慢等缺点，磁光涡流成像技术能快速覆盖被检区域，并且实时成像、直接输出；

2）由于提离效应，在检查诸如老旧飞机时，常规的涡流检测方法要求除去油漆，否则油漆厚度或表面不平将会引起图像失真，难于判断，而磁光涡流检测法则没有这个问题，并且对大小裂纹都很敏感；

3）可在较宽的频率范围（1.6～100kHz）内使用，使用高频时能成像和检测诸如靠近飞机铝包层下铆钉附近的小的疲劳裂纹，使用低频时能成像和检测深层裂纹和腐蚀，采用低照度彩色摄像系统图像质量很高；

4）磁光涡流成像仪使用方便简单。

5.4.3 应用示例

1) 图 5-12 为孔边电火花切槽（模拟裂纹）的磁光涡流成像。在 1.5mm 厚铝面板上有四个直径为 6.35mm 的孔，孔边的电火花切槽从左上角开始沿反时针方向，长度分别为 0.5mm、1.0mm、1.5mm 和 2.0mm。图中的切槽图像乃是围绕实际切槽的垂直磁场的图像，其中包含近乎等于一个涡流趋肤深度宽度的"晕"区。从观察到的缺陷长度减去趋肤深度可估计实际缺陷长度。显然，当缺陷的实际长度等于或小于趋肤深度时，此方法将失灵。随着仪器调整的改变，对此，一个可供选择的方法是采用一已知尺寸的孔的图像作为参考。

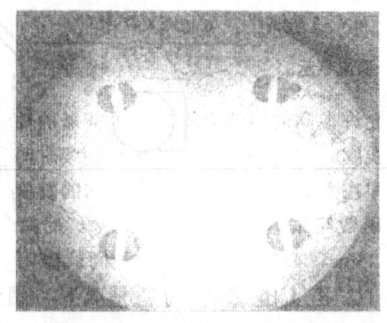

图5-12 孔边电火花切槽的磁光涡流成像，槽长从左上角开始沿反时针方向分别为 0.5mm、1.0mm、1.5mm 和 2.0mm

2) 图 5-13 是一长裂纹的图像。长裂纹不可能产生连续的图像，应为传感器所生成的围绕裂纹磁场的图像，而围绕裂纹流动的电流是不均匀的，这使所成图像也是不均的。对于长裂纹，典型的是图像的中间部分较之两端要弱些，因为靠近中间电流流动近乎均匀，这种类型裂纹的两端十分明显，易于检测。注意这裂纹的曲折性及在图像中这种特性的再现。

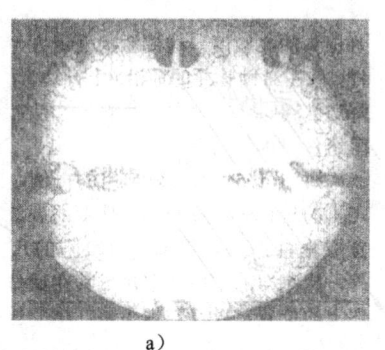

a)   b)

图5-13 长裂纹的磁光涡流图像
a) 长裂纹的图像 b) 铆接的铝搭接试样，在疲劳试验机上形成疲劳开裂

3) 老旧飞机腐蚀状况的检测，可监测深度在 0.4~3.0mm 之间。图 5-14 为磁光涡流的显示示例。

4) 第二层的开裂和腐蚀。不靠近表面的（第二层）缺陷，只要涡流的趋肤深度至少与缺陷埋深一样大，是可以检测的，这可通过选用较低的工件频率来达到。可以注意到，这些较深处缺陷的图像较之表面裂纹要弥散些，清晰度要差些。通过在整个工作频率范围改变激励频率，和知道了在受检材料中相应的标准透入深度，腐蚀或缺陷深度是可以得到。例如，如果第二层的裂纹在 12.8kHz 时可观察到，而在 25.6kHz 时观察不到，则其埋深将是比 25.6kHz 时的趋肤深度要大些，并等于或稍小于 12.8kHz 时的趋肤深度。总之，腐蚀区的深度也是可以评估的，比较困难的是缺陷，如腐蚀的量化问题。

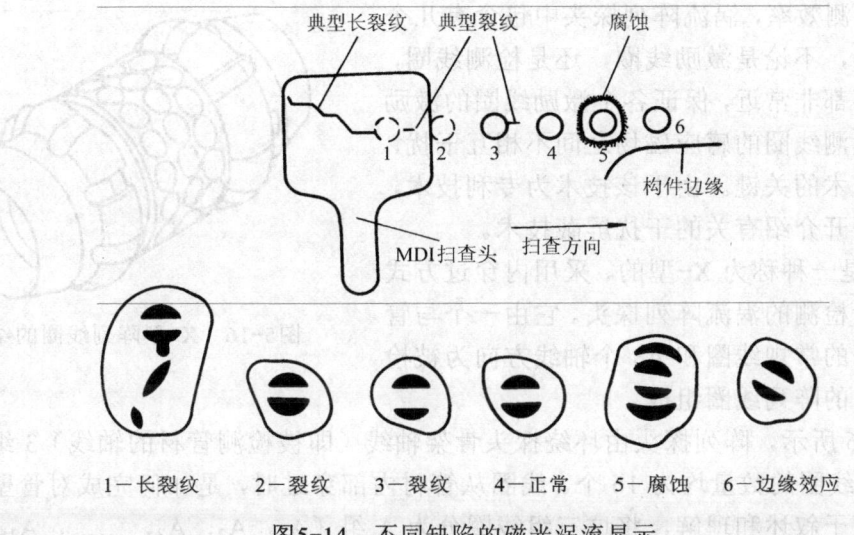

图5-14 不同缺陷的磁光涡流显示

5.5 涡流阵列检测技术

涡流阵列（Eddy Current Arrays）技术是近10年内出现的一项新的涡流检测技术，它是通过涡流检测线圈结构的特殊设计，并借助于计算化的涡流仪强大的分析、计算及处理功能，实现对材料和零件的快速、有效地检测。其主要优点表现为：① 检测线圈尺寸较大，扫查覆盖区域大，因此检测效率一般是常规涡流检测方法的10～100倍；② 一个完整的检测线圈由多个独立的线圈排列而成，对于不同方向的线性缺陷具有一致的检测灵敏度；③ 根据被检测零件的尺寸和型面进行探头外形设计，可直接与被检测零件形成良好的电磁耦合，不需要设计、制作复杂的机械扫查装置。

5.5.1 涡流阵列检测的方法原理

涡流阵列技术与传统的涡流检测技术相比，主要不同点在于前者的探头是由多个独立工作的线圈构成，这些线圈按照特殊的方式排布，且激励（又称发射）与检测（又称接收）线圈之间形成两种方向相互垂直的电磁场传递方式，如图5-15所示。线圈的这种排布方式，有利于发现取向不同的线形缺陷。

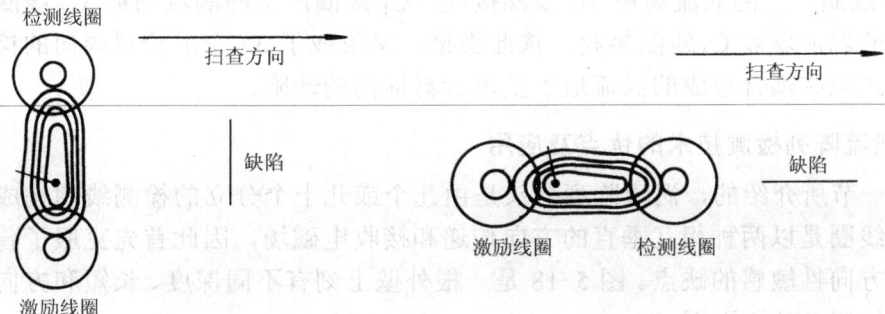

图5-15 涡流阵列探头中线圈的排布与电磁场的分布

为提高检测效率，涡流阵列探头中包含有几个或几十个线圈，不论是激励线圈，还是检测线圈，相互之间距离都非常近，保证各个激励线圈的激励磁场之间、检测线圈的感应磁场之间不相互干扰，是涡流阵列技术的关键。由于该技术为专利技术，尚未见文献公开介绍有关的干扰屏蔽技术。

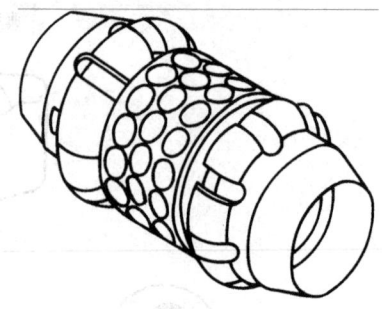

图5-16　X-型阵列线圈的结构

图 5-16 是一种称为 X-型的、采用内穿过方式进行管壁质量检测的涡流阵列探头。它由一个与管截面为同心圆的常规线圈和 48 个轴线方向为被检管材直径方向的阵列线圈组成。

如图 5-16 所示，阵列探头由环绕探头骨架轴线（即被检测管材的轴线）3 组小的线圈构成，每组线圈的数量均为 16 个。线圈从管材内部穿过时，是如何完成对管壁质量的检测呢？为便于叙述和理解，将这三组线圈分为 A 组（A_1，A_2，A_3，……，A_{16}）、B 组（B_1，B_2，B_3，……，B_{16}）、C 组（C_1，C_2，C_3，……，C_{16}），如图 5-17 所示。A 组线圈为检测线圈（即接收线圈），相对于 A 组线圈而言，C 组线圈为激励线圈，如图中，C_1 线圈产生的磁场在管壁中激励产生涡流，该涡流的再生磁场被 A_1 和 A_2 线圈所感应接收；以这种方式电磁耦合形成的涡流适于发现管材轴线方向的缺陷。同样，C_2 线圈作用于 A_2 和 A_3 线圈，C_3 线圈作用于 A_3 和 A_4 线圈，依此类推，形成 32 个沿管材轴线方向的检测通道。

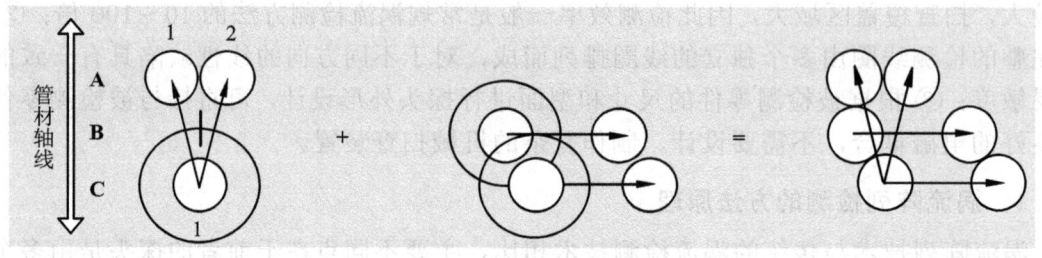

图5-17　X-型阵列线圈的电磁耦合方式

B_1 线圈作为激励线圈，在管壁中感应产生涡流，涡流的再生磁场被 B_3 线圈接收；同样，B_2 线圈产生的涡流场被 B_4 线圈接收，C_1 线圈产生的涡流场被 C_3 线圈接收，C_2 线圈产生的涡流场被 C_4 线圈接收，依此类推，又形成了 32 个沿管材周向的检测通道。以这种方式电磁耦合形成的涡流适于发现管材周向的缺陷。

5.5.2　涡流阵列检测技术的优点及应用

如上一节所介绍的，涡流阵列探头是由几个或几十个分立的检测线圈构成，由于激励与感应线圈是以两种相互垂直的方向传递和接收电磁场，因此首先克服了普通检测线圈对缺陷方向性敏感的缺点。图 5-18 是一根外壁上刻有不同深度、长短和方向缺陷的钢管对比试样展开的平面图。

*第5章 电磁涡流检测新技术的发展与应用

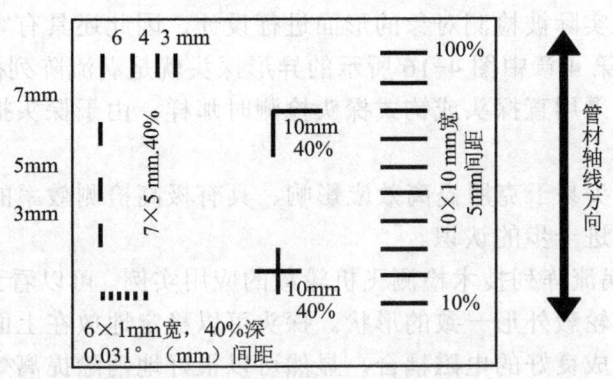

图5-18 样管上人工槽形缺陷的位置及大小情况

管材的具体条件为：壁厚1.2mm；在管材外表面加工有27条缺陷，其中第一组缺陷为深度是壁厚的10%、20%、……、100%、长10mm、间距5mm的10条槽形缺陷，最浅槽形缺陷的深度仅约为0.1mm（图中右侧的一组）；第二组缺陷为2个长为10mm、深度为壁厚40%人工槽形缺陷，形状分别如图所示；第三组人工缺陷长度为5mm、深度为壁厚40%人工槽形缺陷，共有7个，槽形缺陷的方向和间距有所不同；第四组人工缺陷包括6个长度分别为1mm、深度为40%壁厚、间距为0.8mm的短槽。所有槽形缺陷的宽度均为0.1mm。

图5-19给出了采用X-型内穿过式阵列探头一次穿过钢管样管检测到外壁上不同方向和深度缺陷的检测结果。其中，图5-19a为周向通道获得的扫查结果，即图5-17中B、C组线圈的检测结果；图5-19b为轴向通道上由C组线圈激励、A组线圈接收获得的扫查结果。两幅图中，除了第四组6个间距非常小的短小槽形缺陷不能单独分辨出来以外，其他21个缺陷均可清晰地显示出来。由此可以建立起对涡流阵列技术检测能力的认识。

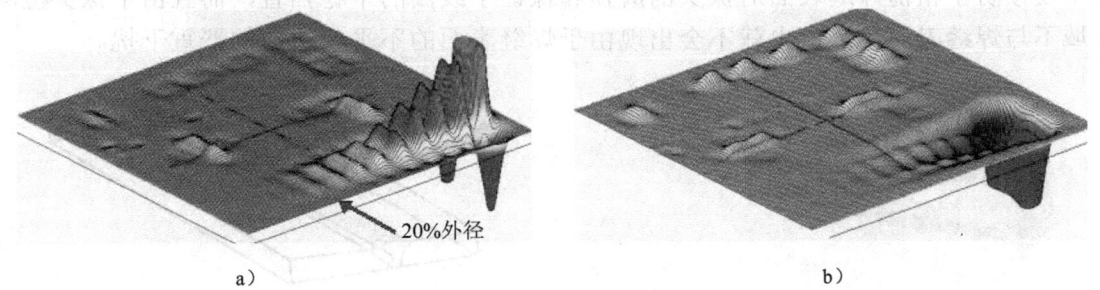

图5-19 X-型内穿过式阵列探头对管材外壁上不同方向和深度缺陷的检测结果
a）周向检测通道 b）轴向检测通道

值得注意的是，图5-19a和图5-19b不是像超声和常规涡流检测，那样经过反复扫查获得的C扫面图像，而是检测线圈一次穿过管材时形成的扫查图，由此可见涡流阵列技术具有极高的检测效率。以图5-17所示的有48个线圈构成的涡流阵列探头，其检测效果相当于单个放置式线圈以每分钟38000转高速旋转的检测结果，是常规穿过时线圈检测速度的10～100倍。

涡流阵列检测技术除了具有检测灵敏度高、检测速度快的优点外，由于其探头尺寸较大,且外形可根据实际被检测对象的形面进行设计,因此还具有容易克服和消除提离效应影响的优势。如第 4 章中图 4-16 所示的异形探头就是涡流阵列探头,其外形与涡轮盘榫槽吻合,不会像采用直探头或钩式探头检测时那样,由于探头把持不稳而容易形成提离干扰信号。

关于涡流阵列探头易于克服提离效应影响、具有极高检测效率的优点,还可以从下面两个应用实例得到进一步的认识。

图 5-20 是采用涡流阵列技术检测飞机轮毂的应用实例。可以看到,探头与轮毂接触的检测面被磨制成与轮毂外形一致的形状。探头可以稳定地放在上面,其内部的全部检测线圈与轮毂表面形成良好的电磁耦合,显然可以很好地消除提离效应的影响,并具有极高的检测效率。

图 5-20　采用涡流阵列探头检测飞机轮毂

焊缝的检测,对于涡流检测方法而言,主要技术难点之一就在于难以减小或消除由于焊缝形面差异和粗糙不平造成的严重提离干扰。将涡流阵列探头的检测区域加工成与焊缝外形基本一致的形面,如图 5-21 所示。探头的左右两侧与焊板木材相接触,这种设计不仅预防了粗糙焊缝表面对探头的磨损和保证了线圈的平稳扫查,而且由于探头检测区域不与焊缝表面接触,也就不会出现由于焊缝表面的不平整造成的严重干扰。

 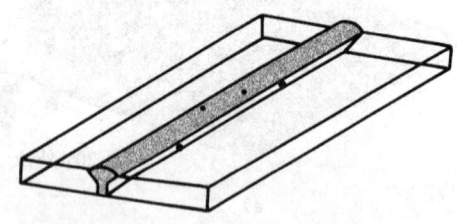

图 5-21　采用涡流阵列探头检测焊缝

复 习 题

1. 简述远场涡流检测技术的原理、特点及其设备的组成部分。
2. 简述电流扰动检测技术的原理。
3. 简述磁光涡流检测技术的原理。
4. 简述涡流阵列检测技术的原理及优点。

第 6 章 涡流检测标准

6.1 涡流检测标准概述

为使读者对涡流检测标准体系建立更完整的概念，达到更准确的理解、掌握和运用涡流检测各相关标准，本节在叙述涡流检测标准的概况之前，首先简要介绍一些有关标准和标准化的基本知识。

6.1.1 标准的基本知识

国家标准 GB/T 20000.1—2002《标准化工作指南 第 1 部分：标准化和相关活动的通用词汇》给出的关于"标准"一词的定义如下："为了在一定的范围内获得最佳秩序，经协商一致制定并由有关机构批准，共同使用的和重复使用的一种规范性文件。"标准具有以下几方面的性质：

（1）目的性　获得最佳秩序，并以最佳的秩序促进使用标准的各方达到最佳的共同效益。一方面，标准是对先进技术或工艺通过文件形式加以固化以利重复和规范执行的文件，先进制造技术和生产工艺的采用必然带来技术进步和经济效益；另一方面，标准作为通过文字固化形成的规范性文件，保证了使用各方的操作或执行具有可比性和可重复性，易于达到相互之间的认可和接受，从而减少和避免产生经济或贸易纠纷。

（2）层次性　根据标准制定（即标准化）所涉及的地理、政治或经济区域的范围不同表现出的标准层次的差异。如按照地理区域范围大小不同，分为全球性的国际标准化组织标准（International Standardization Organization，简写为 ISO）、区域性标准（如欧洲共同体标准）、国家标准、部门标准、企业标准等。

（3）权威性　标准不同于一般的技术文献，其权威性体现为标准是由不同国家、组织或部门在该技术领域的专家编写起草，经多方充分协商讨论确定，最后经专门机构批准。

（4）时效性　不论是新制定标准，还是修订标准，都在标准的封面上给出标准的发布与实施日期。实施日期一般要比发布日期晚 3~6 个月时间。从发布日期到实施日期之间的这一段时间是为标准的贯彻实施预留出的条件准备时期，其时间的长短取决于标准涉及的范围、条件准备与建设工作的难度及所需的时间。

标准不是一成不变的，而是经过一段时间就会被修订、合并或作废。从标准的发布日期至第一次被修订后的发布日期或相邻两次修订标准的发布日期的间隔时间称为标准的龄期。标准的龄期不是一个固定的间隔期限，不仅不同国家和组织的标准龄期不同，如美国材料试验学会（ASTM）标准的平均龄期为 3~5 年，而我国国家标准的平均龄期约为 5~10 年，而且同一国家和组织的标准龄期也存在较大的差异，如 ASTM 标准中，有的标准经过2年或3年就被新的版本所代替,而有的标准经历10余年使用仍未进行修订。标准龄期的长短,除了与各国家或相关组织关于标准制定与管理的政策直接相关外,还与各标准所涉及技术的发展状况密切相关,往往涉及新的学科领域和先进技术方法的标准更新的速度会比较快,而技术原理和方法相对成熟的标准更新的速度则比较缓慢。

任何标准都没有一个固定龄期,而且可能会被合并或作废,因而标准的使用者应特别注意所采用标准的有效性。一是要关注所用标准是否为当前最新的有效版本,二是是否被其他标准替代或被作废。

(5) 强制性与推荐性　强制性标准具有法律属性,是在一定范围内通过法律、行政法规等强制手段加以实施的标准。强制性标准一般包括以下几个方面:① 全国必须统一的基础标准,如 GB 15093—1994《国徽》、GB 12982—1996《国旗》、GB 11643—1999《公民身份号码》等;② 对国计民生重大影响的产品标准,GB 16999—1997《人民币伪钞鉴别仪》、GB 150—1998《钢制压力容器》等就属于这类强制性标准;③ 通用的试验方法和检测方法标准,如国家有关的计量检定规程等;④ 有关人身健康和生命安全方面的标准,如 GB 18671—2002《一次性使用静脉输液针》、GB 14934—1994《食(饮)具消毒卫生标准》、GB 13533—1992《拆除爆破安全规程》等;⑤ 环境保护方面的标准,如 GB 8978—1996《污水综合排放标准》、GB 9660—1988《机场周围飞机噪声环境标准》、GB 18285—2000《在用汽车排气污染物限值及测试方法》等。强制性标准一经颁布,必须贯彻执行。否则,对造成恶劣后果和重大损失的单位或个人,要受到经济制裁或承担法律上的责任。

推荐性标准又称自愿性标准,或非强制性标准。是指生产、交换、使用等方面,通过经济手段或市场调节而自愿采用的标准。对于这类标准,任何单位有权决定是否采用,违反这方面的标准,不构成经济或法律方面的责任。但一经接受并采用,或各方商定统一纳入商品、经济合同之中,就成为共同遵守的技术依据,具有法律上的约束性,彼此必须严格贯彻执行。与强制标准相比,推荐性标准对标准的可能应用方不具有强制性的法律效力,也就是说标准的可能应用者具有不选择和执行推荐性标准的权力。如果标准的应用方未选用推荐性的国家标准,在从事与该标准涉及内容一致的产品制造或性能试验时,不受推荐标准相关条文规定的约束;但当标准的应用方确定选择了某项推荐性的国家标准,则推荐性标准相关条款的要求就成为标准应用方必经遵守的规定。

从鼓励科技进步与技术创新和有利于消除贸易壁垒与促进技术上的双边或多边合作两个方面出发,近年来国际和我国标准的主管部门一直在倡导和推行"严格控制强制性标准,积极采用推荐性标准"的政策。

6.1.2　国际、国外标准与国内标准的代号

随着我国改革开放的不断扩大与深入,对外合作日益增多,以及国防科技工业近年来实施的"以军为本,军民结合"的发展战略,促使绝大多数从事军工产品研制、生产的军工单位越来越多地接触到并采用国际、国外先进标准和国内其他行业的标准,因此对国内外相关部门、世界主要国家及其组织等的标准代号有一个基本的了解是非常必要的。表6-1分别列出了国际与国外标准的代号及其相关信息。

第6章 涡流检测标准

表6-1 部分国际组织与国外标准代号制定机构及其英文名称

序号	代号	制定机构	制定机构的英文名称
1	ISO	国际标准化组织	International Standardization Organization
2	IEC	国际电工委员会	International Electrotechnical Commission
3	IAEA	国际原子能机构	International Atomic Energy Agency
4	ICS	国际造船联合会	International Committee of shipping
5	ANSI	美国国家标准学会	American National Standards Institute
6	ASTM	美国材料与试验协会	American Society for Testing and Materials
7	ASME	美国机械工程学会	American Society of Mechanical Engineers
8	MIL	美国军用标准	American Military Standards
9	BS	英国标准学会	British Standards Institute
10	LR	英国劳氏船级社	Lloyd's Register of Shipping
11	CEN	欧洲标准化委员会	European Committee for standardization
12	DIN	联邦德国标准化学会	Dutsches Institute für Normung
13	JIS	日本工业标准调查会	Japanese Industrial Standards Committee
14	NF	法国标准化协会	Association Fran，caise de Normalisation
15	ГОСТ	俄罗斯国家标准	The State Standard Committee of Russian

在我国，国家标准、国家军用标准和行业标准的代号都是以标准所属层次的关键词第一个字的声母来表示的，如"国家标准"用"GB"表示，"国家军用标准"用"GJB"表示。依此类推，"HB"表示航空工业标准，"QJ"表示原七机部标准，即航天工业标准，企业标准用"Q/××"代号表示。部分国内标准代码的意义及发布机构见表6-2。

近年来，虽然国家机构改革已将过去属于部级政府机构的航空、航天、船舶、兵器、核等五大军工部门改为十个集团公司，但其标准代号仍保留原来的编码形式，并继续作为行业标准。

表6-2 部分国内标准代码的意义及发布机构

序号	代号	意义	发布机构
1	GB	国家标准	国家质量监督检验检疫总局
2	GJB	国家军用标准	国防科技工业技术委员会 中国人民解放军总装备部
3	HB	航空工业标准	国防科技工业技术委员会
4	QJ	航天工业标准	国防科技工业技术委员会
5	CB	船舶工业标准	国防科技工业技术委员会
6	WJ	兵器工业标准	国防科技工业技术委员会
7	EJ	核工业标准	国防科技工业技术委员会
8	SJ	电子工业标准	中华人民共和国信息产业部
9	JB	机械工业标准	国家发展和改革委员会
10	YB	冶金工业标准	全国钢标准化技术委员会

6.1.3 国内外涡流检测标准概况

涡流检测以其独有的技术特点和适应能力而在世界各国得到越来越广泛的应用。以

涡流检测

下对国际标准化组织、美国材料试验协会、美国国防部等所制定的涡流检测标准概况及我国国家标准、国家军用标准中的涡流检测标准的情况简要加以介绍。

国际标准化组织（ISO）制定的标准中共有 5 份电磁涡流检测标准，其中 3 份是关于覆盖层厚度测量方面的标准，代号及名称分别为 ISO 2178：1982《铁磁性金属基体上非磁性覆盖层—厚度测量—磁性方法》（Non-magnetic coatings on magnetic substrates—Measurement of coating thickness—Magnetic method），ISO 2360：1982《非铁性金属基体上非导电覆盖层—厚度测量—涡流法》（Non-conductive coating on non-magnetic basis metal—Measurement of coating thickness—Eddy current method）和 ISO 2361：1982《铁磁性和非铁磁性金属基体上电沉积镍镀层—厚度测量—磁性法》（Electrodeposited nickel coatings on magnetic and non-magnetic substrates—Measurement of coating thickness—Magnctic method）。另外两份是关于钢管的电磁涡流检测方面的标准，代号及名称为 ISO 9302：1994《无缝和焊接（埋弧焊除外）承压钢管—验证液压密封性的电磁检测》（Seamless and welded （except submerged arc-welded） steel tubes for pressure purposes—Electromagnetic testing for verification of hydraulic leak-tightness）和 ISO 9304：1989《无缝和焊接（埋弧焊除外）承压钢管—探测缺陷的涡流检验》（Seamless and welded （except submerged arc-welded） steel tubes for pressure purposes—Eddy current testing for the detection of imperfections）。

美国材料试验协会（ASTM）组织下面设有一个编号为 E-7 的专门从事无损检测技术标准化工作的委员会，其下属的 E07.07 分委员会专门负责电磁与涡流检测方法标准的制定。该分技术委员会编制的电磁涡流检测方面的标准近 20 份，涉及电磁分选、涡流检测、电导率测试和覆盖层厚度测量、涡流仪器与检测线圈性能评价等方面技术的实施方法，内容最为广泛和系统。

美国军用标准（MIL）体系包括以下五种类型的军用标准文件：① 军用规范（Military Specification）；② 军用标准（Military Standard）；③ 军用标准图样（Military Standard Drawing）；④ 军用手册（Military Handbook）和⑤ 合格产品目录（Qualified Product Lists，即 QPL）。上述五种军用标准如果限于单一军事部门使用，或由于紧急需要而又来不及在全军作调整，则在标准号后加注制定机构代号，如 MIL-STD-2032（SH）就是仅限于海军使用的标准。在用的军用手册中，有一份是关于涡流检验技术的手册，其代号及名称为 MIL-HDBK-728/2（92）《涡流检测》（Eddy Current Testing）。由美国空军 20 世纪 70 年代初提出并制定的 MIL-HDBK-333（VSAF）手册分上、下两卷，下卷中含涡流检测方面的内容，该手册在 MIL-HDBK-728 手册出版后被宣布停用。在军用标准中，有两份关于涡流检测技术的标准，一份是 MIL-STD-1537B（88）《用涡流电导率测试法检测铝合金热处理状态》（Electrical Conductivity Test for Verification of Heat Treatment of Aluminum Alloys Eddy Current Method），另一份是 MIL-STD-2032（SH）（90）《美国海军舰船用热交换器管的涡流检测》（Eddy Current Inspection Heat Exchanger Tubing on Ships of the United States Navy）。

在国内，就涡流检测技术应用单独制定的国家标准共有 13 份，内容涉及管棒材检测、覆盖层厚度测量、电导率测量以及涡流检测系统性能测试等，已构成较为系统的涡流检测标准体系。国家军用标准中，仅有一份涡流检测方法标准，即 GJB 2908—1997《涡流检验方法》。GJB 2894—1997 是一份关于铝合金电导率和硬度性能要求的材料验收标准，实际上不属于涡流检测的方法标准。

不论是与国家标准相比，还是与美军标、美材料试验协会标准以及国际标准化组织标准相比，都可以看到我国军用标准中涡流检测标准的制定还存在较大的差距，还有很多的工作需要做。

6.2　国内主要涡流检测标准

涡流检测技术在国内各工业部门得到较广泛的推广应用还是比较晚的，这一点可以从最早的几份涡流检测国家标准的制定时间得到证实。第一批涡流检测方面的国家标准是在 1985 年颁布实施的，它们是 GB/T 4956—1985《磁性金属基体上非磁性覆盖层厚度测量　磁性方法》、GB/T 4957—1985《非磁性金属基体上非导电覆盖层厚度测量　涡流方法》、GB/T 5126—1985《铝及铝合金冷拉薄壁管材涡流探伤方法》、GB/T 5248—1985《铜及铜合金无缝管涡流探伤方法》4 份标准，1987 年～1991 年的 5 年期间，先后颁布实施了 7 份涡流检测的国家标准，它们分别是 GB/T 7735—1987《钢管涡流探伤方法》、GB/T 11260—1989《冷拉圆钢穿过式涡流检验方法》、GB/T 11374—1989《热喷涂涂层厚度的无损测量方法》、GB/T 12307.1—1990《金属覆盖层　银和银合金电镀层试验方法　第一部分　镀层厚度的测定》、GB/T 12604.6—1990《无损检测术语　涡流检测》、GB/T 12966—1991《铝合金电导率涡流测试方法》、GB/T 12968—1991《纯金属电阻率与剩余电阻比涡流衰减测量方法》和 GB/T 12969.2《钛和钛合金管材涡流检测方法》。从 1991 年至今 10 余年时间里，新制定了两份有关涡流检测方面的标准，即 GB/T 14480—1993《涡流探伤系统性能测试方法》和 GB/T 17990—1999《圆钢点式（线圈）涡流探伤检验方法》。除此之外，还对过去制定的 5 份标准进行了修订，具体的情况是：GB/T 4956—1985 标准被 GB/T 4956—2003 所代替，GB/T 4957—1985 标准被 GB/T 4957—2003 所代替，GB/T 5126—1985 标准被 GB/T 5126—2001 所代替，GB/T 5248—1985 标准被 GB/T 5248—1998 所代替，GB/T 7735 标准分别于 1995 年和 2004 进行了两次修订，现行有效版本为 GB/T 7735—2004。

6.2.1　GJB 2908—1997《涡流检验方法》

如 6.1 节所述，GJB 2908—1997《涡流检验方法》是惟一的一份关于涡流检测方法的国家军用标准，该标准规定了金属材料及零部件表面和近表面缺陷涡流检测的一般要求和仪器设备、试验参数选择、检验步骤等方面的详细要求，适用于金属零部件及一定尺寸范围的管、棒、丝材表面和近表面缺陷的检验。标准的主题内容与适用范围确定了该标准是一份关于金属材料及零件涡流检测的方法标准，不涉及电导率检验和覆盖层厚度测量等涡流检测技术。

在"一般要求"中，针对可能影响涡流检验结果的人员资格、环境条件以及电源稳定性等因素提出了基本要求。关于涡流检测人员资格的规定包含两个方面的含义，简要概括说来就是：一要取证，二不要"越位"。后一重意思比较容易理解，即各级人员应遵守和履行相应级别的责任与义务；而前面一重意思颇有些费解，其实标准的起草人员在编写这一要求也是费了一番脑筋：因为该国家军用标准的应用范围涉及包括民用工业部门和两个以上的军工部门，因此不能引用任何一个行业的无损检测人员资格鉴定标准，而只能引用相关的国家标准，而在 GJB 9712—2002《无损检测人员的资格鉴定与认证》发布、实施之前，各工业部门无损检测人员的资格鉴定与认证工作是由各部门所属的专门机构独立开展，且彼此之间互不认可，由此带来了"有关主管部门颁发的符合 GB 9445 规定的技术资格等级证书"（GB 9445 为无损检测人员资格鉴定与认证的国家标准）的含糊说法。国防科工委在 2002 年颁布了适用于国防科技工业部门无损检测人员资格鉴定与认证的标准，今后军工部门的无损检测人员，包括涡流检测人员，都应按照 GJB 9712—2002 标准要求进行培训、考核和资格认证。对于承担为军品研制和生产提供原材料和配套产品任务的民用部门的无损检测人员也应该达到 GJB 9712 标准的相关要求。

环境条件中关于"检验场地附近不应有影响仪器正常工作的磁场、振动、腐蚀性气体及其他干扰"的要求较为重要，这主要因为涡流检测是一项基于电磁感应原理的技术方法，检测场地周围环境若存在强电磁场会对检测线圈和仪器带来直接影响，从而干扰检测的正常进行，并且这类干扰在实际生产中也比较容易发生，如焊接设备的使用和龙门吊车的开启等。明显的振动可能导致管、棒、线材涡流自动检测系统的传送装置发生抖动，从而影响线圈与试件的稳定耦合。

GJB 2908—1997《涡流检验方法》标准与其他有关涡流检测的国家标准和国外标准相比，最大的不同之处在于该标准不像其他标准那样仅针对某一类材料和某一种形式产品而制定，如 GB/T 7735—2004 和 ASTM E1606—1999 标准分别针对钢管和铜棒。GJB 2908 标准适用范围很广，从材料方面讲，覆盖了钢、铜合金、铝合金和钛合金等多种材料；从产品形式上讲，不仅包括规则外形的管、棒、线材，而且还包括形状各异的零部件。GJB 2908 标准的这一特征决定了该标准在第 5 章详细要求中对于仪器设备和检测线圈的要求与选择、对比试样的制做与选择、试验条件的调整等方面的规定就显得更原则性，关于检测原理方面的叙述更多一些，而针对具体产品或零件实施涡流检测工作的指导性相对差一些。

（1）仪器设备和检测线圈的要求与选择　标准 5.2 条关于"仪器设备"提出以下要求："涡流检测仪器设备一般包括探伤仪、检测线圈、机械传动装置、记录装置和磁化装置"。该项规定应该说是针对铁磁性管、棒、线材的自动检测提出的，对于铝合金、铜合金以及钛合金等非铁磁性的管、棒、线材，则不需要磁化装置。对于零部件的手动涡流检测，磁化装置、机械传动和记录装置都是可以不需要的，因此标准中关于涡流仪器设备组成的表述中使用了"一般"二字，即隐含了可针对具体检测对象灵活地配备涡流检测设备的意思。

标准 5.5 条关于"仪器设备的选择"中针对不同类型产品，规定了仪器与线圈的选择要求和检测方式的选择。这部分内容是该标准最为重要的核心内容，也是学习涡流检测技术、掌握涡流检测技能和熟悉本标准要求的重点内容之一。

（2）对比试样的制做与选择　标准 5.3 条关于"试样"中对标准试样和对比试样分

第 6 章 涡流检测标准

别进行了定义和严格的区分,并提出了标准试样应定期检定的要求。这两方面的内容在国内其他涡流检测标准中是没有的,由此可以体现出该份涡流检验国家军用标准的先进性、合理性,也体现了军工部门对于对产品检验质量有重要影响因素的控制更加严格。

标准附录 A、B 中给出了多种带有槽形缺陷和孔形缺陷对比试样的示意图,供采用不同形式(包括放置式、外通过式、内穿过式)检测线圈检测时选择。

(3) 试验条件的调整 有关试验条件调试的要求在标准的 5.6 条"检测频率的选择"和 5.9 条"仪器设备综合性能的调试程序"中做出了规定。检测频率、相位和增益是涡流检测中调整仪器最重要的三项参数。由于该标准主要是针对采用通过式线圈检测管、棒、线材的涡流自动检测系统提出仪器设备综合性能调试的步骤与要求,因此对于相位参数的调整要求未加以规定,这一点对于采用放置式和内穿过式线圈实施涡流检测,并根据检测信号相位角评价缺陷的情况是不能满足的。

标准的附录 C 给出了导电性不同的多种材料的板、管、棒(线)材涡流检测时确定检测频率的预选表。所谓预选表,即意味不能作为工作频率的选定表。一方面,表中对应某种材料或规格管、棒、线材给出的频率不是惟一确定的值,而是一个频带,甚至这一频率范围还很大,因此必须在推荐的范围内作进一步的选择;另一方面,检测要求的不同,如关注缺陷大小的程度差异和关注缺陷位置的不同,都会对频率的选择有较大的影响。在频率选择的实际操作中,应根据检测要求和被检测对象的具体情况,选择或制做合适的对比试样,通过比较试验在附表中给出的预选频率范围确定最佳的检测频率。在选定的检测频率条件下,利用对比试样上的人工缺陷,按 5.9.1 条规定进行检测灵敏度(即增益参数)的调整。

(4) 检测的实施 在检测设备综合性能调试完成后,进入到产品或零件的检测过程。在实施连续检测工作时,应注意每隔一定时间(5.10.3 条规定为 2h)和检验结束时利用对比试样对检测仪器设备的稳定性进行期间核查,以防止因仪器设备出现故障(主要指通过正常观察不能发现的问题)而导致错误的检验结果。如果通过期间核查发现或怀疑检测仪器存在问题,应重新调试仪器设备,对不能确认是正常工作状态下检测的产品重新进行检验。

6.2.2 GB/T 4956—2003《磁性基体上非磁性覆盖层　覆盖层厚度测量　磁性法》

GB/T 4956—2003《磁性金属基体上非磁性覆盖层　覆盖层厚度测量　磁性法》标准是将 1982 年版 ISO 2718 标准翻译转换,并按照目前国家标准编写格式编写而成。它基于永久磁铁与铁磁性金属基体之间由于存在不同厚度覆盖层而引起磁引力变化的物理原理,或是以测量线圈因与铁磁性金属基体之间距离不同而接收感应磁场强度不同的物理现象为基础,对非磁性覆盖层厚度进行测量的电磁测厚方法。需要说明的是,目前应用磁性方法测量覆盖层厚度的仪器绝大多数是利用后一种原理,而基于永久磁铁与铁磁性金属基体之间磁吸引力大小进行覆盖层厚度测量的仪器大约占磁性测厚仪总数的不到 10%。

该标准第 4 章中列举了影响利用磁性方法测量非磁性覆盖层厚度精度的 13 项因素。在这 13 项影响测量精度的因素中,特别应予以关注的是 4.1 条"覆盖层厚度"、4.2 条"基体金属磁性"、4.3 条"基体金属厚度"、4.5 条"曲率"、4.6 条"表面粗糙度"、4.11 条"覆盖层的电导率"和 4.12 条"测头压力"。

(1) 覆盖层厚度的影响　磁性测厚方法正是建立在覆盖层厚度改变会引起磁吸引力或磁感应场强度变化这一物理原理之上的。将覆盖层厚度作为测量影响精度的因素，是指测量精度随覆盖层厚度的变化而变化，并且这种变化（即影响程度）与测厚仪的型号，即仪器检测线圈与测量电路结构相关。所谓"对于薄的覆盖层，测量精度是一个常数"是指覆盖层厚度小于 10μm 的情况，受仪器精度和被测量覆盖层表面粗糙度的影响，仪器很难准确测量出 10μm 的情况，尤其是 5μm 以下覆盖层的厚度，这种偏差是由测量仪器自身的系统误差带来的。对于厚的覆盖层，一般可理解为厚度在 10μm 以上的覆盖层，标准中所说的测量"其测量准确度等于某一近似恒定的分数与厚度的乘积"，表述了这样一个物理现象：即测量的相对误差近似为一常数，而绝对误差明显地随被测量覆盖层厚度的增加而增大。例如，如果测量相对误差为 5%，则对于 20μm 和 200μm 镀层测量的绝对误差分别为 1μm 和 10μm。

(2) 基体金属磁性与厚度的影响　不同铁磁性材料的磁特性（如磁导率）往往存在很大差异，并且同一铁磁性材料在不同热处理状态或经过不同冷加工工艺后，其磁特性也会出现显著的差异，而材料铁磁特性的差异会直接影响对永久磁铁或检测线圈的磁作用，因此要减小或消除磁特性不同带来的显著影响，必须采用与被测覆盖层下基体材料具有相同或相近磁特性的材料作为基体进行仪器的校准。由于线圈式测厚仪所采用的检测频率很低（通常在几百赫，或更低），磁场在被测量覆盖层下铁磁性基体材料中的分布状态在一定范围内与基体的厚度密切相关，当基体金属厚度达到某一值时，这种由厚度不同带来的影响才能减小到可以忽略的程度，这一概念实质上与涡流有效透入深度是一致的。基体厚度的这一临界值可以从仪器的使用手册中查到，一般采用厚度大于 5mm 的铁磁性材料作为校准仪器的基体金属试块。

(3) 曲率的影响　无论是对于涡流法，还是磁性法，曲率不同对测量结果的影响都是十分显著的，因此当测量曲面上覆盖层厚度时应特别引起注意，尤其是对于具有不同曲率试件上的覆盖层厚度的测量。曲率的影响有以下几方面特点：①影响显著，即较小的曲率差异对测量结果的影响程度明显不同；②影响范围大，即在相当大的曲率半径范围内，曲率不同的影响一直是存在的；③不同方向上曲率的不一致依然会对沿不同方向进行的测量带来不同程度的影响，例如，对于采用双极测头的仪器测量具有相同直径球体表面和柱体表面覆盖层时，既使材料为各向同性，测量结果仍然是不同的，并且在圆柱表面沿平行于轴线方向和垂直于轴线方向上进行测量所得结果也会有差异。要减小或消除由曲率不同带来的影响，必须在与被测对象（准确地说应该是被测量点）完全一致的曲率条件下进行仪器校准。

(4) 表面粗糙度的影响　标准 4.6 条针对"在粗糙表面上的同一参考面积内所测量的系列数值明显地超过仪器固有的重现性"这种情况，规定了具体的测量实施方法："所需的测量次数至少应增加到 5 次。"增加测量次数是减小或消除随机误差的手段，而对于"明显地超出仪器固有的重现性"这一情况更主要是由于系统误差带来的问题，并不是根本的解决途径。严密说来，这种影响是客观存在且无法消除的。对以下两个极端的例子进行分析，可能有助于对该问题的理解。

把问题夸大进行分析，就比较容易理解在粗糙表面上无法进行准确测量的问题，但在实际工作中，这类问题是经常出现的，如图 6-1a、b 所示，不仅是覆盖层厚度的测量存在这类问题，而且在对不带覆盖层零件的尺寸进行机械测量时也存在该类问题。委托方常常对送来的表面极其粗糙的样品提出了很高精度的测试要求，这就属于该类问题或错误。

图6-1 典型的覆盖层（包括基体）表面粗糙状况

（5）覆盖层电导率的影响　磁性测厚是利用永久性磁体或测量线圈与覆盖层下金属基体材料之间的磁作用实现的，虽然低频交流线圈在铁磁性金属基体中也会产生涡流，但由于工作频率很低，感生涡流的密度也就很小，和线圈与基体材料之间的磁作用相比，涡流再生磁场的反作用足够小以至可以忽略。当检测频率较高，（如 4.11 条所述 200～2000Hz）时，特别是对于导电性能较好的金属镀层（如铜、银），在镀层中会产生密度较大的涡流，并由此形成影响基体对测量线圈磁作用的感应磁场。

（6）测头压力的影响　关于球测头压力影响的原因及消除方式已在本书 4.4 节针对涡流测厚技术的应用做了较详细的介绍，这里不再重复。

标准第 5 章关于"仪器的校准"中，主要规定了校准膜片（或标准试片）的分类、选择和使用。第 6 章"测量程序"主要针对实际测量提出了消除各种因素影响的要求与方法。

有一点对于减小系统误差，提高测量精度非常重要，且特别有效，而该标准未给予适当的重视并提出相应的规定，这就是关于仪器校准范围的问题，这也是一个在实际测厚工作中经常出现的问题，因此应特别予以注意。要提高测量精度，应根据被测量覆盖层的厚度和整体均匀状况，选择合适厚度的膜片校准测厚仪。校准仪器膜片的选择应遵循的基本原则在本书 4.4.1 节已作了较明确的阐述。

6.2.3　GB/T 4957—2003《非磁性基体上非导电覆盖层　覆盖层厚度测量　涡流法》

GB/T 4957—2003《非磁性基体上非导电覆盖层　覆盖层厚度测量　涡流法》标准是将 1982 年版 ISO 2360 标准翻译转换，并按照目前国家标准编写格式编写而成。它基于涡流检测中的提离效应。该标准第 4 章对影响测量精度的 11 项因素及其影响规律进行了描述，因为涡流测厚方法的原理与磁性法相近，所以 11 项影响因素中的 7 项因素均在 GB/T 4956 标准中涉及，其余未涉及到的 4 项因素依次为 4.2 条"基体金属的电性质"、4.9 条"测头的放置"、4.10 条"试样的变形"和 4.11 条"测头的温度"，下面分别加以介绍。

（1）基体金属的电性质的影响　受方法原理的限制，涡流测厚技术仅可用于非铁磁金属基体上非导电覆盖层的测量。非铁磁性材料的相对磁导率 $\mu_r=1$，金属基体的磁特性对涡流检测线圈的作用是相同的，对非导电覆盖层厚度的影响是一致的，因此涡流测厚技术不考虑基体材料磁特性的影响，而仅关注非铁磁性材料电性质的差异。基体导电性质的差异，会带来两个方面的影响：一方面是由于电导率不同产生的直接作用，测量线圈感应电磁场的强度不同；另一方面是影响涡流的透入深度，造成金属基体的临界厚度不同。

（2）测头放置的影响　鉴于测头的放置方式对测量有影响，因此标准 4.9 条规定："测头在测量点处应该与测试表面始终保持垂直"。若涡流探头与试样表面不垂直，则二者之间的电磁耦合状况必然与垂直条件下的情况不同，从而得到不一致的测量结果，这一点是容易理解的。测头放置方式的改变同样会影响磁性方法的测量结果，这一点在使用时也应注意。

（3）试样变形的影响　GB/T 4957—2003 标准将"试样的变形"作为独立的影响因素提出，有其必然性和必要性，主要由以下两方面原因所致：首先，涡流法采用非常高的检测频率，因而对金属基体的临界厚度要求低，通常达到几微米的厚度即可满足要求，而磁性法采用非常低的工作频率，基体金属一般要达到几毫米的厚度；其次，非铁磁性材料的刚度一般低于钢铁材料。从上述两方面因素出发，GB/T 4957 针对薄的、容易变形试样上覆盖层的测量，作出了以下说明："在这样的试样上进行可靠的测量可能是做不到的，或者只有使用特殊的测头或夹具才可能进行"，否则会因被测试样发生不同程度变形而引发电磁耦合不一致的影响。

（4）温度的影响　在常温状态下，温度变化对金属导电性能的影响比较明显，而对材料磁特性的影响较小（居里点温度除外），因此采用基于基体导电性的涡流方法标准对环境温度提出了要求，而以材料磁特性为基础的磁性测厚方法则不十分关注环境温度的影响。

GB/T 4957—2003 标准中关于仪器的校准（包括标准片的分类、选用等）、检验及操作程序等方面的要求和规定与 GB/T 4956—2003 标准的相关内容很相近，因此不再赘述。

6.2.4　GB/T 12966—1991《铝合金电导率涡流测试方法》

1. 主题内容与适用范围

传统的金属导电性能的测量方法是将被测量的金属加工成细长的金属棒或板条，并在金属棒或板条的两端预制特殊形状的电流导入端和电压、电流测量端，通过直流电流和电压的测量，利用欧姆定律计算出被测量对象的电阻值和电阻率值。电阻及电阻率的精确测量要求金属棒或板条的加工精度非常高，且试验用的电桥装置也比较复杂和昂贵。与传统方法相比，采用涡流法测量某些金属材料电导率的技术方法则十分简便、经济，它不需要对试样进行专门的加工，可以在试件表面直接进行测量。涡流测电导率方法的缺点是不如采用直流电桥测量电阻的方法精确，但由于涡流法所测得电导率值的精度已满足了工程需要，因此在工程技术上得到广泛的应用。

GB/T 12966—1991 标准规定了测试铝合金电导率所用涡流检测设备、方法以及操作要求等内容，适用于铝合金原材料和制件电导率的测试。尽管应用涡流法可以测量其他金属及其合金材料与制件的电导率，但该标准仅针对铝合金材料及制件电导率的测量技术与要求进行了规定,因此不可以直接套用该标准的要求与规定进行其他金属材料及制件(如铜及铜合金、钛及钛合金等)电导率的测试。

铝合金的硬度、热处理状态及相关性能之间存在密切的联系,并且在相当的范围引起材料导电性能发生变化,因此通过涡流仪器测出的电导率值可反映出铝合金硬度、热处理状态及其相关性能的变化。尽管铝合金的电导率与其诸多性能之间存在密切的关系,但由于这些关系之间并不是简单的一一对应的单值函数关系,不能仅以铝合金的电导率值唯一判定材料的硬度、热处理状态及其他性能,因此该标准在适用范围中明确指出:"与其他试验方法结合,可间接鉴别产品的热处理状态和性能(如组织均匀性、力学性能、时效状态、过烧程度和抗应力腐蚀性能等)"。所谓其他试验方法,包括硬度试验和金相观察试验等。

2. 相关术语

针对铝合金涡流电导率测试技术,标准给出了 9 个相关术语的定义。择要简述如下:

(1)体积电导率 体积电导率的定义是从体积电阻率的概念引导出来的。需要说明的是,其中忽略了对温度条件的限定,金属电阻率一般是规定在 20℃条件下测得的。兆西门子每米(MS/m)是电导率的国际单位制(SI)单位,它是由国际单位制 7 个基本单位中的米(m)和 19 个导出单位中的西门子(S)经化简而来,即 $1Sm/mm^2=1Sm/(10^{-3}m)^2=10^6Sm/m^2=1MS/m$。国际退火铜的百分数(%IACS)是一个在欧美国家广泛用于表示金属电导率的非国际单位制单位,其物理意义为:将退火状态纯铜在 20℃条件下的电导率视为 1,称为国际退火铜标准,其他金属或合金的电导率与之相比,所得比值作为该金属或合金的电导率值。IACS 由国际退火铜标准英文名称 International Annealed Copper Standard 每个单词首个字母组成。通常情况下,电导率为 1 个国际退火铜标准的纯铜的电导率以 100%IACS 表示;与之相比,导电性是纯铜导电性 60%的钝铝的电导率表示为 60% IACS。在美国,一些情况下以 PIACS 表示电导率的单位,该表示法是将表示百分比的数学符号"%"以百分比的英文单词 Percentage 的首位字母 P 来代替。

(2)标准透入深度 4.2 条标准透入深度中给出了铝合金电导率测试时计算标准透入深度的计算公式 $\delta=2.3/\sqrt{\sigma}$,该公式是根据试验对象磁特性和检测频率的确定条件,通过对公式 $\delta=\dfrac{1}{\sqrt{\pi f \mu \sigma}}$ 计算、简化而得到。细心的读者会发现,导出公式中的常数不应为 2.3,而应为 2.03,这是由于标准印刷过程中遗漏造成的错误。

(3)灵敏度与分辨率 标准 4.6 条、4.7 条分别给出了灵敏度(Sensitivity)和分辨率(resolution)两个比较重要但容易混淆的术语的定义。灵敏度是针对涡流电导仪和测试方法而言的,它不仅与仪器性能有关,而且与标准试块、测试条件和试验方法有关。分辨率是指仪器能够显示的最小有效读数,对于数字式涡流仪,是指仪器显示数据最后一位数字的最小变化量,对于指针式仪器,是指刻度盘上最小分格的一半。不论是数字式电导仪,还是模拟式仪器,在不同的测量范围有着不同的分辨率,而不能将低值或高值范围的分辨率作为电导仪整个测量范围的分辨率。

(4)曲面修正系数 GB/T 12966—1991 中的曲面修正系数是指"曲面上测得的电导值换算成相应平面上直接测得的真实电导率所用的换算系数。"该系数由曲面上测得的电导率值除以相应平面上的电导率值而得出，因此由曲面上测得的电导率值除以曲面修正系数，即得到相应平面上电导率的真实值。需要说明的是，该修正系数只考虑了圆柱面曲率的影响，忽略了电导率差异的影响，因此在应用该修正系数时，应注意以下问题：一是不适用于除 Sigmatest 2.067 型以外的其他型号电导仪，二是不适用于相同直径球形表面上电导率测量值的修正，三是修正值中包括由试件电导率差异带来的误差。

3. 关于电导仪和标准试块

GB/T 12966 标准是在 1990 年制定、1991 年 6 月发布，1992 年 3 月实施。限于 20 世纪 80 年代末国内电导率测量技术的发展和应用状况，标准对于仪器和标准试块的有关规定在今天看起来已有些偏于狭隘和过于具体了。如"电导仪的测试范围不小于 14～25MS/m"，"标块通常配备三块（必要时可根据需要增加）。其中低值标块的电导率值在 14MS/m 左右，高值标块的电导率值在 25MS/m 左右"等等。这些规定，特别是对标块数量和量值的规定，对现在多数单位使用仪器和标块的实际情况而言，已有些不合理了。这一点应在标准的修订或同类新标准的制定时予以解决。

4. 关于测试要求

对于测试要求的相关规定是该标准的核心内容，关于仪器校验、测试灵敏度、仪器自检、环境控制、对试件的要求等方面的一些重要规定应当准确掌握。为便于学习和记忆，择要列于表 6-3 中。

表 6-3 测试项目与要求

序号	项 目 名 称	要 求
1	开机预热时间	≥15min
2	期间核查间隔（即连续工作中重新校准周期）	15min
3	工作稳定性	20MS/m 标块上，30min 内，指针偏摆量不超过表头满刻度的 1/20
4	提离补偿性能	20MS/m 标块上，提离量分别为 25μm，50μm，75μm 条件下，偏差≤±0.2MS/m
5	测量准确度	±0.6MS/m
6	自检周期	由 II 级以上人员每 4 个月进行一次
7	仪器与标块的检定周期	12 个月
8	环境条件	20℃±3℃
9	标块、仪器、试件及探头之间温差	≤3℃
10	试件表面粗糙度	R_a≤6.3μm
11	试件临界厚度/宽度	1.5mm（2.6δ）/18mm（1.5 倍线圈直径）
12	试件最小曲率条件	凹面曲率半径≥250mm，凸面曲率半径≥75mm
13	最大允许非导电层厚度	75μm

5. 关于操作方法

标准第 7 章"操作方法"共有 10 条内容。7.1～7.3 条不针对材料和零件的具体规格提出普遍适用的要求，包括预热 15min 后校准仪器，在连续工作情况下每隔 15min 重新校准仪器，对于小尺寸试件，应将探头置于平整区域中心进行测量，以避免边缘效应的影响；进行试件电导率检测时，至少应选择 3～5 个部件进行。7.4 条和 7.5 条分别针对厚度不一致的试件和板材，规定了测试部位的选择要求，这两条所指的试件和板材，是指满足 6.61 条"直接测量的试件"的条件，在选定部位可直接测得材料或试件的电导率。7.6～7.10 条则是针对 6.6.2 条"比较测量的试件"中 6.6.1.2～6.6.1.5 条所指材料或零件，规定了比较测量的方法和要求。有两点需要补充说明：①7.7 条所规定的允许将厚度小于有效透入深度的同牌号、同状态的无包铝层或无覆盖层薄规格板材叠加至厚度不小于 1.5mm 后进行电导率测量。严格说来，是指允许单层厚大于涡流有效透入深度 1/3 的薄板（对 1.5mm 而言，即厚度在 0.5mm 以上的板材）进行叠加、位置互换测量，而不允许更薄规格的板材采用叠加方式测量电导率。②标准 6.6.2.1 条中所述"不符合 6.4.1.2、6.4.1.3 和 6.4.1.4 条规定的试件应按比较测量法进行"，实际上指 6.6.1.2、6.6.1.3 和 6.6.1.4 条的规定，此处印刷有误。

6.2.5　GB/T 7735—2004《钢管涡流探伤检验方法》

1. 范围与探伤原理

GB/T 7735 标准规定了无缝钢管和焊接钢管（埋弧焊管除外）涡流探伤原理、探伤要求、探伤方法、对比试样、探伤设备、探伤设备运行与调整及探伤结果评定等内容，适用于外径不小于 4mm 钢管的涡流检测。与其他大多数涡流检测方法有所不同，该标准规定了 A 级和 B 级两种验收等级。关于验收等级方面的内容与要求将在 6.5.1 条加以详细说明，此处不作介绍。

标准的第 3 章"探伤原理"的 3.2 条关于探伤结果的判定作以下阐述："系借助于对比试样上人工缺陷与自然缺陷显示信号的幅值对比，即为当量比较法。对比试样被用来对钢管涡流检测设备进行设定和校准。"认真分析和研究这一表述，可以对涡流检测技术得到更深入和准确的理解。首先，要明确自然缺陷的大小是根据自然缺陷显示信号幅值与人工缺陷信号幅值的对比加以评价的，是一间接的当量比较法，而不具有绝对的直接可比性，即不能直接由自然缺陷显示信号的幅值高低判定自然缺陷的实际大小，这是因为自然缺陷的形状与大小并不像孔形或槽形人工缺陷那样具有规则的形状和尺寸，而是在取向、形状、位置、尺寸及电磁特性等方面千差万别，这些因素均可能影响缺陷显示信号的大小和形状。其次，现有的涡流探伤技术（包括其他常规无损检测方法）不可能全面准确地对自然缺陷的取向、形状、位置、尺寸及电磁特性等参数予以量化，因此只有藉助于与对比试样上形状和大小可量化描述的人工缺陷的响应信号幅值的对比来表征。再次，尽管基于当量比较法判定自然缺陷的实际大小是不合理的，甚至可能是错误的，但由于"对比试样被用来对钢管涡流探伤设备进行设定和校准"，实际上仍是以当量比较的结果来判定被检测管材的质量等级，即以自然缺陷显示信号的幅值大小作为自然缺陷真实尺寸的大小进行质量评价。

以上分析也透露出这样一个值得注意的信息，即缺陷信号的评价与判定仅仅基于信号的幅值，而丝毫未涉及缺陷信号的另一个至少是同等重要的参量——相位。如果最新版的 GB/T 7735—2003 标准是等效采用 ISO9304：1989 标准的相关内容，可以说明 20 世纪 80 年代末涡流检测技术的一般国际水平并未达到广泛采用阻抗分析技术的程度，同时也说明进入 21 世纪，我国的钢管涡流探伤整体水平仍未逾越仅针对涡流信号幅度作单参数分析的阶段。

2. 探伤方法与对比试样人工缺陷形式

标准第 5 章"探伤方法"针对焊接管和不同直径范围的无缝钢管，规定了三种探伤方法：外通过式线圈检测法、旋转钢管偏平式线圈检测法和扇形线圈式检测法。其中外通过式线圈不适合用于直径超过 180mm 的无缝钢管，扇形线圈式检测技术仅适用于焊接钢管焊缝区域的检测。对应上述三种检测方法，分别制做不同形式人工缺陷的对比试样：① 采用外通过式线圈时，试样人工缺陷形状为通孔；② 采用钢管旋转偏平式线圈时，试样人工缺陷为通孔或槽口；③ 采用扇形式线圈检测焊缝时，试样人工缺陷形状为通孔。

3. 探伤设备及其运行与调整

标准第 7 章"探伤设备"7.1 条规定了涡流探伤系统的组成，7.2 条提出了按 YB/T 4083 规定的方法对使用穿过式线圈的涡流探伤系统进行综合性能测试。GB/T 7735—2003 标准是在几份关于管材涡流检测方法的国家标准中唯一一份对探伤系统提出综合性能测试要求的标准，该项要求在 1995 年版标准中没有提出，由此可以说明随着无损检测技术的发展和对产品质量要求的提高，人们更加关注无损检测器材本身性能的优劣和检测结果的可靠性。

标准第 8 章"探伤设备运行和调整"中的以下有关规定与要求应予以特别的注意：① 不论是用带有三个沿周向方向以 120°等角度间隔的对比试样一次性通过检测线圈，还是用带有一个孔形缺陷的对比试样分别以 0°、90°、180°和 270°依次通过检测线圈的方式，均以得到的最小信号的幅值为准设置检测系统的报警电平。② 探伤过程中试验条件一定要与采用对比试样调整检测系统时的试验条件完全一致，包括检测频率、增益、相位角、滤波参数、磁饱和强度以及检测速度。③ 检测设备连续工作时，每隔 4h 用对比试样进行期间核查，若发生怀疑或出现问题时，要按相关规定对可疑产品重新进行探伤。

4. 探伤结果的评定

特别值得注意的是，标准第 9 章"探伤结果的评定"将经涡流探伤的钢管首先分为两类，一类是合格钢管，另一类是可疑钢管，而不存在不合格钢管。在 9.3"可疑钢管的处置"一节中，提出可以采用一种或多种措施，包括修磨、切除后重新进行涡流探伤和采用其他无损检测方法复验，然后根据重新探伤的结果将可疑类的钢管评定为合格钢管和不合格钢管。上述谨慎的作法反映了涡流探伤的特点，即涡流检测方法是一种检测灵敏度较高的技术方法，多方面的因素都可能会引起涡流的响应，如成分不均匀、外形尺寸变化、传动系统振动以及外界电磁场干扰等，因此在重新进行涡流探伤时，应注意设法消除或减小上述因素的影响。

*6.2.6　GB/T 14480—1993《涡流探伤系统性能测试方法》

GB/T 14480—1993《涡流探伤系统性能测试方法》标准规定了涡流探伤系统（包括涡流探伤仪、检测线圈、记录装置、传动装置及磁饱和装置）性能的测试条件、测试项目、测试方法和测试记录等方面的要求，对规范、统一涡流探伤系统性能的测试方法、保证产品检验的可靠性具有积极的作用。标准明确说明了仅适用于使用外通过式线圈的涡流探伤系统性能的测试，虽然对于使用其他类型检测线圈的涡流探伤系统也可参考使用，但由于采用不同类型检测线圈的涡流探伤系统在检测对象、检测目标以及性能指标要求等方面与之存在较大差异，因此严格说来，该标准对于采用放置式和内穿过式检测线圈的涡流探伤系统的性能测试与评价，其参考作用是十分有限的。除此之外，还应当明确，该标准仅针对涡流探伤系统性能测试的方法提出了相应的规定，不涉及探伤系统性能优劣或合格与否的评价与判定。

标准规定的测试项目包括检测能力、周向灵敏度差、端部盲区、分辨力、连续工作稳定性和线性。针对各测试项目，规定了统一采用的4种标准试样（在标准中被称作对比试样的用途和相应的测试、记录方法，简要介绍如下：

（1）ED-Φ 试件　如图 6-2 所示，系统检测能力是通过可发现的最小人工缺陷的直径大小来表示的。

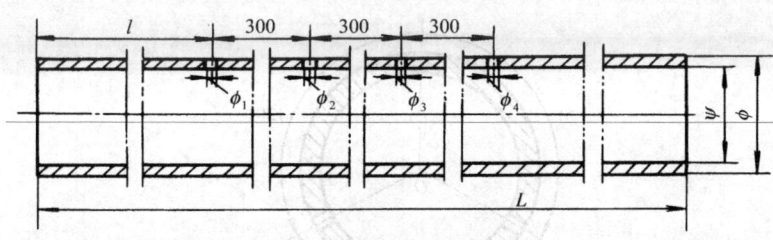

图6-2　ED-Φ 试件

（2）ES-h 试件　如图 6-3 所示，系统检测能力还可以通过可发现缺陷的最小深度来表示。

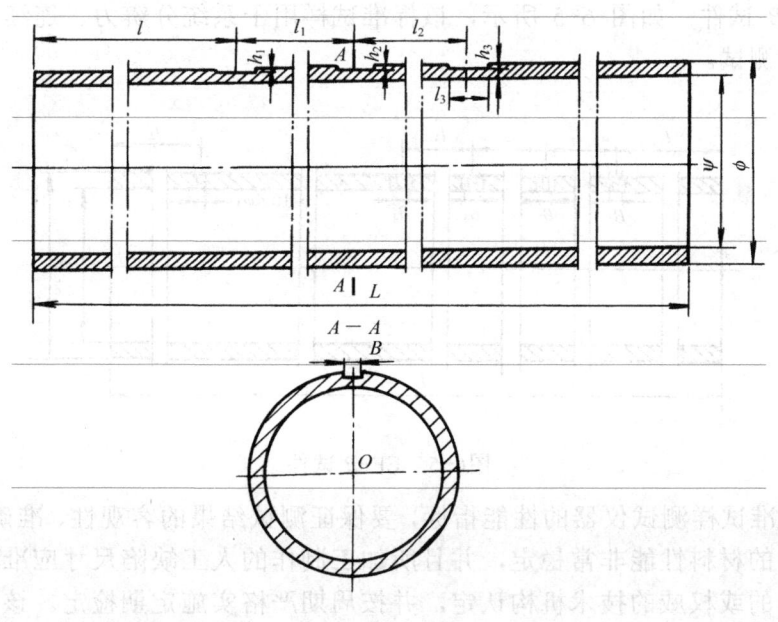

图6-3　ES-h 试件

（3）EZ-d 试件 如图 6-4 所示，该标准试样分别用于系统周向灵敏度和端部盲区的测试。

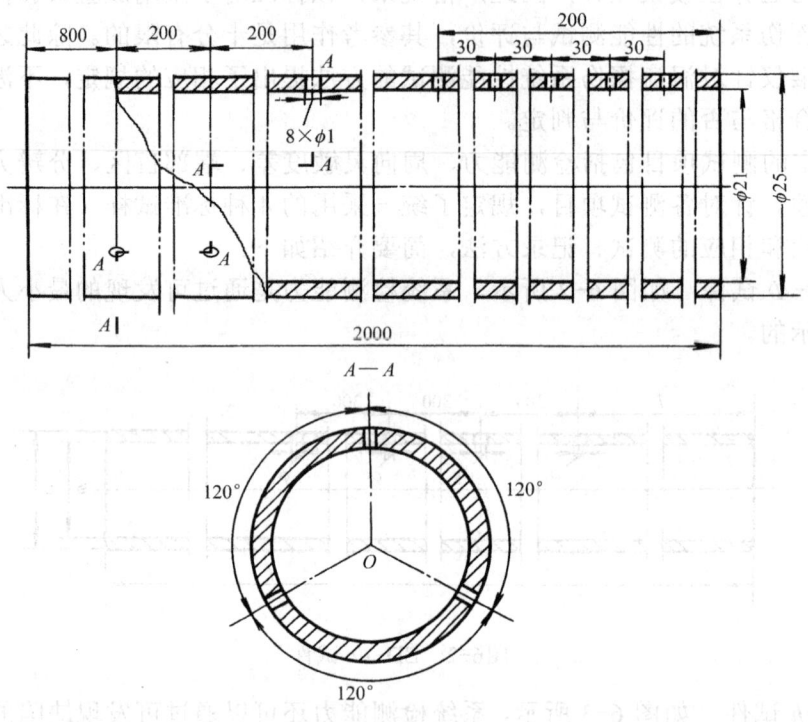

图6-4 EZ-d 试件

（4）EF-B 试件 如图 6-5 所示，该标准试样用于系统分辨力、连续工作稳定性和线性等指标的测试。

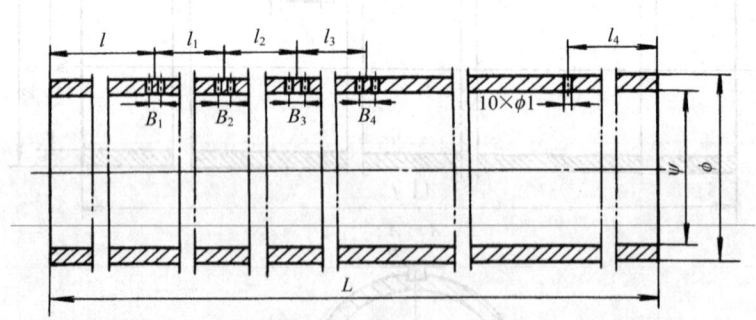

图6-5 EF-B 试件

借助于标准试样测试仪器的性能指标，要保证测试结果的客观性、准确性及可靠性，必须保证试样的材料性能非常稳定，并且所加工制作的人工缺陷尺寸应准确可靠。标准试样应由专门的或权威的技术机构认定，并按周期严格实施定期检定。该标准未对这方面提出相应的规定和要求，是不利于保证测试结果的一致可比性和广泛认可性的。

*6.3 国外相关标准

6.3.1 美国军用标准（American Military Standards）

1. MIL-STD-1537B（1988）《用涡流电导率测试法检验铝合金热处理状态》

MIL-STD-1557B 标准按照美国军用标准统一的编写格式分 6 章，依次为范围、参考文献、定义、一般要求、详细要求和注释。

在第 1 章关于标准的适用范围中，明确该标准的内容包括了利用涡流测电导率方法鉴别铝合金热处理状态的程序要求，指出采用电导率测量与硬度试验相结合，可以实现对铝合金热处理状态的鉴别。

第 3 章给出了与涡流电导率测量技术相关的 9 个基本术语的定义，它们是体积电导率、电导率、国际退火铜百分比、涡流仪、探头、非铁磁性电导率标准试块、标准透入深度、提离效应、直读式涡流仪、非直读式涡流仪，以下对其中 3 个概念进一步加以介绍。

1）非铁磁性电导率标准试块。该术语将非铁磁性电导率标准试块定义为三个等级的试块，并分别规定了各级标块的不确定度。初级标块，或称为参考标准试块是由材质均匀的金属材料加工制作成统一尺寸的圆棒或截面为矩形的板条，它用于电阻的测量，在 20℃条件下，电导率的不确定度应不大于±0.2%IACS 或标定值的±0.5%，二者中取数值小者。Ⅱ级标准试块或称为实验室标准试块是由不同材料制成的具有足够厚度（可明显消除涡流集肤效应的影响）的电导率块，20℃条件下的不确定度为±0.35%IACS 或标定值的±1%，二者中取数值小者。Ⅲ级标块，又称仪器配备标块或工作标块，其形状、尺寸与Ⅱ级标准试块相同，其不确定度在 20℃条件下不超过±0.85%IACS。

2）直读式涡流仪。指可以直接指示或显示出被测量对象电导率值的涡流仪（包括探头），既可以是模拟式仪器，也可以是数字式仪器。

3）非直读式涡流仪。指频率和增益参数可以进行调整的一类仪器。使用该类仪器测量电导率时，首先要通过试验绘制相应参数条件下的参考曲线。

第 4 章"一般要求"中对仪器性能、标块配备、仪器校准与标定、被测试件、人员资格等方面作了较为详细的要求。相比之下，第 5 章"详细要求"中关于测试程序、电导率验收极限两方面的规定则十分简短。

1）仪器性能要求：在铝合金的电导率范围内，直读式和非直读式涡流仪的测试灵敏度应达到能够清晰地分辨 0.5%IACS 电导率的变化；在带有不大于 76μm 厚非导电膜层条件下，仪器精度应优于±1%IACS。

2）标准试块要求：负责量值溯源和传递的部门至少应保持 3 块检定合格的试验室级的铝合金电导率标准试块。3 块试块的电导率值应分别在 25%IACS～32%IACS、32%IACS～38%IACS、38%IACS～72%IACS 范围，标块不确定度应小于等于±0.35%IACS 或标准值的±1%，检定周期应不超过 12 个月。涡流电导仪至少应配备两块电导率标准试块，其赋值的不确定度不大于±0.85%IACS。两块标块的电导率的差值应大于 10%IACS，其中一块的电导率在 25%IACS～32%IACS 范围内，另一块的电导率值在 38%IACS～60%IACS 范围，标块应随仪器一起每 4 个月送实验室检查一次。

3）校准与标定。仪器标定前应预热约20min，用于标定仪器的标准试块的电导率值应尽可能与被测量材料或试件的电导率值一致；连续操作过程中，应每隔15min对仪器标定一次；电导仪的提离补偿性能评价是进行仪器标定的重要内容，具体的操作方法是将探头分别放在一个光面的电导率标块上和表面有76μm厚非导电薄膜的标准试块上进行电导率测量，两种情况下测量值的差值应不大于0.5%IACS。对于直读式和非直读式仪器，提离抑制性能的标定周期分别为60天和1天。

4）被测试件。标准4.4节对被测材料或零件的表面状态、宽度、曲率、厚度、包铝层等条件给出了详细的规定，这部分内容构成了该标准的主体，应特别预以关注。

5）人员资格。与GB/T 12966—1991和GJB 9712—2002标准相关要求不同，MIL-STD-1537B标准对使用直读式仪器进行电导率测量的人员，只要求掌握足够的标定仪器和实施操作的知识和技能，而不必按相关标准进行人员资格认证，而对于使用非直读式仪器的电导率测试人员，则必须按MIL-STD-410（已被NAS410标准替代）标准达到涡流专业II级资格认证要求。

第5章"详细要求"中就硬度和电导率的测试程序作了简要的规定。测试操作过程中，应使仪器探头、标块和被检试件之间的温度差异小于3℃，当测试结果超出验收极限值或有疑问时，应重新标定仪器进行测量，在实施硬度检测之前，不能以零件电导率值不合格而报废。该部分还规定了铝合金棒材和带漆层零件的电导率测量与修正方法。其修正方法都是通过试验，测出平面上或光面上的电导率值"a"和棒材曲面上或带漆层零件的电导值"b"，以$\Delta=a-b$作为修正因子。在对相同规格棒材或带相同厚度漆层零件进行测量时，将测量值加上$\Delta=a-b$这一修正因子作为棒材或零件的真实电导率值。

2. MIL-STD-2032（SH）《美国海军舰船用热交换器管的涡流检测》

MIL-STD-2032（90）标准是一份舰船用热交换器管涡流检测方法的美国军用标准，对我国核反应堆热交换系统管道和军船（包括核潜艇）锅炉热交换器管的检测具有重要的参考价值和指导意义。

该标准针对海军舰船用热交换器非铁磁性管的涡流检测规定了最低的要求，其中包括对检测人员、仪器设备、检测程序、结果评价以及结果报告等方面的最低要求。标准内容较为全面、详细，篇幅达30页之多。本书受篇幅要求限制，仅择其主要内容加以介绍。

标准的第3章"定义"共给出了23条术语的定义，按照每个术语第一个英文字母的前后顺序依次排列。

1）校准（Calibration）。校准是利用已知标准对仪器响应状况的检验。

2）缺陷（Defect）。缺陷是指因其大小、形状、取向、位置或性质将导致零件使用失效或超出设计确定的验收/拒收水平的不连续。

3）检测活动（Inspection activity）。检测活动是特定组织实施的检测行为，除非合同或订单中特别说明，检测活动应对检测结果的质量和从事检测人员的认证资格负全部责任。

4）相位分析（Phase analysis）。相位分析是一种仪器化的分析技术，它利用被检测对象响应信号相位角的不同和变化进行缺陷评价。对于差动模式检测而言，相位分析技术可用于估计缺陷贯穿管壁的程度和区分缺陷信号和由支撑结构或导电性沉积物引起的干扰信号。

5）相位角（Phase angle）。相位角指相同频率的两个正弦波信号上不同时刻对应的两个点对应的角度量的差值。在涡流检测中，相位角是指涡流响应信号在仪器示波屏上与水平线的反方向构成的夹角。

6) 信号混合（Signal mix）。信号混合是一种消除或抑制干扰信号的技术手段，这些干扰信号通常指热交换器管的支撑板、导电沉积物和管子内径变化。信号混合技术通过对涡流检测信号的混合和再处理可提高缺陷信号的信噪比。

7) 检测与检验（Test and inspection）。"检测"与"检验"通常互换使用，均指具体程序的实施并按照所"要求"的可接受准则进行符合性判定的过程。

8) 矢量分析器（Vector analyzer）。矢量分析器是一种用于测量信号相位角的设备。

第 4 章"通用要求"对仪器设备组成及其性能要求、校准用标准试样的类型及用途、人员资格要求等作了详细的规定。

1) 用于热交换器管检测的涡流设备的组成包括：多频涡流仪、纸带式记录器、磁带记录器、探头输送器、检测线圈等。

2) MIL-STD-2032 标准规定采用 4 种形式的标准试样，分别用于不同类型结构和缺陷涡流检测的仪器校准。

图 6-6 为 ASME 标准试样，用于差动式线圈检测中分析和评价凹抗缺陷。

图 6-7 为减薄标准试样，用于评价热交换器管由于蒸气腐蚀引起的管壁整个周向上的减薄情况。

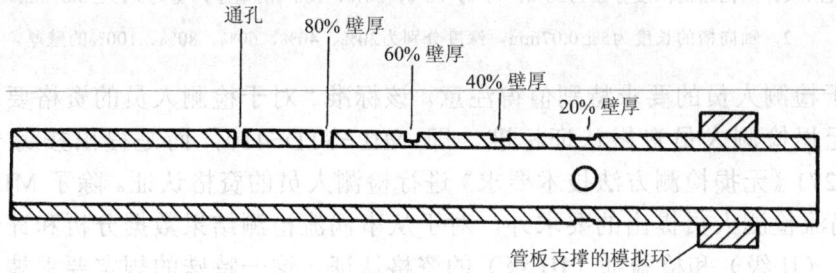

图6-6 ASME 标准试样

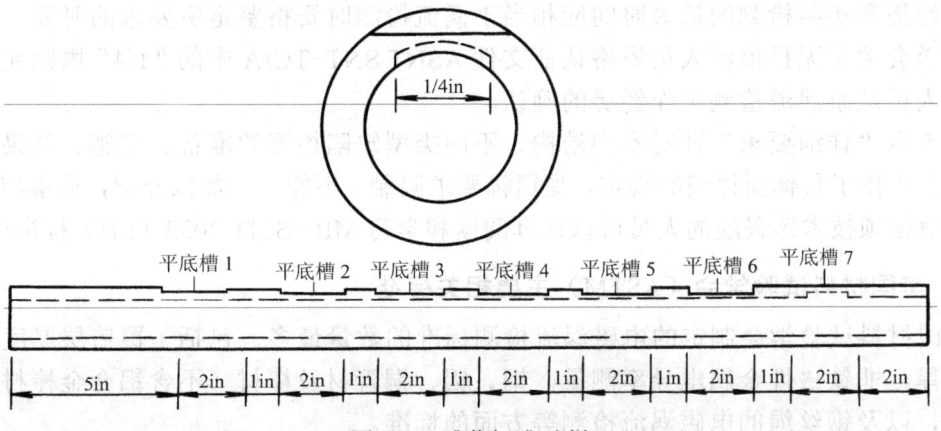

图6-7 减薄标准试样

注：各缺陷的深度分别为：
平底槽1—10%壁厚　平底槽2—20%壁厚　平底槽3—30%壁厚
平底槽4—40%壁厚　平底槽5—50%壁厚　平底槽6—60%壁厚　平底槽7—20%壁厚（在内壁）

图 6-8 为过渡区域灵敏度标准试样，用于验证涡流在管径或壁厚发生变化的区域的灵敏度，这类区域通常连接热交器的散热片。

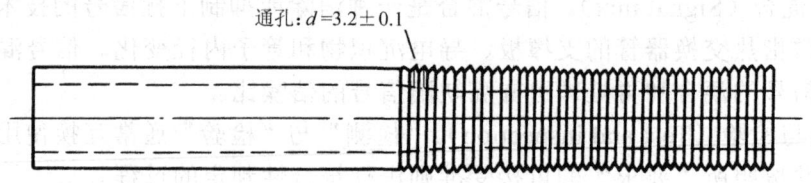

图6-8　过渡区域灵敏度标准试样

图 6-9 为槽形缺陷标准试样，用于验证涡流仪器发现轴向和周向裂纹的能力。

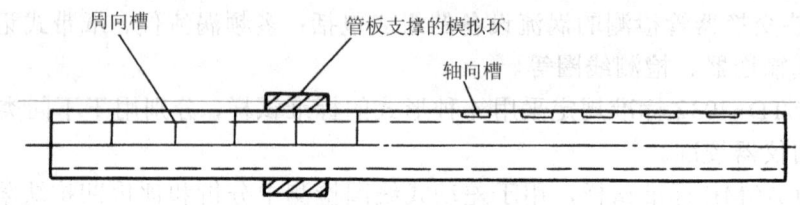

图6-9　槽形缺陷标准试样

注：1. 周向槽的深度分别为20%、40%、60%、80%、100%的壁厚，宽为0.15±0.07mm。
　　2. 轴向槽的长度为5±0.07mm，深度分别为20%、40%、60%、80%、100%的壁厚。

3）关于检测人员的要求特别值得注意。该标准"对于检测人员的资格要求没有提及美军标的无损检测人员资格认证标准，即 MIL-STD-410，而是提出按另一份美军标 MIL-STD-271《无损检测方法技术要求》进行检测人员的资格认证。除了 MIL-STD-271 标准中对涡流检测人员提出的要求外，对于从事涡流检测结果数据分析和评价的人员应经过检测员（Ⅱ级）和检验师（Ⅲ级）的资格认证。这一特殊的规定要求被认证者在数据分析方面具有附加经历，并经过专门的培训和考试。针对数据分析工作所需要的附加培训、经历和实际检测的最短时间应相当于涡流检测时资格鉴定所要求的时间。美国无损检测学会关于无损检测人员资格认证文件 ASNT SNT-TCIA 中的"1/4"原则允许被用于检测人员从事涡流检测工作经历的确认。

第 5 章"详细要求"针对不同结构、不同类型缺陷检测的准备、实施、结果评价以及检测报告作了具体而详细的规定，受篇幅要求限制，不能一一加以介绍，从事相同领域工作或对该项技术感兴趣的人员可以认真阅读和学习 MIL-STD-2032（SH）标准全文。

6.3.2　美国材料试验学会（ASTM）主要相关标准

美国材料试验学会制定的电磁涡流检测标准的数量最多，包括了覆盖层厚度的电磁涡流测厚，非铁磁性金属电导率测量，钢、铝、铜管材及棒材（不含铝合金棒材）的涡流检测，以及钢丝绳的电磁涡流检测等方面的标准。

仅由 ASTM 专门负责无损检测标准的 ET 分技术委员会编制的电磁涡流检测标准就有近 20 份，其他非 E-7 技术委员会编制的相关文件或数量也不少，散布于 ASTM

标准 03.03 卷（无损检测）之外，难以统计。从 ASTM E 376-96《用磁场或涡流（电磁）检验法测量覆盖层厚度的实施方法》标准对相关标准的引用情况可窥见一斑，其中包括了 ASTM 的 B224，B499，B530，D1186，D1400 和 G12 共 6 项电磁涡流测厚的方法标准。

限于本书篇幅，下面仅列出美国材料试验协会 E-7 分技术委员会制定的至 2003 年底最新版本的电磁涡流检测标准的目录，以方便涡流检测人员和相关技术人员检索和查找。

ASTM E215-98 Standard Practice for Standardizing Equipment for Electromagnetic Examination of Seamless Aluminum-Alloy Tube
铝合金无缝管电磁检测设备标准化的实施方法

ASTM E243-97 Standard Practice for Electromagnetic (Eddy-Current) Examination of Copper and Copper-Alloy Tubes
铜和铜合金管电磁（涡流）检验实施方法

ASTM E309-95(2001) Standard Practice for Eddy-Current Examination of Steel Tubular Products Using Magnetic Saturation
钢管制品磁饱和涡流检验实施方法

ASTM E376-03 Standard Practice for Measuring Coating Thickness by Magnetic-Field or Eddy-Current (Electromagnetic) Examination Methods
用磁场或涡流（电磁）检验法测量覆盖层厚度的实施方法

ASTM E426-98 Standard Practice for Electromagnetic (Eddy-Current) Examination of Seamless and Welded Tubular Products, Austenitic Stainless Steel and Similar Alloys
奥氏体不锈钢和类似合金无缝和焊接管制品电磁（涡流）检验实施方法

ASTM E566-99 Standard Practice for Electromagnetic (Eddy-Current) Sorting of Ferrous Metals
黑色金属电磁（涡流）分选实施方法

ASTM E570-97 Standard Practice for Flux Leakage Examination of Ferromagnetic Steel Tubular Products
铁磁性钢管制品漏磁检验实施方法

ASTM E571-98 Standard Practice for Electromagnetic (Eddy-Current) Examination of Nickel and Nickel Alloy Tubular Products
镍和镍合金管制品电磁（涡流）检验实施方法

ASTM E690-98 Standard Practice for In Situ Electromagnetic (Eddy-Current) Examination of Nonmagnetic Heat Exchanger Tubes
非磁性热交换器管在役电磁（涡流）检验实施方法

ASTM E703-98 Standard Practice for Electromagnetic (Eddy-Current) Sorting of Nonferrous Metals
有色金属电磁（涡流）分选实施方法

ASTM E1004-02 Standard Practice for Determining Electrical Conductivity Using the Electromagnetic（Eddy-Current）Method
电导率的电磁（涡流）测量方法

ASTM E1033-98 Standard Practice for Electromagnetic（Eddy-Current）Examination of Type F-Continuously Welded（CW）Ferromagnetic Pipe and Tubing Above the Curie Temperature
超过居里温度 F 型连续焊（铜焊）铁磁性管道管和管材电磁（涡流）检验实施方法

ASTM E1312-99 Standard Practice for Electromagnetic（Eddy-Current）Examination of Ferromagnetic Cylindrical Bar Product Above the Curie Temperature
超过居里温度铁磁性圆棒产品电磁（涡流）检验实施方法

ASTM E1571-01 Standard Practice for Electromagnetic Examination of Ferromagnetic Steel Wire Rope
铁磁性钢丝绳电磁检验实施方法

ASTM E1606-99 Standard Practice for Electromagnetic（Eddy-Current）Examination of Copper Redraw Rod for Electrical Purposes
电工用的铜再拉棒电磁（涡流）检验实施方法

ASTM E1629-94（2001）Standard Practice for Determining the Impedance of Absolute Eddy-Current Probes
测定绝对式涡流探头检测线圈阻抗的实施方法

ASTM E2096-00 Standard Practice for In Situ Examination of Ferromagnetic Heat-Exchanger Tubes Using Remote Field Testing
在役铁磁性热交换器管的远场涡流检验实施方法

ASTM E2261-03 Standard Practice for Examination of Welds Using the Alternating Current Field Measurement Technique
利用交变电场测量技术检验焊接件的实施方法

6.4 验收标准

方法标准是规定实施无损检测技术的要求、步骤及为保证获得正确检测结果而对相关影响因素提出控制要求的标准，其目的是保证检测结果的正确性及可比性，而一般不涉及检测结果与质量要求符合性的关系。验收标准是规定合格产品质量条件的标准，如不允许缺陷的大小、数量，铝合金电导率的合格限等。狭义地讲，验收标准是规定产品质量合格条件的规范性文件，标准的全部内容或主要内容是有关产品质量要求的规定。除了这类专项的验收标准外，很多关于材料或产品合格与否的规定或验收拒收条件在产品的制造工艺文件中给出，通常这些规定被称作技术条件。另外有些关于被检测产品质量等级和技术条件的规定在方法标准中给出，这类验收标准通常以对比试样上人工缺陷的大小表述，即被检测产品的质量状况用不同等级人工缺陷响应信号的当量值予以评价。

应该指出，无损检测方法及标准的制定是无损检测技术部门和人员的职责，而材料或产品的验收或拒收标准、质量要求或技术条件的确定不是无损检测人员的责任，至少说主要不是无损检测部门或人员的职责。材料或产品合格与否的条件是根据其用途和使用条件下的受力条件确定的，因此在材料生产或产品制造之前就应根据其使用条件明确给出质量要求。由此可见，验收标准或技术条件的制定主要是设计部门或人员的职责。在我国，设计部门更多的是提出产品的质量要求，而对于各种类型缺陷和不同尺寸缺陷对材料或产品力学性能、使用性能影响的研究比较薄弱，因此在没有可参考的验收标准时，往往很难提出材料或产品的技术条件要求。生产部门也比较普遍存在这样一种认识：就是无损检测部门或人员在完成了对材料或产品检测后，就应该或必然得到产品是否合格的结论，这种认识是不正确的。

6.4.1 GB/T 7735—2004《钢管涡流探伤检验方法》

如上所述，GB/T 7735—2004 是一份涉及钢管质量分级的涡流探伤方法标准。关于探伤方法方面的技术要求与规定已在 6.2.5 节作了说明，本节仅针对钢管涡流探伤验收等级的分类及相关的要求（如对此试样人工缺陷形式与尺寸的规定等）加以介绍。

钢管涡流探伤的验收等级分 A、B 两个级别，A、B 等级是根据调整涡流探伤参数（主要是探伤灵敏度和报警闸门水平）时使用的对比试样上孔形或槽形人工缺陷的尺寸确定的。分别见表 6-4、表 6-5。

表 6-4 验收等级 A 和验收等级 B 的通孔直径　　　　　（单位：mm）

验收等级 A		验收等级 B	
钢管外径 D	通孔直径	钢管外径 D	通孔直径
$D \leq 27$	1.20	$D \leq 6$	0.50
$27 < D \leq 48$	1.70	$6 < D \leq 19$	0.65
$48 < D \leq 64$	2.20	$19 < D \leq 25$	0.80
$64 < D \leq 114$	2.70	$25 < D \leq 32$	0.90
$114 < D \leq 140$	3.20	$32 < D \leq 42$	1.10
$140 < D \leq 180$	3.70	$42 < D \leq 60$	1.40
$D > 180$	双方协议	$60 < D \leq 76$	1.80
		$76 < D \leq 114$	2.20
		$114 < D \leq 152$	2.70
		$152 < D \leq 180$	3.20
		$D > 180$	双方协议

表 6-5 验收等级 A 和验收等级 B 的纵向槽尺寸

验收等级 A			验收等级 B		
槽的深度，h（公称壁厚的百分数）	槽的长度	槽的宽度，b	槽的深度，h（公称壁厚的百分数）	槽的长度	槽的宽度，b
12.5%，最小深度为 0.50mm，最大深度为 1.50mm。	不小于 50mm 或不小于二倍的检测线圈的宽度	不大于槽的深度。	5%，最小深度为 0.30mm，最大深度为 1.30mm。	不小于 50mm 或不小于二倍的检测线圈的宽度	不大于槽的深度。

按验收等级 A 进行涡流探伤，可作为水压密实性检验的替代方法，按验收等级 B 进行涡流探伤，应由供需双方协商并在合同中注明。

由表 6-4、表 6-5 中验收等级 A 和验收等级 B 规定的各种规格钢管（对比试样）对应的通孔直径和纵向槽尺寸可以看出，验收等级 B 的质量要求要高于验收等级 A。表 6-4 中给出 A、B 两个质量等级进行涡流探伤时对比试样上加工通孔缺陷的尺寸非常明了。相比之下，采用带有纵向槽形缺陷对比试样进行涡流探伤时，应注意槽形缺陷的加工深度。验收等级 A 在规定槽的最小深度是钢管公称壁厚的 12.5% 的同时，限定了槽的深度和最大深度分别为 0.50mm 和 1.5mm，也就是说对壁厚在 4mm 以下的钢管探伤时，对比试样上槽形缺陷的加工深度与壁厚无关，均为 0.5mm，对壁厚在 12mm 以上钢管探伤时，对比试样的槽深均为 1.5mm，与壁厚无关。

同样，按验收等级 B 进行涡流探伤时，壁厚在 6mm 以下的管材，对此试样上人工槽形缺陷深均取 0.30mm；壁厚在 6~26mm 范围的管材，对比试样上人工槽形缺陷的深度与管材壁厚相关，是壁厚的 5%；壁厚超过 26mm 时，对比试样上人工槽形缺陷深度不再随管材壁厚变化，一致取 1.30mm。

与无缝钢管和其他材质的焊管相比，标准对不锈钢管探伤用对比试样上人工通孔加工要求有所不同，前者的通孔尺寸与管材外径大小相关，而与管材壁厚无关；后者的通孔尺寸不仅与管材外径相关，而且与不锈钢焊管的壁厚有关。具体规定如下："对不锈钢焊管检测缺陷或作为水压密实性检验的替代方法，其通孔直径根据钢管尺寸规定。当钢管壁厚≤3mm，通孔直径为 1.20mm（但当外径≥51mm 时，通孔直径为 1.60mm）；当钢管壁厚>3mm，通孔直径为 1.60mm（但当外径≥51mm 时，通孔直径为 2.0mm）；或由供需双方协商孔径的大小。"

在加工制做对比试样时，应特别注意 6.5 条关于"对比试样人工缺陷尺寸的允许偏差"规定，人工缺陷尺寸的允许偏差与验收级别无关。对于通孔缺陷，当钻孔直径小于 1.10mm 时，钻孔直径偏差不大于 0.1mm，当孔径大于等于 1.10mm 时，钻孔直径偏差不大于 0.2mm。对照表 6-4，可以看到，按验收等级 A 探伤时，所有规格的管材探伤用对比试样的通孔直径都大于 1.10mm，即允许偏差均为 0.20mm。对于直径 $D \leqslant 27$mm 的钢管，当取最大负偏差时，通孔直径为 1.0mm 也是允许的。按验收等级 B 探伤时，直径 $D \leqslant 42$mm 的管材探伤用对比试样上通孔的加工允许偏差为 0.10mm，直径 $D > 42$mm 的管材探伤时，对比试样上的通孔允许偏差为 0.20mm。

对于纵向槽形缺陷，槽深允许偏差为槽深的 15%，或者是 ±0.05mm，取两者中较大者（标准中"$h\pm 15\%$ 和 $h\pm 0.05$mm"的表述方式不正确，应为"$\pm 15\%h$"和"± 0.05mm"）。按验收等级 A 探伤时，槽形缺陷的最小深度为 0.50mm，其允许偏差为 ±0.075mm；槽形缺陷的最大深度为 1.5mm，其允许偏差为 ±0.225mm，即所有槽形缺陷的允许偏差均大于 ±0.05mm。按验收等级 B 探伤时，槽形缺陷最小深度为 0.30mm，15% 为 0.045mm，由于其值小于 0.05mm，因此取 0.05mm；对于深度为 0.35mm 的槽形缺陷，其 15% 的偏差为 0.0525，由于其值超过 0.05mm，因此槽形缺陷的允许偏差按槽深的 15% 计算。也就是说对于壁厚不小于 7mm 的管材，其探伤用对比试样上人工槽形缺陷深度的允许偏差均以缺陷的 15% 计算，对于壁厚不大于 6mm 管材的探伤，对比试样上人工槽形缺陷深度的允许偏差均取±0.05mm。

6.4.2 GJB 2894—1997《铝合金电导率和硬度要求》

GJB 2894 标准是一份规定铝合金电导率值和硬度值合格范围的验收标准,为保证电导率测试值和硬度检测值的准确、可靠,该验收标准对涡流仪、硬度计的性能要求、校验方法及操作程序等提出了按相关方法标准和检定规程进行控制的要求。不论是国内牌号铝合金,还是国外牌号铝合金(指对应国外牌号的国产材料,而不是指进口的国外材料。),本标准中所规定的作为电导率和硬度合格验收条件的最小值和最大值均是根据长期试验积累的大量数据加以统计分析确定的。虽然标准 1.3 条"分类"中将进行电导率和硬度检测的铝合金分为管、棒、型、板(包铝及不包铝)材及锻件等品种,但应当明确,由管、棒、型、板各种材料加工、制做的各种零件的电导率和硬度检测同样适合采用。

5.1 条"验收要求"中表 2 规定了 LY12、LD50、LD10、LD7、LC4 和 LC9 共 6 种牌号的国产铝合金材料在供货状态(M)、自然时效(CZ)、人工时效(CS)和(或)过时效(CGS)等状态下的电导率值和硬度值。鉴于"M"状态铝合金在产品的最终使用中极少应用,其硬度值对于工程应用通常没有实际意义,因此表中未给出各种铝合金"M"状态下的硬度验收极限。

为帮助读者建立起对铝合金电导率和硬度验收值极限的初步概念,将"铝合金电导率和硬度极限值"列于表 6-6。

表 6-6 GJB 2894—1997 确定的铝合金电导率和硬度值

合金牌号	状态	电导率 MS/m		电导率 %IACS		硬度			
						洛氏硬度 HRB		布氏硬度 HBS	
								模锻件	自由锻件
		最小值	最大值	最小值	最大值	最小值	最大值	最小值	最小值
LY12	M	27.0	29.9	46.5	51.5	—	—	—	—
	CZ	16.5	19.4	28.5	33.5	63	82	100	—
	CS	20.9	23.2	36.0	40.0	76	86	120	—
LD5	M	27.3	29.9	47.0	51.5	—	—	—	—
	CZ	20.6	22.3	35.5	38.5	59	68	95	—
	CS	22.0	24.6	38.0	42.5	62	82	100	95
LD10	M	26.1	29.3	45.0	50.5	—	—	—	—
	CZ	18.3	20.3	31.5	35.0	69	80	100	—
	CS	19.7	22.6	34.0	39.0	71	85	120	120
LD7	M	23.2	26.1	40.0	45.0	—	—	—	—
	CS	19.4	22.6	33.5	39.0	65	77	110	110
LC4	M	23.5	26.7	40.5	46.0	—	—	—	—
	CS	17.7	20.6	30.5	35.5	82	93	140	125
LC9	M	24.9	27.6	43.0	47.5	—	—	—	—
	CS	17.7	20.6	30.5	35.5	83	94	140	125
	CGS1	22.0	24.7	38.0	42.5	78	89	130	—
	CGS2	19.7	—	34.0	—	4	—	130	125

标准 5.2 节对电导率、硬度的检测及结果处理做如下详细的规定：

"5.2.1 自然时效零件或材料的电导率和硬度的检测应在自然时效 48h 后进行。若不合格，可继续时效到总计 96h 后进行检测。

5.2.2 材料应 100%进行电导率检测。但对厚度 3mm 以下的包铝板材，可按热处理炉批分别进行抽检，抽检数量应不少于总数量的 5%，最少不少于三张。当电导率不合格时，应在不合格处取力学性能试样，按力学性能要求处理。

5.2.3 零件应 100%进行电导率检测，并选出该批零件中电导率最高和最低值处作硬度检测，关键件应 100%进行硬度检测。厚度不大于 4mm 的包铝板材加工的零件允许不作硬度检测。当电导率不合格时，应校验仪器，以验证测试的准确性，并在不合格点附近增加测试点数，如果有 3 个测试读数超出验收极限，则认为该零件的电导率不合格。这时应在该处作硬度检测，按表 2 验收（即表 6-6，下同）。

5.2.4 形状或尺寸无法进行电导率测试的零件可直接进行硬度检测，按表 2 验收。

5.2.5 当材料和零件的电导率和硬度不合格时，应以化学成分、力学性能、金相分析作最终裁决。

5.2.6 LC9CGS1 状态的电导率不小于 23.2MS/m 时为合格，当电导率在 22.0~23.2MS/m，而 $\sigma_{r0.2}$ 大于 465MPa 时为可疑状态，这时应按 GJB 2351 的有关规定进行处理。

5.2.7 对不包铝合金零件，在同一零件的不同位置测出的电导率读数的最大差值，国内牌号材料应不大于 1.8MS/m（3%IACS），同外牌号材料应不大于 1.2MS/m（2%IACS）。

5.2.8 厚度为 0.6~4.0mm 的国内牌号包铝板材或零件的电导率读数超出表 3、表 4 的规定时，允许在原测试位置上，除包铝层后进行电导率测试，并按表 2 验收。

5.2.9 厚度大于 4mm 国内牌号包铝板材，应在测试区去除包铝层（应征得有关部门同意）进行电导率测试，并按表 2 验收。"

虽然大多数生产单位从事铝合金材料和零件电导率检测的人员与硬度试验的人员不属于同一部门，一般只负责电导率检测这一项工作，但对于涡流检测人员来说，应该明确虽然通过电导率的测试结果可断定铝合金材料或零件电导率值不合格，但这一结论不能作为判定材料或零件合格与否的最终判据，应按照标准的规定，对于电导率不合格的材料在不合格位置上取力学性能试样，进行力学性能试验（如拉伸试验），并按力学性能要求进行处理；对于电导率不合格的零件，应做硬度检测试验，根据试验结果按表 6-6 中硬度验收极限进行验收。当硬度也不合格时，应以化学成分、力学性能、金相分析等试验结果作最终裁决。

标准第 5 章还给出了 0.6~4.0mm 厚度范围 LY12 包铝板（供货状态与自然时效状态）和 LC4 包铝板（供货状态和人工时效状态）的电导率极限值。对于包铝板材，不论包铝层是纯铝，还是某种牌号铝合金，在其表面进行硬度试验获得的硬度值与基体材料的实际硬度值相差甚远，因此 GJB 2894 标准中表 3、表 4 只规定了电导率的验收值，而没有规定硬度极限值。对于薄规格包铝板（厚度 $\delta \leqslant 4mm$，虽然板材表面包铝层对电导率的测量有一定影响，但根据板材表面包铝层厚度与基体材料厚度存在固定的对应关系，标准中列出了根据大量统计数据确定的电导率极限值；对于厚度 $\delta > 4mm$ 的包铝板，由于包铝层过厚而影响过大，必须在测试区去除包铝层进行电导率测试，然后按表 6-6 验收。

第6章 涡流检测标准

需要补充说明的是，标准以表注的方式说明了包铝板的电导率验收极限值仅适用于 60kHz 电导仪。标准中数据是利用工作频率为 60kHz 的 Sigmatest2.607 型涡流电导仪测试结果确定的，并不适用测试频率为 60kHz 的其他型号的电导仪，如 Sigmascope SMP1 型和 Sigmatest 2.608 型涡流电导仪。

几乎在 GJB 2894—1997 标准编制的同时，国家制定发布了关于铝合金牌号命名和状态表示方法的标准 GB/T 16474—1996《变形铝及铝合金牌号表示方法》和 GB/T 16475—1996《变形铝及铝合金状态代号》两份标准，由于时间上的交叉、重叠，GJB 2894—1997 未能及时采用新的牌号命名方法和状态表示规则。为方便铝合金电导率检验工作和对国军标中所涉及铝合金牌号、状态的正确识别，将变形铝合金新、旧牌号对照和变形铝合金新、旧状态代号对照分别列于表 6-7、表 6-8。

表 6-7 变形铝合金新旧牌号对照表

新牌号	旧牌号	新牌号	旧牌号
1035	L4	2B50	LD6
1200	L5	3A21	LF21
1050A	L3	5A02	LF2
2A01	LY1	5A03	LF3
2A02	LY2	5A05	LF5
2A10	LY10	5A06	LF6
2A11	LY11	5B06	LF10
2A12	LY12	6A02	LD2
2A14	LD10	7A04	LC4
2A16	LY16	7A09	LC9
2A50	LD5	7A33	LB733
2A70	LD7	8A06	L6
2B16	LY16-1	—	—

表 6-8 变形铝及铝合金新旧状态代号对照表

旧代号	新代号	旧代号	新代号
M	O	CYS	TX51、TX52 等
R	H112 或 F	CZY	T0
Y	HX8	CSY	T9
Y1	HX6	MCS	T62
Y2	HX4	MCZ	T42
Y4	HX2	CGS1	T73
T	HX9	CGS2	T76
CZ	T4	CGS3	T74
CS	T6	RCS	T5

注：原以 R 状态交货的，提供 CZ、CS 试样性能的产品，其状态可分别对应新代号 T62、T42。

6.4.3 BAC 5946U《铝合金状态检验》

BAC 5946U《铝合金状态检验》是美国波音公司关于铝合金材料及零件电导率与硬度检验的质量验收标准，属企业标准范畴。

与 GJB 2894—1997《铝合金电导率和硬度要求》相比，BAC 5946U《铝合金状态检验》标准的内容与相关要求更具体、更细化。对一些与铝合金状态检验技术相关的基本术语的定义，如合金、成品零件、原材料、铸件、板材等，以及为保证测试结果具有代表性且准确可靠而针对测试方法提出的要求外，该标准主要内容体现在表Ⅰ～表Ⅴ之中。表Ⅰ为电导率和硬度验收极限，表Ⅱ为机加工变形铝合金中心线位置上硬度验收限，表Ⅲ为包铝材料硬度验收限，表Ⅳ为铝合金铆钉硬度验收限，表Ⅴ为铝合金铸件硬度验收限。

该标准规定了可以用硬度和电导率检测结果与其他各种物理、化学分析试验相结合，如 X 射线衍射、质谱显示、电子探针分析以及湿化学方法，进行合金牌号的鉴别。标准明确说明了表Ⅰ～表Ⅴ中的极限值是以电导率和硬度与铝合金力学性能或应力腐蚀敏感性为依据，因此当电导率和硬度值不符合要求时，应同批次抽样进行试验，以确认该合金及其状态下的力学性能、化学或应力敏感性是否合格。标准具体给出了对单个零件进行电导率和（或）硬度检验时的允许偏差要求：当不进行硬度测量时，零件上所有可测部件的电导率偏差应在 2%IACS 以内；当同时要求进行硬度和电导率测量时，电导率的最大偏差是 3%IACS，此项规定与 GJB 2894—1997 标准相关的 5.2.7 条规定有所差别。

BAC 5946U 标准中表Ⅰ涉及的铝及铝合金不同牌号材料共计有 30 种之多，对应不同状态下的电导率与洛氏硬度验收极限值非常详实。其中 2014、2024、7050、7075 合金为航空、航天器制造应用最为广泛的材料，也是我国进口最多的铝合金原材料，从事涡流检测的人员应对其电导率和硬度验收值有所了解。

6.4.4　BSS 7351《涡流电导率检验 —— 直接读数法》

BSS 7351《涡流电导率检验 —— 直接读数法》是波音公司关于采用直接读数式涡流电导仪（包括指针读数式电导仪，如 Sigmatest 2.067）检验铝合金电导率的规程，该标准为直读式电导仪建立了一个统一、普通适用的检验程序。它针对不同型号涡流电导仪检验薄规格裸铝板、包铝板材、不同直径铝合金棒材电导率值的测试提供了全面、详细的修正系数，该标准各表中给出的未修正的和经修正的数据均不涉及被检测材料或零件电导率合格与否的验收，必须对照 BAC 5946 表Ⅰ中给出的不同牌号铝合金各种状态下的电导率极限值，方可确定被检验对象的电导率是否合格。

BSS 7351 标准中给出了分别适用于 4 种直读式涡流电导仪测试因厚度、包铝、曲率等因素影响而不能直接测得正确电导率值时的 17 个修正值表，其适用情况见表 6-9。

特别要引起注意的是，BSS 7351 标准规定的电导率修正方法与 GB/T 12966 规定的修正方法恰好相反。例如，采用 Sigmatest 2.067 涡流电导仪检测直径为 3.0in（约 75mm）、热处理状态为 T6X 的 2024 铝合金棒材的电导率。假设在曲面上电导率值为 35.5%IACS，按照 GB/T 12966—1991 的有关规定，该值为视在电导率值，而不是铝合金棒材的真实电导率值，不能以 BAC5946 标准规定的 2024 合金 T6X 状态电导率的验收值范围 36.0%IACS～42.0%IACS 直接判定该铝合金棒材的电导率不合格，而需要将视在电导率值除以一个修正系数进行修正，以获得其真实电导率值。查 GB/T 12966 附表 2 有 $\eta(\phi 75mm)$=0.975，2024T6X 棒材的真实电导率值 $\sigma_t = \sigma_s/\eta$ =35.5/0.975=36.4%IACS，符合 BAC5946

第 6 章 涡流检测标准

表 I 的电导率验收限。

GB/T 12966—1991 确定的修正方法是将直接测得的电导率值作为未修正的电导率值，该值除以修正系数获得的值，即将经过修正了的电导率值作为铝合金棒材的真实电导率值（换算成平面上测得值），而波音公司标准 BSS 7351 规定的修正方法恰恰相反，它是将平面上测得的值定义为未经修正的电导率值，而将在棒材曲面上直接测得的值定义为经过修正的电导率值。具体的做法是：将 BAC 5946 标准表 I 规定的 2024 合金 T6X 状态的电导率极限值 36%IACS 和 40.0%IACS 作为未经修正的电导率值，对应到 BSS735 标准表 IV 中最左边的"未经修正的电导率值"一栏中，再从 36.0%IACS 和 40.0%IACS 两个电导率值所在行对应到直径为 3.0in（75mm）栏中的数据 34.0%IACS 和 38.0%IACS 作为经过修正了的电导率的验收限。再根据在曲面上的测量值 35.5%IACS 是否能在该修正了的验收限范围内判定铝合金棒材的电导率是否合格。显然，35.5%IACS 在 34.0%IACS～38.0%IACS 范围内，所以可以判定该铝合金棒材的电导率合格。

表 6-9 BSS 7351 标准电导率值修正表的情况说明

序号	适用仪器型号	适 用 对 象
I	Sigmatest 2.067	薄规格裸铝板；厚度范围 0.016～0.063in 以上，电导率修正范围 15.0%IACS～71.0%IACS
II	Sigmatest 2.067	2024，7075，7079，7178 包铝板；厚度范围 0.016～0.16in，电导率修正范围 15.5%IACS～36.5%IACS
III	Sigmatest 2.067	2014，2219 包铝板；厚度范围 0.016～0.16in，电导率修正范围 13.0%IACS～38%IACS
IV	Sigmatest 2.067	铝合金棒材；直径范围：0.25～6.0in，电导率修正范围 8.5%IACS～59.5%IACS
V	VERIMET M4900C	薄规格裸铝板；厚度范围 0.016～0.063in 以上，电导率修正范围 19.5%IACS～73.5%IACS
VI	VERIMET M4900C	2024，7075，7079，7178 包铝板；厚度范围 0.016～0.16in，电导率修正范围 21.5%IACS～56%IACS
VII	VERIMET M4900C	2014，2219 包铝板；厚度范围 0.016～0.16in，电导率修正范围 13.0%IACS～38%IACS
VIII	VERIMET M4900C	3003，6061 包铝板；厚度范围 0.016～0.125in，电导率修正范围 27.5%IACS～62.0%IACS
IX	VERIMET M4900C	铝合金棒材；直径范围：0.25～6.0in，电导率修正范围 10.0%IACS～39.5%IACS
X	VERIMET M4900C	窄规格零件；宽度范围 0.7～1.0in 以上，27.0%IACS～44.0%IACS
XI	AUTOSIGMA 2000	薄规格裸铝板；厚度范围 0.016～0.063in 以上，电导率修正范围 15.5%IACS～71.5%IACS
XII	AUTOSIGMA 2000	铝合金棒材；直径范围：0.25～6.0in，电导率修正范围 17.5%IACS～59.5%IACS
XIII	AUTOSIGMA 2000	薄规格裸铝板；厚度范围 0.016～0.063in 以上，电导率修正范围 16.5%IACS～74%IACS
XIV	SIGMASCOPE SMP1	2024，7075，7079，7178 包铝板；厚度范围 0.016～0.16in，电导率修正范围 18.0%IACS～59.5%IACS
XV	SIGMASCOPE SMP1	2014，2219 包铝板；厚度范围 0.016～0.16in，电导率修正范围 17.0%IACS～61%IACS
XVI	SIGMASCOPE SMP1	3003，6061 包铝板；厚度范围 0.016～0.125in，电导率修正范围 26.5%IACS～68.5%IACS
XVII	SIGMASCOPE SMP1	铝合金棒材；直径范围：0.25～6.0in，电导率修正范围 10.0%IACS～59.5%IACS

注：1in=0.0254m。

如果将在棒材曲面上直接测得的电导率值 35.5%IACS 作为未经修正的电导率值，并对应到 BSS 7351 表 IV 中的"未经修正的电导率值（%IACS）"栏中，对应到直径为 3.5in 栏中经修正的电导率值，就会得到修正后的电导率值在 33.0%IACS～34.0%IACS 之间。如

155

果将这一范围的电导率值再对应到 BAC5946 标准表 I 中 2024 合金 T6X 状态的电导率限验收 36.0%IACS～40.0%IACS，就会得出完全相反的结论，即该铝合金棒材的电导率不合格。

BSS 7351 标准中所有其他修正表格的使用方法均与上面举例介绍的表 IV 的修正方式相同，即将直接测得的值作为已经过修正的电导率值，而将实际的电导率值作为未经过修正的电导率值，其修正方法的基本思路是将 BAC 5946 表 I 中的真实电导率值转换为不满足直接测量条件下的视在电导率值。在应用波音公司标准进行电导率测试时，一定要明确 BSS 7351 标准定义的未修正的电导率值和经修正的电导率值分别对应的是其真实电导率值和视在电导率值，切不可弄颠倒了。

复 习 题

1. 标准有哪些性质？强制性标准与推荐性标准的主要区别是什么？
2. ISO、ANSI、ASTM、ASME、MIL、LR、GB（GB/T）、GJB、HB、QJ、CB、WJ、SJ 等分别是哪些标准的代号？
3. GJB 2908—1997《涡流检验方法》的主题内容与适用范围是什么？此标准对对比试样的种类、人工缺陷形式、适用对象以及检验结果的评定与处理是如何规定的？
4. 最新版的 GB/T 7735《钢管涡流探伤检验方法》标准是哪年发布的？对于人工缺陷形式的种类、适用对象及加工要求是怎样规定的？
5. GB/T 12966—1991《铝合金电导率涡流测试方法》的主题内容与适用范围是什么？标准对涡流电导仪和电导率标准试块的性能要求做了哪些规定？
6. 按照 GB/T 12966—1991《铝合金电导率涡流测试方法》规定，如何正确校准涡流电导仪？如何正确测量铝合金棒材、薄规格非包铝板材和包铝板材的电导率？
7. GB/T 4956—2003、GB/T 4957—2003 分别是什么标准？覆盖层厚度与测量精度关系如何？
8. GB/T 14480—1993《涡流探伤系统性能测试方法》规定对涡流仪器的哪些性能进行测试？如何进行测试？
9. MIL-STD-1537B（1988）《用涡流电导率测试法检验铝合金热处理状态》、MIL-STD-2032（SH）《美国海军舰船用热交换器管的涡流检测》两份标准的主题内容与适用范围分别是什么？
10. 美国材料试验学会关于涡流检测的标准概况及特点如何？
11. GB/T 7735—2004《钢管涡流探伤检验方法》标准对不同规格钢管上不同类型人工缺陷加工尺寸及允许偏差的要求是什么？
12. 方法标准与验收标准有什么不同？
13. GJB 2894—1997《铝合金电导率和硬度要求》对电导率、硬度的检测及结果处理作了怎样的详细规定？
14. 如何正确应用 BAC 5946《铝合金电导率检验》和 BSS 7351《涡流电导率检验——直接读数法》对各种类型、规格铝合金材料及制件进行电导率测试及验收？

第 7 章 涡流检测规程与检测工艺卡

7.1 概述

无损检测规程和检测工艺卡都是指导无损检测工作实施的技术文件。由于专业方法的不同,不同无损检测专业的检测规程和工艺卡在编写形式和内容上存在着较大的差异。不论是国外,还是国内,各企业关于生产与质量控制方面的工艺文件管理模式和体系千差万别,并没有统一的模式,因此在检测规程和检测工艺卡的编制、使用和管理上也就各不相同。本节以美国无损检测学会 II 级人员培训教材中有关的定义、分类及使用为例加以介绍,供从事涡流检测工作的技术人员,特别是参与检测工艺规程和检测工艺卡编制的人员参考。

7.1.1 相关术语的定义与技术文件的层次划分

美国无损检测学会将无损检测技术文件分为规范(Specification)、程序(Procedure)和工艺指导书(Instruction)三个层次。其中检测规范为最高层次的检测技术文件,检测程序为次一级的技术文件,工艺指导书为最低层次的技术文件。

(1) 规范 规范是指针对被检测对象和实施的无损检测方法提出相关要求和质量控制条件的技术文件。它不具体规定无损检测方法和相关无损检测技术如何实施。因此可以说规范是开展无损检测活动实施的顶层文件,它包括以下总体要求:

1) 检测什么,如夹杂、裂纹和(或)腐蚀(包括具体的尺寸、数量要求),在哪里实施检测;

2) 如何进行检测,如按照哪一份指令或标准进行检测;

3) 验收准则(如果未包含在相关的指令或标准文件中);

4) 报告内容与方式;

5) 谁能够执行检测(人员资格要求)。

(2) 程序 针对任何检测对象(any object)实施某种无损检测方法确定的最低要求的描述,这些最低要求的描述是根据给定的标准、指令或规范编制的,并且是书面形式的。检测程序文件由具有相关无损检测方法III级资格证书的人员编写,其首要用途是指导无损检测 II 级人员制定检测工艺指导书。

检测程序可用于指导某项具体的无损检测的实施,并且与一些条件、要求以及无损检测方法的局限性之间存在必然的、密切的联系,因此要求检测程序编制人员在检测仪器、影响检测结果与可靠性的因素、被检测对象的材料与制造工艺及其使用条件与要求、判定准则等方面具有丰富的专业知识和实际经验。检测程序一般按以下结构和内容要求编写:

1) 范围;

2）引用文件；
3）人员资格要求；
4）无损检测设备和材料的要求；
5）仪器和（或）标准试块的校准与标识要求；
6）零件检测前的准备要求；
7）检测步骤要求；
8）影响因素与检测结果评价要求；
9）检测报告要求；
10）工艺指导书的编制要求；
11）后续检测要求。

（3）工艺指导书　工艺指导书是针对一个具体的零件或一系列同类零件并依据相关的检测程序制定的描述如何有序地实施无损检测工作的技术文件。工艺指导书由具有Ⅱ级和Ⅱ级以上资格相关专业的检测人员编制，其首要的用途是向具体执行该项无损检测工作的Ⅰ级和Ⅱ级人员提供充分的指导，并保证获得可重复的检测结果。

一般来说，检测程序是关于无损检测方法的技术文件，而工艺指导书是关于给定无损检测方法涉及的相关无损检测技术（如超声检测方法中的水浸C扫描检测技术）具体实施细节的技术文件。工艺指导书的作用与价值还在于它可以减少或消除不同检测人员执行相同检测规程时对检测规程理解和执行上可能产生的不一致。

检测工艺指导书一般包括适用对象、检测人员与仪器设备的信息，所用材料与校准的情况，以及检测步骤等内容。

7.1.2　检测规程与检测工艺卡的一般要求与区别

如前所述，不同国家之间，同一国家不同企业之间，对于检测规程和检测工艺卡的概念及文件层次的划分不尽相同，如果没有一个统一的认识和界定标准，那么就无法阐述二者的特征与区别。本节参考美国无损检测学会对检测程序和工艺指导书的定义与层次划分方式，介绍检测规程和检测工艺卡的一般要求与区别。

检测规程是根据检测标准编制的规定采用一种无损检测方法或技术对一类产品或零件有效实施检测工作的最低要求的技术文件，基本对应于美国无损检测学会Ⅱ级教材中所定义的"程序"。重要的不同之处：第一，检测规程不完全局限于无损检测方法这一技术层面上，而是涉及到无损检测方法所包含的某一种无损检测技术这一层面，以涡流检测方法而言，该方法包括了涡流测电导率、涡流测覆盖膜层厚度和涡流探伤这三种广泛应用的涡流检测技术，涡流检测规程不应该必须全部覆盖这三项检测技术，因为纵观各国家和团体机构的涡流检测标准，没有任何一份将电导率测量、膜层厚度测量和缺陷探测三项技术融为一体的标准。从标准是程序的依据和更高一个层次文件的角度来讲，检测规程也必然不仅仅局限于涡流检测方法而不涉及涡流检测技术的程序文件。第二，检测规程是针对一类产品或零件进行无损检测就相关方面提出最低要求的书面文件，不同于ASNT所说的适用于所有被检测对象（any object），这一点同样可以从标准的适用范围情况得到支持。

检测工艺卡是针对具体的材料或零件依据相关的检测规程或标准编制的指导无损检测人员逐步实施检测工作的作业指导书，即对应 ASNT 所定义的"工艺指导书"。有一点需要说明，检测工艺卡一般应根据检测规程制定，但特殊情况下也可根据标准编制。例如某企业的产品非常单一，不存在同类的其他规格或品种的材料或零件，因此没有必要一定制定相关的检测规程，而可以直接参照相关的检测标准编制相应的检测工艺卡。

比较上述关于检测规程和检测工艺卡的描述，并对照美国无损检测学会关于检测程序和检测指导书的定义，可以看到检测规程与检测工艺卡有以下几方面的明显区别：

1）地位不同。检测规程是编写检测工艺卡的依据，是上一个层次的文件。

2）本质不同。检测规程是为保证检测方法和检测技术正确执行，对人员、器材、环境条件、被检测对象、工艺文件编写提出最低质量控制要求的管理性文件，它不是可直接执行的操作性文件；检测工艺卡是对检测规程要求细化和具体化的可执行文件。

3）编制要求不同。首先，检测规程需要由具有相关无损检测方法 III 级资格证书的人员制定，而检测工艺卡可以由相关方法 II 级资格的人员编写。其次，由于检测规程是检测工艺卡编制的依据，且适用的范围更大，因此编制者应具备与相关无损检测方法有关的其他方面或领域的知识和经验，主要包括材料、制造工艺、缺陷及其对安全使用的危害、其他无损检测方法等方面。检测工艺卡是检测规程向工程应用的延伸，其实施条件与参数指标基本上是在检测规程确定范围内的具体化，对于编制者而言，并不一定需要广泛的知识和丰富的经验。这也是规定检验规程需由 III 级人员制定，而检测工艺卡可以由 II 级人员编制的原因所在。

4）覆盖范围不同。检测规程覆盖范围是所应用方法或技术适用的所有被检测对象，而检测工艺规程的覆盖范围仅是某项指定检测技术所适用的一种或一类被检测对象，显然检测规程所覆盖的被检测对象范围要大得多，二者之间的关系类似于面与点或面与线之间的关系。

5）编写形式不同。一般来说，检测规程的编写采用文字叙述的方式，而检测工艺卡的编写更多地是采用图表形式。

7.2 典型涡流检测规程与检测工艺卡的编制与分析

检测规程的编制是根据保证材料或产品质量的需要提出，材料或产品的质量要求是制定检测规程的依据。材料或产品的质量要求可以有以下表现形式：① 相关的质量标准；② 材料或产品的技术条件；③ 合同条款或技术协议内容。如 7.1 节所述，检测规程并不是对材料或产品实施检测的具体操作文件，而是针对一类材料或产品实施有效、可靠的检测提出的最低的质量控制要求和技术条件要求，因此检测规程的编制应考虑其适用对象的覆盖范围，既要保证已有规格材料或种类产品被覆盖，也应适当考虑对未来同类材料或产品的适用性。检测规程编制应做好以下几个方面的准备：① 明确产品质量要求；② 了解被检测对象的材料特性与制造工艺；③ 了解缺陷产生的特点和规律；④ 确定要依据的技术方法标准；⑤ 掌握可供选用的检测仪器的能力水平和性能条件；⑥ 必要的验证试验。

检测工艺卡的编制同样以被检测对象的质量要求为依据，更多情况下质量要求是从材料或产品的检测委托单中提出。检测人员在接收了检测任务委托单后应参照相关检测规程的要求确定合适的检测方法或技术、仪器设备、对比试样、实施步骤与方法，在这一过程中，加工制作对比试样或利用有效的对比试样进行探索试验是非常必要的。

按照以上关于检测规程和检测工艺卡的编制要求与规则，选择管棒材检测、零件检测、电导率测试，覆盖层厚度测量等涡流检测方法的典型应用实例，介绍涡流检测规程和检测工艺卡的编制，最后以飞机轮毂检测为例，说明综合应用涡流检测技术的检测规程与检测工艺卡的编制。

7.2.1 零件或结构的探伤

1. 叶片探伤

叶片是发动机中的重要承力件，其制造工艺主要有精密铸造和锻造。由于该产品的质量要求很高，一般在叶片制造阶段必须进行无损检测。对于铸造叶片，通常采用 X 射线照相方法检测叶片的内部质量，采用荧光渗透方法检测其表面开口型缺陷；对于锻造叶片，一般是采用超声检测方法对用于锻造叶片的小直径棒材进行检测，以保证用于锻造叶片原材料的内部质量，锻造成形后的叶片表面质量，仍然大多采用荧光渗透方法进行检测。与上述无损检测方法相比，从检测方法的能力、检测效率考虑，在叶片制造阶段，涡流检测方法不是优先选择的技术手段。

叶片在使用阶段最可能出现的缺陷为疲劳裂纹，在叶片不允许拆卸条件下进行原位检测时，X 射线照相、超声波和渗透检测方法的应用都受到很大限制，因此涡流检测成为首选的无损检测方法。

（1）关于叶片涡流探伤规程的制定　共有 6 步。

第一，明确检测要求。检测要求主要包括两个方面的内容，一是检测区域，二是要求检测裂纹的深度和长度。这两方面的检测要求可能由专门的技术文件（如维修手册）给出，也可能没有相关的技术文件。对于后一种情况，一般根据叶片被检测部位的形状和表面状态结合涡流检测方法的最大能力来确定检测裂纹的最小尺寸。这里，应当注意，检测规程的适用性，如果有其他同类的叶片，如不同级涡轮盘上的叶片，如果有不同的缺陷检测要求，或因部位、形状、表面状态不同造成涡流探伤能力有所差别，在编制检测规程时应总体予以考虑。

第二，依据标准的选择。如果叶片的在位检测尚没有适用的标准可参照，可以在检测规程引用文件一栏中空缺。如果认为某项涉及零件检测技术的标准可供参考，如 GJB 2908—1997《涡流检测方法》，也可以选用该标准作为引用文件。

第三，明确对比试块的制作要求。对比试块人工缺陷的制作要求包括缺陷形式、加工部件及大小。这些要求是根据检测要求和涡流检测能力确定的，对比试样应选择与实际被检测叶片材料和形状相同或相近的叶片制作。

第四，确定选用仪器要求。仪器性能要求主要应考虑以下几个方面：一是便携性；二是供电方式，由于外场作业，如果不能方便地获得电网的供电，应要求仪器能以干电池供电的方式使用；三是检测线圈联接插口要求；四是工作频率范围，根据叶片表面一般较光洁和检测裂纹尺度很小的特点，应要求涡流仪具有较高的频率；五是提离抑制性能；六是信号响应方式，必要时应提出阻抗平面显示要求；七是报警方式，如果实操检测过程中不便于对显示信号的持续观察，提出仪器应具有声或光报警的要求尤为必要。

第五，确定检测线圈的要求。由于叶片形面复杂，检测线圈的选择对于保证检测结果的准确、可靠尤为重要。放置式线圈是叶片涡流检测的必然选择，从检测目标——疲劳裂纹的涡流响应特点和减小由叶片形面引起的耦合不一致的干扰影响两方面考虑，选择小直径的差动式线圈更为适宜。为更好地适应叶片复杂的外形，减小或消除提离因素的干扰，条件允许时应提出探头扫查专用靠具或使用特殊形状探头的要求。

第六，提出检测人员资格要求。实施叶片涡流检测的人员应具有涡流检测Ⅰ级及以上资格，如需要对检测结果出具检测报告，则不能由Ⅰ级人员独立实施检测工作。

（2）叶片涡流检测工艺卡示例　检测工艺卡是针对确定的叶片编写的，如果缺少具体的条件，是无法编制适用的检测工艺卡。下面给出一些必要的虚拟条件，并根据这些条件和要求，以表格形式给出叶片涡流检测工艺卡示例。由于该检测工艺卡是针对虚拟的对象和一些假设条件编制的，不可直接套用到与之情况不同的叶片检测中，只作为学习涡流检测工艺卡编制的素材。

叶片名称：发动机叶片

检测部位：叶片加强筋。该部位为重要受力部位，由于设计尺寸偏小，加上该部位上方为叶片浇冒口，连续多次的叶片断裂的疲劳裂纹源均出现在加强筋上。

检测要求：①不允许加强筋表面有深度大于 0.2mm 裂纹；② 不允许表面下 1mm 深度范围内有尺寸大于 1mm 的缺陷。

根据上述条件和要求，按照相关的叶片涡流检测规程编制的检测工艺卡如下：

发动机空心叶片加强筋涡流检测工艺卡

JCGYK/20210-ET014-2003　　　　　　　　共 1 页　第 1 页

零件名称	空心叶片	材　料	K5	状态	-------------
仪器	M12-20A	线圈类型	差动式放置	线圈编号	S/N 30023

仪器检测参数： 频率：f=80kHz，相位：P=135° 增益：G=42dB， 垂直/水平分量比：V/H=2.0 报警闸门：（略）	对比试样 　　选择一个实际叶片作对比试样，在加强筋表面加工一个深度为 0.2mm 的线切割槽，在距加强筋表面下方 1mm 深度位置上钻制 ϕ1mm 通孔（图略）
检测步骤 　开机，仪器自检 　检测参数设置与调整 　用直角探头扫查对比试样上的两个人工缺陷，涡流响应信号幅度应大于满屏幅度的 40%。 　保持探头线圈垂直于加强筋，完整平稳地扫查加强筋 　重复探测出现异常信号部位，并做记录 　每隔 1h，重新校验一次仪器工作状态	零件示意图及扫查方式 扫查方向 叶片 加强筋位置

（续）

说明（必要时）：

编制/日期/级别	审核/日期/级别	批准/日期
×××/200X-XX-XX /Ⅱ	×××/200X-XX-XX /Ⅲ	×××/ 200X-XX-XX

2. 机翼下壁板腐蚀检测

（1）关于机翼下壁板腐蚀检测规程的制定　同叶片涡流检测规程编制一样，机翼下壁板腐蚀检测规程的编制也是需要从明确检测条件与目的、选择依据标准、制做对比试块、选用仪器与探头，规定检测人员资格等方面考虑，并提出适当的要求。检测规程作为质量控制和技术管理层次的文件，其适用范围可以很广，对于一个维修基地的检测中心，它可以用一份涡流检测规程将所有零件和结构涡流探伤的要求全部覆盖。编写这样覆盖范围很大的规程，在对相关技术问题提出要求时，要把握两条原则：一是求全，二是粗放，并且两项原则兼而有之。所谓求全，就是不要把该覆盖的对象遗漏了，如关于检测线圈的要求，不能只包括笔式的放置式探头，而应包括其他必须要用到的探头（如果有螺栓孔需要检测时，就应提出使用孔探头的要求），试块的制备与选择的要求也是如此；所谓粗放，就是规定的要求不宜过细和具体化，同样以检测线圈要求为例，不宜对线圈的大小、工作频率等具体参数和指标加以规定。这两条原则的把握与运用可参见 MIL-STD-2032 标准中关于对比试块和检测线圈的相关规定。

如果检测部门承担的探伤任务比较有限，需要进行涡流探伤的对象种类也很少，自然检测规范的覆盖面就小，其针对性会比覆盖范围大的规程相对要强一些。如果针对不同的对象所实施的检测方法或技术在基本原理和实施条件上没有相互矛盾或冲突的问题，应以尽可能少的规范来覆盖所有的检测对象。

编制机翼下壁板腐蚀检测规程，应侧重考虑以下情况：① 腐蚀缺陷的特征与涡流响应的特点，通常腐蚀形成的区域较大，腐蚀的深度由中心区域到边缘区域呈缓慢减小的特征，对于这种变化，差动式线圈的响应不如绝对式线圈显著；② 机翼壁板外表面（即探测面）具有平整、面积大的特点，适于采用线圈尺寸较大的平探头；③ 壁板具有一定的厚度，仪器和线圈的工作频率范围应与之相适应；④ 腐蚀的深度是检测关注的目标；⑤ 人工缺陷的制作形式对于腐蚀缺陷的代表性。

（2）机翼下壁板涡流检测工艺卡示例　某型号客机在大修中多次发现中央机翼下壁板腐蚀，有的情况相当严重，直接影响飞机的安全飞行。该型飞机中央机翼壁板材料为硬铝合金，厚度约为 4mm，其结构图见下面的检测工艺卡。

检测要求：① 确定腐蚀深度；② 确定腐蚀的位置、面积大小。

根据上述条件和检测要求，编制检测工艺卡如下：

第 7 章 涡流检测规程与检测工艺卡

中央机翼下壁板涡流检测工艺卡

JCGYK/320-ET/0530-2003   共1页 第1页

零件名称	中央机翼下壁板	材　料	2A12
仪　器	MIZ-20A	探头及编号	绝对式线圈 S/N: 40070

仪器检测参数：

频率：f =800Hz

相位：P = 273°

增益：G = 72 dB

垂直/水平比：V/H =2.0

线圈形式：Absolute（绝对式）

对比试块：C201A320-14

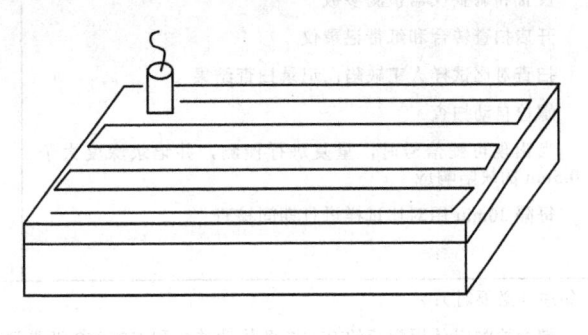

试块上部分
拧紧螺栓
人工裂纹（3条槽伤）
试块下部分

检测步骤：

开机、仪器自检

检测参数设置与调整

用平探头扫查对比试样，获得深度为 1mm、2mm、3mm 人工槽形缺陷的响应信号

右机翼翼展方向扫查下壁板，扫查间距 30mm，扫查速度不大于 3m/min

重复扫查出现异常信号部位，并记录缺陷的部位、大小及深度

连续工作时，每隔 1h 核验仪器工作状态是否正常

零件示意图及扫查方式：

说明（必要时）：

当根据扫查方式获得的响应信号的相位角不容易判定腐蚀深度时，可参考利用检测线圈在该位置上的提离信号的相位角进行判定

编制/日期/级别	审核/日期/级别	批准/日期
×××/200X-XX-XX /Ⅱ级	×××/200X-XX-XX /Ⅲ级	×××/200X-XX-XX

3. 核设备螺栓的涡流检测工艺卡的编制

　　核反应堆相关的检测规范要求对压力容器、主泵组件上直径大于等于 48mm 的承压螺栓螺母进行涡流检测，其目的是发现螺栓和螺母螺纹根部可能出现的裂纹。直径在 48～76mm 范围的主泵螺栓的涡流检测工艺卡如下。主螺母螺纹根部裂纹的涡流检测方法与之相似，只不过是将涡流检测探头镶嵌在外径大小与被检测螺母配套的螺栓内。

48～76mm 主泵螺栓涡流检测工艺卡

JCGYK/2BS-ET005-2003　　　共 1 页第 1 页

零件名称	主泵螺栓	材　料	30CrMmSiA
仪　　器	ET-39	探头及编号	差动式线圈，P-100-126

频率：$f=100\text{kHz}$

相位：$P=290°$

增益：$G=54\text{dB}$

线圈连接方式：Differential

转速：50～70r/min

对比试块：

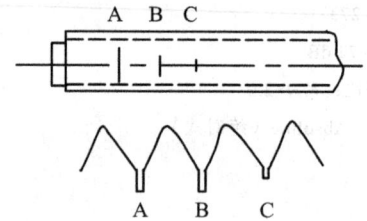

人工缺陷	宽	深
A	0.2	2
B	0.2	1
C	0.2	0.5

检测步骤：

开机、预热 10min

设置和调整仪器检测参数

开启扫查转台和纸带记录仪

扫查对比试样人工缺陷，记录扫查结果

螺栓自动扫查

当出现可疑信号时，重复进行检测，并记录深度大于 0.5mn 的缺陷响应

每隔 30min 用对比试样进行期间核查

零件（结构）示意图及扫查方式：

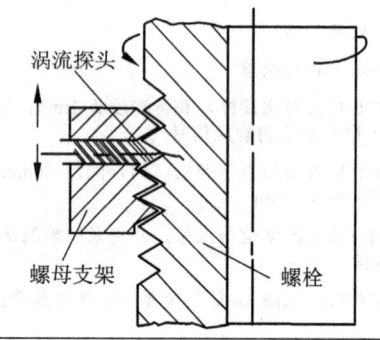

备注（必要时）：

螺栓检测应使用配套的 SM97 型传动转台和 HP8048 纸带记录仪

检测不同直径和螺距的螺栓时，应选用配套规格的螺母支撑，以保证探头与螺纹根部的最佳耦合

编制/日期/级别	审核/日期/级别	批准/日期
×××/200X-XX-XX/II 级	×××/200X-XX-XX/III 级	×××/200X-XX-XX

7.2.2　管棒材检测

不同材质的管棒材（包括铝合金、不锈钢、铜合金等）在航空、航天、核、船舶、兵器等军工部门武器装备制造及核电站建设方面有着广泛的使用，如飞机、火箭的液压油路系统和核反应堆的各种热交换器都大量使用金属管材；包括舰船和装甲战车、火炮在内，几乎所有的大型武器装备都缺少不了紧固件的使用。本节以核反应堆中蒸气发生器冷凝管和用于制造紧固件的小直径棒涡流检测为例，介绍相关的检测规范和检测工艺卡的编制。

1. 热交换器的涡流探伤

（1）检测规程的制定

1）适用范围确定。核反应堆的高可靠性给无损检测技术的实施提供了广阔的应用空间，涡流检测方法与技术的特点对核反应堆部件的结构特征和检测要求具有良好的适应性，因此涡流检测技术在核反应堆停堆时在役检测工作中占有重要的一席之地。其中蒸气发生器管道、承压容器及主泵的承压螺栓件、核燃料元件包壳管等部件均需要应用涡流技术进行检测。在确定交换器的涡流检测规程的适用范围时应考虑对上述对象的全面覆盖。

2）引用文件。虽然我国国家标准和军用标准中有关于多种金属管材的涡流检测方法标准，但均不适用于在设备管道的检测。国外标准中有以下标准可供参考和引用：

① ASTM E690-98 Standard Practice for In Situ Electromagnetic (Eddy-Current) Examination of Nonmagnetic Heat Exchanger Tubes. 非磁性热交换器管在役电磁（涡流）检验实施方法。

② ASTM E2096-00 Standard Practice for In Situ Examination of Ferromagnetic Heat-Exchanger Tubes Using Remote Field Testing. 在役铁磁性热交换器管的远场涡流检验实施方法。

③ MIL-STD-2032 Eddy Current Inspection Heat Exchanger Tubing on Ships of the United States Navy. 美国海军舰船用热交换器管的涡流检测。

3）人员资格与相关知识。从事核设施涡流检测的人员除了应取得本专业的 II 级以上资格证书外，还应按相关标准、规范要求，具有关于组件结构与安全运行方面知识培训经历，以及信号分析和处理技术方面足够的知识和经验。

4）仪器和辅助设备。核反应堆停堆例行检查中包括很多涡流检测项目，不仅包括管道，还涉及螺栓、螺母等各种类型机械零件。从这个角度考虑，应提出可满足不同类型产品和零件检测要求的涡流仪器、探头及自动化辅助设备。除此之外，核设施的检测特别注意记录的保存，因此还应对各种用途的记忆示波器、光线示波器、磁带记录仪、纸带记录仪等波形记录装置提出配备要求。

5）仪器校准与对比试样检定。核设施的高安全运行的特性要求涡流仪器设备和对比试块应具有足够的检测精度和检测可靠性，对检测仪器和对比试样人工缺陷提出送权威部门或专门机构定期进行校验和检定的要求是非常重要和必要的。

（2）热交换器涡流检测工艺卡示例 蒸气发生器是压水堆核电站的关键设备，由工作环境及运行状况导致传热管容易产生腐蚀、凹痕、疲劳裂纹等多种缺陷，并且这些缺陷分布于管体、管板支撑处，弯管部件以及胀管区。下面是针对某反应堆蒸气发生器用 $\phi 20mm \times 1.5mm$ 奥氏体不锈钢管的在役检测要求编制的多频涡流检测工艺卡，多频涡流检测技术的采用是根据相关检测规范要求和管板支撑结构特点而确定的。

2. 棒材的涡流探伤

金属棒材在各种武器装备制造中广泛采用，对于直径较大的棒材，一般采用超声检测方法进行检测。对于直径小于 6mm 的棒材，超声检测方法的实施则受到很大的限制。本节以某重点型号产品研制所用的 $\phi 3.0 \sim \phi 5.5mm$ 小规格钛合金棒为例，简要介绍涡流检测规范的编制，最后给出检测工艺卡。

φ20mm×1.5mm 奥氏体不锈钢蒸气发生器管多频涡流检测工艺卡

JCGYK/QSV-ETOB-2003　　　　　第1页共1页

零件名称	QSV 蒸气发生器管道	材料	1Cr18Ni9Ti, 规格 φ20mm×1.5mm
依据标准和（或）检测规程	JCGC/QSV-ET02C-2003	验收标准	JCYB/QSV-1334(Part II)
仪器	MIZ-18 多频涡流仪	探头及编号	差动式线圈，No.897819

检测参数：
频率：f_1=400kHz, f_2=100kHz, f_3=75kHz,
相位：P_1　　P_2　　P_3
增益：G_1　　G_2　　G_3
线圈连接方式：均为差动式
推进或拉出速度：≤12m/min

对比试块：

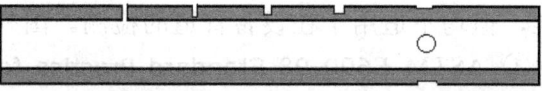

检测步骤：
　按检测系统操作说明书连接仪器、探头、推进器、定位器及各种监控、记录装置
　接通系统电源及各部分电源开关
　系统调试：设定检测参数，利用对比试样管分别调试仪器各通道工作状态
　调试、验证混频处理消除隔板干扰信号
　按相关文件要求依序对 QSV 蒸气发生器全部管道进行检测。在对每根管子进行检测时，应采取将探头推进到最远端，再在拉回探头时进行信号记录与存储
　每隔 2h 用对比样管进行期间检查，怀疑仪器工作异常时，应及时用对比样管进行校验，必要时，重新进行检测
　离线进行信号分析和处理

零件（结构）示意图及扫查方式：

备注（必要时）：
辅助设备：4D 推进器，SM-10 机械手定位器，HCD-75Z 磁带记录仪，HP 9836 主机，HP6L 打印机。

编制/日期/级别	审核/日期/级别	批准/日期
×××/200X-XX-XX-II 级	×××/200X-XX-XX/III 级	×××/200X-XX-XX

　　φ3.0～φ5.5mm 小规格钛合金棒用于制造紧固件，即螺栓、螺母类产品，属受力件，由于过去从未对该类小直径棒进行探伤，因而没有相关的检测方法标准和质量验收标准。设计部门提出以涡流检测方法的最大检测能力作为质量验收标准，即不允许存在涡流检测方法能够发现的任何缺陷，因此在编制规范时，应通过充分的试验确定涡流方法检测钛合金小棒材缺陷的能力。

　　关于检测技术的选择，最重要的是线圈结构和对比试样人工缺陷形式。对检测线圈和对比试样的基本要求，应根据被检测对象的生产工艺容易产生缺陷的类型与特点以及加工成零件的受力状况等因素确定。例如，从小直径钛棒的冷拉工艺分析，形成沿棒材轴向方向的纵向缺陷的几率较大,应加工制作纵向人工槽形缺陷来模拟纵向的自然缺陷，如折叠、划伤、裂纹等。但从小直径棒制品的受力状况方面讲，棒材上周向缺陷对紧固件的安全使用危害最严重，从这个角度考虑应制作周向人工槽形缺陷模拟可能出现的周向自然缺陷。外通过式线圈具有检测速度快的优点，但在线圈中心轴线上的磁场为零，因此采用外通过式线圈无法检测棒材中心轴线区域的质量，必要时应考虑辅以放置式线圈进行补充检测。

可根据上述条件和要求编制小直径棒材的涡流检测规范，如果被检测产品的种类及规格十分有限，亦可根据上述条件和要求直接编制涡流检测工艺卡，示例如下：

ϕ 3.0mm、ϕ 4.0mm、ϕ 4.5mm、ϕ 5.5mm 规格 TC16 棒材涡流检测工艺卡

JCGYK/11B902 ET008-2003　　　　　　　　　　　　　　　第 1 页共 1 页

零件名称	ϕ 3.0～ϕ 5.5mm 小规直径钛棒	材　料	TC16
仪　　器	ET-204	探头及编号	差动式线圈，No.370415P
检测参数： 频率：f=50～80kHz 相位：P=70° 增益：58～64dB 填充系统：η>0.6 检测速度：10～15m/min		对比试块： （略）	
检测步骤： 按检测系统操作说明书连接仪器、探头、传动装置及打标记录器 接通系统电源及各部分电源开关 按要求设定检测参数，利用对比试样调试仪器工作状态，灵敏度和报警闸门设置应保证 3 个深 0.2mm 槽形缺陷均报警，1 个深 0.1mm 槽形缺陷有明显响应，但不触发报警 在相同的检测条件下检测对应规格的小直径棒材，当改变检测棒材规格时，应更换检测线圈，并利用相同直径规格的对比试样重新调整灵敏度和报警门槛 每隔 1h 用对比试样进行期间核查，当怀疑系统工作异常时，应及时用对比试棒进行校验，必要时重新进行可疑的检测		零件（结构）示意图及扫查方式： （略）	
备注（必要时） 自动探伤配套使用装置：BJF 型上、下料及分选装置、LM2-2 型记录器			
编制/日期/级别	审核/日期/级别		批准/日期
×××/200X-XX-XX/II 级	×××/200X-XX-XX/III 级		×××/200X-XX-XX

7.2.3　铝合金电导率测量规程与工艺卡

与涡流检测方法及其应用有所不同，电导率的涡流测试是一种定量的测量技术，因此在编制检测规程和检测工艺卡时应特别关注保证量值准确的要求与规定。

1. 关于变形铝合金电导率涡流检测规程的编制

（1）适用范围　规程的适用范围可根据检测对象的种类确定，如原材料中的板、管、棒或型材，成品或半成品中的锻件、模压件或机械加工件等。需要注意的一点是，铝合金的电导率与合金材料的流线方向有关，电导率的测试方法标准均规定沿平行于材料的流线方向进行电导率测试，国内外相关的验收标准中给出的是变形铝合金的电导率验收极限值，因此不宜将铝合金铸件纳入电导率涡流检测规程的适用范围。

（2）引用文件　国内标准中，GB/T 12966—1991《铝合金电导率涡流测试方法》和

GJB 2894—1997《铝合金电导率和硬度要求》可作为编制铝合金电导率涡流检测规程的引用或参考文件。国外标准中，MIL—STD—1537B（87）《Electrical Conductivity Test for Verification of Heat Treatment of Aluminum Alloys Eddy current Method》、ASTM E1004—99《Electromagnetic (Eddy Current) Measurements of Electrical Conductivity》可加以引用或参考；关于铝合金电导率的涡流测试方法和验收条件的标准中，波音飞机公司（Boeing Aircrafts Company）的相关标准值得特别关注，该公司关于铝合金电导率涡流检测与验收标准的内容十分详细，具有很强的参考价值和指导作用。相关标准主要有：

BAC 5651 Eddy Current Electrical Conductivity Inspection；

BAC 5946 Temper Inspection of Aluminum Alloys；

BAC 7351 Eddy Current Electrical Conductivity-Direct Reading Method。

（3）人员资格要求　电导率测量的仪器操作比涡流检测操作要简单，尤其是使用直接读数型电导仪，在波音公司，专门就使用直读式仪器测量铝合金电导率的人员制定了简化的人员资格认证标准，而在国内，目前相关的现行有效标准均没有将电导率的涡流检测作为一个专门项目进行资格认证；在军工部门，从事铝合金电导率测试的人员应按GJB 9712—2002《无损检测人员资格的鉴定与认证》标准取得涡流检测方法的资格认证。

（4）仪器检测环境和被检测对象　涡流线圈的阻抗曲线决定了采用 60kHz 左右的测试频率测量范围在 1%IACS～100%IACS（0.58～58MS/m）的电导率精度最高，因此首先应提出仪器能够在该频率备件下工作的要求。电导率的测量，既可以使用可直接读取电导率值的涡流电导仪，也可以使用非直接读数型的涡流检测仪，如涡流探伤仪。对于后者，需要在测试前绘制涡流响应（如信号幅值或相位）与电导率的对应曲线，然后利用这一曲线进行电导率的比较测量。由于这种利用非直读式涡流仪测量电导率的精度较低，特别是对于处在验收极限值附近的电导率测试值的可靠性较差，一般不推荐采用这类仪器。

环境温度条件对电导率测量有较明显的影响，尽管绝大多数涡流电导仪在操作说明书中给出的允许工作温度条件覆盖了 0～40℃范围，但为保证测量结果的准确，一般要求应在室温条件下进行电导率测量，而且特别要求仪器、探头、标准试块及被检测对象之间温差不允许超过 3℃。

来自被检测对象的影响电导率准确测量的因素有很多，如时效后的稳定性、材质的流线方向、形状与尺寸（曲率、厚度、宽度等）、表面状况（粗糙度、是否带有漆层或包铝层）等。所有这些影响因素都应予以关注，对于不能直接测出真实电导率值的材料或零件，应在检测规程关于测试方法与步骤章节中提出制定修正方法或修正系数的要求。

（5）标块检定与仪器校准　如前所述，电导率测量是一种定量检测技术，因此标块的周期检定与仪器的定期校验尤为重要，它是保证测量结果准确、可靠的有效途径。电导率标准试块的检定，首先要提出溯源性要求，其次是精度要求，再次是配备数量和电导率值分布的要求。仪器的定期校验可以采取自检方式进行，即由企业的中心实验室（或理化试验室，或计量室）使用可溯源的、并且在有效合格期限的标准试块对仪器相关性能指标进行校验。需进行校验的性能包括：稳定性、提离抑制性能、测量精度、灵敏度等。

（6）其他　关于被检测材料或零件的准备、检测实施步骤、测试结果修正等方面的要求，参考国内外相关标准就会比较明确，这里不再细述。有两点需要说明，以引起对

第7章 涡流检测规程与检测工艺卡

这两个问题的关注。一是不同型号的涡流电导仪受相同干扰因素影响的程度是不同的,如 Sigmatest 2.067 型和 Sigmascope SMPI 型两种电导仪,在同一根铝合金棒材(如直径 D=70mm)上和同一张带有一定厚度(如 100μm)层漆或包铝层板材上测得的电导率值并不相同,因此在提出测试结果修正要求时,必须是针对具体型号的仪器而言,而不能是模棱两可的。二是当采用更高的检测频率(如 Sigmatest 2.608 型仪器提供的 120kHz、240kHz 和 480kHz)测量薄规格铝合金板材时,切不可忽视了包铝板材表面包铝层对不同工作频率测试结果的影响是不同的这一问题。

2. 铝合金薄规格板电导率检测工艺卡示例

0.5～1.5mm LY12CZ 裸铝板材电导率涡流检测工艺卡

JCGYK/ -ET -2003　　　　共1页,第1页

零件名称	0.5～1.5mm 裸铝板材	材　料	Ly12、状态 CZ
依据标准和(或)检测规程	GB/T 12966—1991《铝合金电导率涡流测试方法》	验收标准	GJB 2894—1997《铝合金电导率和硬度要求》
仪　器	Sigmatest 2.607	探头及编号	

检测参数:	对比试块:
环境温度要求:20℃±5℃,且仪器、探头、试块、板材之间温差≤3℃	低值标准试块:10.0MS/m 左右,15.4MS/m
每张板上至少选择 5 个测量部位,每个测试部位上至少测量 3 次	高值标准试块:15.4MS/m,20MS/m 左右 电导率标准试块在检定合格有效期内

检测步骤:	零件(结构)示意图及扫查方式:				
开机,预热 15min,选择合适的低值和高值电导率板块校准仪器	叠放顺序	叠加方式		
确定修正系数		①	②	③
选择 3 张相同厚度板材,分别为 a、b、c	最上层	a	b	c
按①、②、③方式叠加 3 张板材,分别在边角和中心位置测量电导率,并求出 3 种叠加方式的电导率的平均值	中间层	b	c	a
分别单独在 a、b、c 板材上测量各板材的视在电导率值,并求出视在电导率的平均值	最下层	c	a	b
按电导率修正公式求出该厚度裸铝板的电导率修正值	修正公式:
在被检测板材的边角和中心处测量电导率值	被测板材电导率值=视在电导率值+电导率的修正值
被测板材电导率值=视在电导率值+电导率修正值	(电导率的修正值根据试验确定)
按 GJB 2894—1997 标准进行电导率值验收(16.5～19.4MS/m)	
记录板材电导率值的最小值和最大值,对于超出电导率验收值的板材,应报告电导率值	
每隔 15min 重新校准一次仪器	

备注(必要时):
　当被检测板材的视在电导率值低于 12MS/m 时,选用电导率值在 10.0MS/m 和 15.0MS/m 左右的标块校准电导仪
　当被检测板材(包括叠加方式下)的电导率值大于 18MS/m 时,选用 15.0MS/m 和 20.0MS/m 的标块校准电导仪
　用于确定修正系数的 3 张裸铝板材的电导率的均匀性应优于 0.3MS/m,以叠加方式测得的电导率值 $\sigma_①$、$\sigma_②$、$\sigma_③$ 之间相差小于 0.5MS/m
　叠加测量时应用力压被测板材,以保证各层板材在被测部件贴紧

编制/日期/级别	审核/日期/级别	批准/日期
×××/200X-XX-XX-II 级	×××/200X-XX-XX/III 级	×××/200X-XX-XX

7.2.4 覆盖层厚度的涡流测量

在金属材料或零件表面实施电镀、涂漆或阳极化等处理技术获得表面覆盖层是提高产品耐腐蚀性和耐磨性的重要手段，无论是在国防科技工业领域，还是在民用工业部门，都有着十分广泛的应用。电磁涡流检测技术是测量和评价这类保护膜层厚度的最主要的手段。

磁性测厚与涡流测厚是两种原理不同的方法，这一点已在第4章做了较详细的说明。鉴于两种检测方法针对各自的适用对象在操作上很相近，且均比较简单，本节仅就铝合金超声纵波检验用标准试块表面阳极氧化膜层厚度的测量编制涡流测厚工艺卡，供从事电磁、涡流测厚工作的技术人员在制定相关的电磁涡流检测规程和检测工艺卡时参考。

无论是制定检测规程，还是编制检测工艺卡，特别要注意以下两个方面的影响因素：① 用于校准仪器的基体的电导率、磁导率与被检测对象的电磁特性的一致性；② 被选择用于校准仪器的标准厚度膜片的厚度值与实际被测量膜层厚度的一致性，应尽可能选择两个厚度值覆盖被测量膜厚度变化范围的标准膜片校准仪器，并且标准膜片高、低值的范围与被测厚度范围越接近越好。当被测量膜层的厚度非常薄，可在基体表面上进行"零"校准。

铝合金超声纵波检测用标准试块阳极氧化膜厚度涡流检测工艺卡

JCGYK/65L-ET073-2003　　　　　　　　　　第1页共1页

零件名称	铝合金超声纵波检测用标准试块	材　料	7075T4
依据标准和（或）检测规程	GB/T 4957—2003《非磁性金属基体上非导电覆盖层 覆盖层厚度测量 涡流法》	验收标准	阳极氧化膜厚度要求：8～15μm
仪器	Mini2100	探头及编号	

检测参数： 无	对比试块： 基体：未阳极化的试块。 标准厚度片： 1、基体表面进行零校准 2、δ=25μm 薄膜
检测步骤： 连接仪器、探头、开启仪器，预热 15min 校准仪器 探头置于未阳极化的试块表面上校准仪器零点 在试块表面放置厚度为 25μm 标准膜片进行校准 按右图标准位置分别测量①～④点平面上和⑤～⑧点曲面上的阳极氧化膜层厚度 对于厚度超出 8～15μm 范围的位置，重新校准仪器并在该位置读取三次测量数据，以三次测量数据的平均值为准 连续测量时，每隔 30min 重新校准一次仪器	零件（结构）示意图及扫查方式： 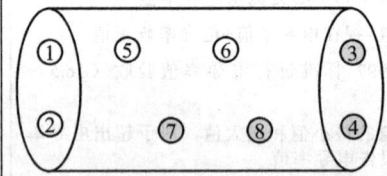 ①～④点为试块上、下表面上的测试点，选择测点时应避免边缘效应影响 ⑤～⑧点为试块圆柱面上的测试点，各点依次间隔约 90°、180°、270°，测试时探头应垂直于圆柱表面

| 备注（必要时）
受试块圆柱曲面的影响，应分别测量试块上、下表面和圆柱表面阳极化膜层的厚度，即不允许在平面上校准仪器后到柱面上测量，同样也不允许在柱面上校准仪器到平面上测量 ||

编制/日期/级别	审核/日期/级别	批准/日期
×××/200X-XX-XX-II级	×××/200X-XX-XX/III级	×××/200X-XX-XX

7.2.5 飞机轮毂的检测

飞行过程中轮毂可能产生的缺陷主要有疲劳裂纹、过烧两类缺陷。涡流检测方法是检测这两类缺陷十分有效和可靠的技术手段，并且全面应用了涡流检测、电导率测试和膜层测厚等技术。涡流检测技术的检测目标是疲劳裂纹，电导率测试技术可通过对轮毂各部位电导率的普查，确定轮毂是否在剧烈的摩擦下发生过热或过烧情况，为保证缺陷和电导率检测的准确性，必须获知轮毂表面防护漆层的厚度，因此需要采用涡流测厚技术。

鉴于 7.2.1～7.2.4 节已分别介绍了零件和管棒材探伤、铝合金电导率测量、非导电膜层厚度测量三个方面的涡流检测规程编制要求和检测工艺卡的编写示例，因此本节不再针对飞机轮毂的检测编写具体的检测规程和工艺卡，读者可自己设计一些条件，参考相关的标准试着来编写，以下仅在前面几节介绍内容的基础上，就轮毂涡流检测规程和检测工艺卡的编制提出几点要求。

（1）关于检测规程的编制　适用范围应包括涡流检测、电导率测量和膜层测厚三项技术的应用，相应地应配备专用的仪器，不宜推荐使用通用型仪器，即同时具备探伤、测电导率和膜层厚度等多项功能的仪器。关于探伤用试块和探头的要求，既要明确，但又不宜过细，通过对原则性要求的描述达到不遗漏相关内容的目的，为检测工艺卡的编制提供指导，而不应对其形成障碍。除此之外，在引用相关标准和技术规范时，既要包括探伤、电导率测试和膜层测厚三方面的相关标准，还要包括适用的验收标准和技术条件。

（2）关于检测工艺卡的编制　针对需要采用多项涡流检测技术的飞机轮毂，在动手编制检测工艺卡之前，要从方便检测工作实施的角度着手，这一点在美国无损检测学会培训教材中关于"检测指导书"的定义中已作了很好的阐述，即"检测指导书"是关于涡流检测技术实施的作业指导书，因此应针对三项涡流技术在飞机轮毂检测工作的应用需求分别制定独立的检测工艺卡。鉴于漆层厚度测量是为准确探伤和电导率测量提供技术支持的一项应用，可以在探伤和电导率测试的检测工艺卡涉及到漆层厚度测量问题时，采取引用漆层检测工艺卡的编号或相关的章节号的方式加以解决。

复 习 题

1．美国无损检测学会将无损检测技术文件分为哪三个层次？
2．最高、次级、最低层次的检测技术文件分别是什么？
3．规范是指针对什么编制的技术文件？它包括哪些内容要求？
4．检测程序应由何专业、级别的人员编制？应包括哪些内容要求？
5．检测工艺指导书一般包括哪些内容？
6．规范、检测规程、检测工艺卡的区别与用途是什么？
7．编制检验规程前应做好哪些方面的技术准备？应如何考虑检测规程与检测工艺卡的编制？
8．结合本单位需要进行涡流检测的产品，尝试编制涡流检测规程（报考Ⅲ级认证资格的人员）和检测工艺卡（报考Ⅱ级认证资格的人员）。

第8章 涡流检测实验

为了使学员更好地理解和掌握涡流检测理论知识和应用技术,并能够正确地调整和使用仪器,提高操作涡流检测仪器设备的技能,本书在最后一章安排编写了涡流检测实施方面的内容。

本章实验分五个部分,它们是:

8.1 基础实验;
8.2 涡流检测实验;
8.3 电导率测试实验;
8.4 覆盖层厚度测量实验;
8.5 金属薄板厚度测量实验。

五部分实验包括了针对具体检测的原理、技术及应用设计的14个试验。第8.1部分的基础实验安排在讲授相应理论知识和应用技术的章节后进行,对帮助学员理解相关的知识和掌握相应的操作技能会有更好的效果。8.2~8.5部分实验可集中安排在基础理论知识和专业知识学习完成后的实际操作培训与练习阶段进行。

8.1 基础实验

实验一 涡流有效透入深度实验

1. 实验目的

通过选择不同激励频率和相应的检测线圈扫查电导率不同的金属刻槽试块,观察涡流的集肤效应现象,了解和掌握有效透入深度的概念;

利用公式 $\delta_{标准} = \dfrac{1}{\sqrt{\pi f \mu \sigma}}$,$\delta_{有效} = 2.6\delta_{标准}$ 计算涡流标准透入深度和有效透入深度的差别,将计算结果与实验结果相对照,加深对标准透入深度和有效透入深度两个重要概念的认识。

2. 实验仪器和器材

1)仪器:指针式或阻抗平面式涡流探伤仪(工作频率范围应包括 1~100kHz),1台。

2)检测线圈:放置式平探头,2个,f_1=1~5kHz,f_2=50~500kHz。

3)试样:铝合金和奥氏体不锈钢试块各1套,上面加工有深度不等的人工槽形缺陷,其中铝合金试样上缺陷的埋深在 1.0~2.0mm 范围,不锈钢试样上缺陷的埋深在 1.5~3.0mm 范围。

3．实验方法、步骤及记录

1）选择工作频率在 1～5kHz 的放置式线圈，仪器工作频率为 3kHz 左右。

2）调整涡流检测仪的增益、相位旋钮（或按键），使提离信号为水平。对于指针式仪器，提离信号影响调至最小。

3）分别依次扫查铝合金和不锈钢试样上埋深不同的人工槽形缺陷，观察并记录不同材料上不同深度人工槽形缺陷的埋深和涡流响应情况。

4）选择工作频率在 50～500kHz 的放置式线圈，仪器工作频率为 60kHz 左右。

5）调整涡流检测仪的增益、相位旋钮（或按键），使提离信号为水平。对于指针式仪器，提离信号影响调至最小。

6）分别依次扫查铝合金和不锈钢试样上埋深不同的人工槽形缺陷，观察并记录不同材料上不同深度人工槽形缺陷的埋深和涡流响应情况。

实验二　边缘效应实验

1．实验目的

通过选择不同尺寸检测线圈在铝合金板上由中间向边缘扫查，观察涡流的边缘效应和了解、掌握探头涡流场作用的范围。

2．实验仪器和器材

1）仪器：指针式或阻抗平面式涡流探伤仪（工作频率范围应包括 1k～2MHz），1 台。

2）检测线圈：放置式平探头，2 个，f_1=1～5kHz，f_2=50～500kHz。

3）试样，宽度≥60mm，厚度≥5mm，长度≥100mm 铝合金板 1 块。

3．实验方法、步骤及记录

1）选择工作频率在 50～500kHz 的放置式线圈，仪器工作频率为 300kHz 左右；

2）调整涡流检测仪的增益、相位旋钮（或按键），使提离信号为水平；

3）探头平稳置于铝合金试样表面中间位置，慢慢向某一边缘扫查，观察涡流响应信号的变化。

4）记录涡流响应信号因探头接近试样边缘面发生变化时探头的位置，测量探头在该位置上其中心距离板材边缘的距离；

5）计算探头涡流作用范围的直径与线圈直径的关系。

6）选择工作频率在 50～500kHz 的放置式线圈，调整仪器工作频率为 50kHz；

7）调整涡流检测仪的增益、相位旋钮（或按键），使提离信号为水平；

8）探头平稳置于铝合金试样表面中间位置，慢慢向某一边缘扫查，观察涡流响应信号的变化；

9）记录涡流响应信号因探头接近试样边缘面发生变化时探头的位置，测量探头在该位置上其中心距离板材边缘的距离；

10）计算探头涡流作用范围的直径与线圈直径的关系。

11）选择工作频率在 50～500kHz 的放置式线圈，调整仪器工作频率为 500kHz；

12）调整涡流检测仪的增益、相位旋钮（或按键），使提离信号为水平；

13）探头平稳置于铝合金试样表面中间位置，慢慢向某一边缘扫查，观察涡流响应信号的变化；

14）记录涡流响应信号因探头接近试样边缘面发生变化时探头的位置，测量探头在该位置上其中心距离板材边缘的距离；

15）计算探头涡流作用范围的直径与线圈直径的关系。

实验三　提离效应实验

1. 实验目的

通过在有不同厚度非导电膜片的电导率标准试块上测量电导率值，观察和掌握涡流检测中提离因素的影响规律。

2. 实验仪器和器材

1）仪器：Sigmatest 2.067 电导仪（不推荐使用具有良好提离补偿性能的 Sigmatest 2.608 型和 Sigmascope SMP1 型仪器）。

2）检测线圈：仪器自配探头。

3. 实验方法、步骤及记录

1）校准仪器，分别在电导率值约为 9MS/m、20MS/m 和 58MS/m 左右的试块上和放置厚度为 25μm、50μm、100μm、175μm、500μm 塑料膜（片）的试块上测量并记录电导率值。

2）以电导率为纵坐标轴，以探头提离距离为横坐标轴，绘制电导率测量值受提离效应影响的关系曲线。

实验四　检测频率、相位与增益变化对响应信号的影响

1. 实验目的

1）掌握检测频率变化对涡流响应信号相位和幅值的影响规律；

2）熟悉不同检测频率下，相位调节对响应信号幅度和相位影响的规律；

2. 实验仪器和器材

1）仪器：阻抗平面式涡流检测仪，1 台。

2）检测线圈：放置式、内穿过式或外通过式线圈（50～500kHz）1 个。

3）试样：带有人工缺陷的铝合金试块或铜合金管材，1 块或 1 根。

3. 实验方法、步骤及记录

（1）检测频率变化对涡流响应信号相位和幅度的影响

1）设定检测频率为 50kHz，采用放置式线圈扫查铝合金试块上深度为 0.5mm 的线切割槽形缺陷；

2）调整仪器相位旋钮（或按键），使 0.5mm 人工缺陷响应信号的相位角为零。

3）调整仪器增益旋钮（或按键）使幅度为显示屏幕水平方向满幅度的 40%。

4）记录该频率条件下涡流仪的相位和增益参数。

5）分别设定检测频率为 100kHz、200kHz、300kHz、400kHz、500kHz，重复步骤 2）～4）调节和记录。

6）将不同检测频率下记录的仪器相位和增益填入表 8-1。

第8章 涡流检测实验

表 8-1 不同检测频率条件下人工槽形缺陷响应信号的相位与增益

检测频率	50kHz	100kHz	200kHz	300kHz	400kHz	500kHz
相位						
增益						

7）分别绘制"相位-检测频率"、"增益-检测频率"关系曲线。

（2）不同频率条件下，相位调节对响应信号幅度和相位影响规律

1）设定检测频率为 100kHz，信号的"水平/垂直"参数为 2。采用放置式线圈扫查铝合金试块上深度为 0.5mm 的线切割槽形缺陷；

2）调整仪器相位、旋钮（或按键），使 0.5mm 人工缺陷响应信号的相位角为零；

3）调整仪器增益旋钮（或按键）幅度为显示屏幕水平方向满幅度的 40%。

4）记录该频率条件下涡流仪相位参数 P_0，以及响应信号的相位角 θ_0（等于 0°）和幅值 B_0（等于 40%）。

5）调整仪器的相位旋钮（或按键），使相位参数 $P_1=P_0+30°$，重新扫查 0.5mm 深的人工缺陷，记录涡流仪的相位参数 P_1，以及人工缺陷响应信号的相位角 θ_1，和幅值 B_1。

6）重复进行步骤 5）5 次，并将试验数据填入表 8-2。

表 8-2 随相位调节缺陷响应信号相位角变化的记录表

检测频率	P_i-P_0 $i=0, 1, \cdots$	θ_i $i=0, 1, \cdots$	B_i $i=0, 1, \cdots$	P_i-P_0 $i=0, 1, \cdots$	θ_i $i=0, 1, \cdots$	B_i $i=0, 1, \cdots$
100kHz	0°	0	40%	120°		
	30°			150°		
	60°			180°		
	90°					
300kHz	0°			120°		
	30°			150°		
	60°			180°		
	90°					
500kHz	0°			120°		
	30°			150°		
	60°			180°		
	90°					

7）分别在设定频率为 300kHz，500kHz 条件，重复进行步骤 2）～6）。

实验五 涡流仪器增益线性评价实验

1. 实验目的

1）掌握涡流仪增益线性的测试方法；

2）了解涡流仪性能评价内容与测试方法。

2. 实验仪器和器材

1）阻抗平面式涡流检测仪（增益可量化调节，且最小调节量不大于 2dB），1 台。

175

2）放置式线圈、外通过式线圈或内穿过式线圈，1个。

3）带刻槽的铝合金试块或带人工通孔的钢管1块或1根。

3．实验方法、步骤和记录

1）选定工作频率为200kHz。

2）用放置式线圈扫过铝合金试块上深0.5mm的人工槽形缺陷或内穿过式、外通过式线圈扫查钢管上ϕ=1mm通孔形缺陷，调整相位旋钮（或按键），使响应信号相位角为90°。

3）调节响应信号起始点位置在显示屏底线上，即平衡位置处于显示屏中间最下面的刻度线上。

4）调整增益旋钮（或按键），使响应信号幅度达到100%满刻度屏。

5）以4dB的变化量调节增益旋钮（或按键），每次调节后重新扫查0.5mm人工槽形缺陷或ϕ1mm通孔，并记下人工缺陷响应信号的高度占满屏高度的百分比值。

6）每档测试三次，取平均值，一直继续到缺陷响应信号幅度降到满屏幅度的10%左右为止。

7）将测试结果及理论值计算结果列入表8-3，测试值与理论值之差为偏差值。

表8-3 随增益调节缺陷响应信号幅度变化的记录表

衰减量/dB		0	4	8	12	16	20
理论值	%	100.0	63.1	39.8	25.1	15.8	10.0
实测平均值							
偏差值							

8.2 涡流探伤实验

实验六 铝合金管材探伤实验

1．实验目的

通过铝合金管材的探伤实验，掌握采用外通过式线圈检测非铁磁性金属管材的操作技能。

2．实验仪器和器材

1）电表（指针）式或阻抗平面式涡流检测仪，1台；

2）外通过式检测线圈，1个；

3）铝合金样管按照GB/T 5126—2001《铝及铝合金冷拉薄壁管材涡流探伤方法》关于对比试样的要求制作A级、B级样管，各1根。

3．实验方法、步骤及记录

1）在10～100kHz范围选择合适的激励频率，调整涡流探伤仪的检测灵敏度；

2）调节仪器相位旋钮（或按键），使A级样管上da直径孔获得最佳信噪比，对于阻抗平面式仪器，使因管材晃动引起的干扰信号的相位角为零度；

3）调节仪器灵敏度旋钮（或按键）和报警门限高度（或区域），使 A 级样管上直径为 db 的 3 个通孔全部报警，而 3 个 da 通孔均不报警；

4）保持管材相对检测线圈的运动速度稳定，速度大小控制在 20～40m/min 范围内；

5）以 B 级样管作为被检测管材，以相同的传送速度进行检测，记录 B 级样管上直径为 da 的 3 个人工孔和直径为 db 的 3 个人工孔响应信号的幅值和（或相位）。

实验七　带铁磁性支撑板的铜合金管探伤实验

1. 实验目的

通过对带铁磁性支撑板的铜合金管的探伤实验，掌握采用内穿过式线圈检测热交换器管道的多频涡流探伤的操作技能。

2. 实验仪器和器材

1）多频涡流检测仪，1 台；

2）内穿过式检测线圈，1 个；

3）铜合金样管，1 根；

4）铁磁性钢环，1 个；

3. 试验方法、步骤及记录

1）根据样管材料及壁厚选定两个工作通道的检测频率为 f_1、f_2，且 $f_1=2f_2$ 或 $f_1=4f_2$；

2）调整仪器通道相位旋钮（或按键），使铜合金样管中通孔缺陷相位角为 40°，外表面 80%、60%、40% 及 20% 壁厚槽形缺陷响应信号的相位角分别约为 80°、110°、135°、310°。

3）调整仪器通道 1 增益旋钮（或按键），使通孔缺陷响应信号幅度为满屏刻度的 70%～80%。

4）将铁环套上铜合金样管无人工缺陷的位置上，拉动探头使之产生响应信号。

5）调整仪器通道 2 相位旋钮（或按键），使铁环在通道 2 上响应信号的相位角为 310° 左右。

6）调整仪器通道 2 增益旋钮（或按键），使铁环在通道 2 上响应信号的幅度与通道 1 中通孔缺陷响应信号的幅度相等。

7）将铁环套在铜合金样管通孔缺陷的位置上，观察并记录混频通道上的响应信号。

实验八　典型零件探伤实验

1. 实验目的

通过选择一个铁磁性或非铁磁性零件进行探伤，掌握采用放置式线圈检测典型非规则形状零件的涡流探伤操作技能。

2. 实验仪器和器材

1）电表（指针）式或阻抗平面式涡流检测仪，1 台；

2）放置式检测线圈，1 个；

3）刻有 0.2mm、0.5mm、1.0mm 深人工槽形缺陷的对比试块（材料电磁特性与被检测零件相同或相近），1 个。

3. 实验方法、步骤和记录

（1）阻抗平面式涡流仪的操作

1）对于铁磁性零件，工作频率选为 100kHz；对于非铁磁性零件，工作频率为 200kHz；

2）在对比试块上依次扫查 0.2mm、0.5mm 和 1.0mm 深的人工缺陷；

3）调整仪器相位旋钮（或按键），使探头提离响应信号的相位角为零；

4）调整仪器增益旋钮（或按键），使 0.5mm 深槽形缺陷响应信号的幅度为满屏刻度的 20%～30%；

5）扫查对比试块上 0.2mm、0.5mm 和 1.0mm 深的人工槽缺陷，记录各伤响应信号的幅度和相位角；

6）扫查零件，确定缺陷的数量、位置、大小、方向及深度，并进行记录。

（2）电表指针式涡流仪的操作

1）根据被探伤零件的电磁特性和形状选择适用的探头和仪器工作状态；

2）调整仪器提离旋钮，使探头置于对比试样表面上和远离对比试样表面时，仪器显示（或指针摆动位置）相同；

3）在对比试块上依次扫查 0.2mm、0.5mm 和 1.0mm 深的人工形缺陷，使 1.0mm 深槽形缺陷的响应信号（或指针摆动）幅度为仪器满屏的 80%左右。

4）扫查零件，确定缺陷的数量、位置、大小、方向及深度，并进行记录。

8.3 电导率测试实验

实验九 铝合金棒材电导率测试实验

1. 实验目的

熟悉电导仪的校准与使用，掌握铝合金棒材电导率涡流测试技术。

2. 实验仪器和器材

1）涡流电导仪，1 台；

2）铝合金电导率标准试块，1 套；

3）不同直径铝合金棒材，若干根。

3. 实验方法、步骤及记录

1）仪器在未校准前，对不同铝合金棒材的电导率进行初测；

2）根据初测结果，选择两块电导率值合适的标准试块校准仪器（如果不同棒材的电导率差值较大，应针对不同棒材应分别选择不同的电导率标准试块校准仪器）；

3）在曲面上选择不同部位测量棒材电导率值，并对测量值加以修正；

4）记录校准仪器用电导率标块的编号、电导率值；铝合金棒材电导率测试的视在值、修正系数及经修正的电导率值。

实验十 铝合金板材电导率测试实验

1. 实验目的

熟悉电导仪的校准与使用，掌握铝合金板材电导率的涡流测试技术。

2. 实验仪器和器材

1) 涡流电导仪, 1 台;

2) 铝合金电导率标准试块, 1 套;

3) 不同厚度裸铝板材, 若干张 (厚度 $\delta \geqslant 1.5\mathrm{mm}$ 的板材不少于 1 张; $0.5\mathrm{mm} \leqslant \delta \leqslant 1.0\mathrm{mm}$ 板材不少于 3 张, 且牌号及处理状态完全相同)。

3. 实验方法、步骤及记录

(1) $\delta \geqslant 1.5\mathrm{mm}$ 铝合金板材电导率测量

1) 仪器在未校准前初测板材电导率值;

2) 根据电导率初测结果选择两块电导率值合适的标准试块校准仪器;

3) 在板材的边角处和中心部位进行电导率测量;

4) 记录校准仪器用电导率标准试块编号, 电导率值及板材电导率测量值的平均值、最大值、最小值。

(2) $0.5\mathrm{mm} \leqslant \delta \leqslant 1.0\mathrm{mm}$ 裸铝板材电导率测量

1) 选择 3 张板材, 分别标记为 A、B、C;

2) 分别按以下 3 种顺序将 A、B、C 三块板叠加在一起, 并进行电导率初测;

3) 根据电导率初测结果, 选择两块电导率值合适的标准试块校准涡流电导仪。

表 8-4 铝合金裸铝薄板电导率测量的叠加方式

叠加位置	叠加方式		
	①	②	③
最上层	A	B	C
中间层	B	C	A
最下层	C	A	B

4) 分别记录按方式①、②、③叠加条件下电导率的 5 次测量值 (4 个边角位置和 1 个中心位置), 并将 3 组测量值的平均值记为 $\sigma_①$、$\sigma_②$、$\sigma_③$。

5) 分别单独测量 A、B、C 板材 (非叠加状态下) 的电导率 (必要时, 更换合适的电导率标块重新进行仪器校准)。

6) 分别记录非叠加条件下 A、B、C 板材电导率的 5 次测量值, 并将 3 组测量值的平均值记为 σ_A、σ_B、σ_C;

7) 计算 $\Delta = \dfrac{\sigma_① + \sigma_② + \sigma_③}{3} - \dfrac{\sigma_A + \sigma_B + \sigma_C}{3}$, 并将该值记作薄板电导率测试修正系数。

8.4 覆盖层厚度测量实验

实验十一 钢板表面镀铬层厚度的测量实验

1. 实验目的

通过对钢板表面镀铬层厚度进行测量, 掌握铁磁性基体上非磁性覆盖层厚度的电磁测量方法。

2. 实验仪器和器材

1）电磁测厚仪，1台；
2）检测线圈，1个；
3）标准厚度膜片，1套；
4）带镀铬层的钢板试块，若干；
5）不带镀铬层的钢板试样，1块。

3. 实验方法、步骤及记录

1）选择合适的标准厚度膜片覆盖在不带镀铬层的钢板试样上校准仪器；
2）在带有镀铬层的试样上进行覆盖层厚度测量；
3）记录测量数据。

实验十二　铝合金表面漆层厚度的测量实验

1. 实验目的

通过铝合金表面漆层厚度的测量实验，掌握非铁磁性基体表面非导电覆盖层厚度的涡流测量方法。

2. 实验仪器和器材

1）涡流测厚仪，1台；
2）检测线圈，1个；
3）标准厚度膜片，1套；
4）带漆层的铝合金试样，若干；
5）不带漆层的铝合金试样，1个；

3. 实验方法、步骤和记录

1）选择合适的标准厚度膜片覆盖在不带漆层的铝合金试样上校准仪器；
2）在带有漆层的试样上进行覆盖层厚度测量；
3）记录测量数据。

实验十三　叶片热障涂层测量实验

1）叶片基体材料磁特性的确定：叶片材料为高温镍基合金，由于金属镍具有磁性，因此在选择测厚方法前，应先确定镍基合金叶片的磁特性。分别将磁性测厚探头和涡流测厚探头放在叶片榫槽部位的平面上，根据仪器的响应情况进行判定。

2）选择适用的方法（仪器、探头）。

3）分别选择合适厚度的标准片在不带涂层叶片的不同形状区域上（平面部位、凸面部位及凹面部位）校准仪器，分别测量带热障涂层叶片对应部位的覆盖层厚度。

4）选择合适厚度的标准片在叶片榫槽部位的平面上校准仪器；分别测量带热障涂层叶片平面部位、凹面部位和凹面部位覆盖层的厚度；

5）记录测量数据。

6）比较上述两种校准方式测试数据的差异。

8.5 金属薄板厚度测量实验

实验十四　铝合金薄板涡流测厚实验

1. 实验目的

通过铝合金薄板涡流测厚实验，掌握金属薄板涡流测厚技术。

2. 实验仪器和器材

1）涡流电导仪，1 台；
2）电导率标准试块，1 套；
3）测电导率用探头，1 个；
4）涡流探伤仪，1 台；
5）涡流检测用放置式线圈，1 个；
6）铝合金阶梯试块 A（阶梯厚度为 0.5mm、0.7mm、0.9mm、1.1mm、1.5mm、2.0mm），1 块；
7）铝合金阶梯试块 B（阶梯厚度为 0.6mm、0.9mm、1.0mm、1.3mm、1.7mm），1 块。

3. 实验方法、步骤及记录

（1）使用涡流电导仪进行测量

1）根据铝合金阶梯试块上最大厚度部位的电导率的初测值选择合适的电导率标准试块校准涡流电导仪；
2）在试块 A 各阶梯中心部位测量并记录电导率值；
3）以电导率为横坐标，以试块阶梯厚度为纵坐标，绘制"厚度-电导率"关系曲线；
4）在试块 B 各阶梯中心部位测量并记录电导率值；
5）根据由试块 A 阶梯厚度和电导率测量结果绘制的"厚度-电导率"关系曲线，确定试块 B 各阶梯部位电导率值对应的阶梯厚度。

（2）使用涡流探伤仪进行测量

1）选择 10~50kHz 的检测频率及与该频率相匹配的放置式检测线圈；
2）将检测线圈放置于阶梯试块的最大厚度部位，并获得响应信号；
3）调整涡流仪的相位旋钮（或按键），使该响应信号的相位角为零。
4）调整涡流仪的增益旋钮（或按键），使该响应信号的幅度为满屏刻度的 50%。
5）依次将检测线圈放置于试块 A 各阶梯中心位置上，并记录各响应信号的相位幅度；
6）以响应信号的相位和幅度为横坐标，以试块阶梯厚度纵坐标，绘制"厚度-相位/幅度"关系曲线；
7）在试块 B 各阶梯中心部位测量并记录响应信号的相位角和幅度。
8）根据由试块 A 阶梯厚度和涡流探伤仪响应信号的相位角和幅度分别绘制的"厚度-响应信号相位"、"厚度-响应信号幅度"关系曲线，并据此确定试块 B 各阶梯部位响应信号的相位和幅度对应的阶梯厚度。

复 习 题

1．选定相同的检测频率条件下，对于铝合金和奥氏体不锈钢试块表面上相同深度槽形缺陷，涡流响应信号的幅度与相位有何不同？

2．不同的试验频率对边缘效应是否有影响？

3．试验三中不同电导率值试块上，哪一个试块上的提离效应最为明显？试从放置式线圈的归一化阻抗图加以说明。

4．随检测频率改变，涡流响应信号的相位和幅值如何变化？

5．对于某一人工槽形缺陷，当仪器相位调节参数为 60°，其涡流响应信号的相位是否一定为 60°？当通过仪器相位调节旋钮（或按键）使槽形缺陷响应信号的相位角改变 100°，则相位旋钮（或按键）的调节量是否一定为 100°？

6．实验七中为何将铜合金样管上通孔缺陷和铁环相应信号的相位角分别在 1、2 工作通道上设定为 40°和 310°？在不改变其他条件的情况下，如果将这两个信号的相位角分别设为 0°和 180°，是否达到消除支撑板干扰信号的效果？

7．铝合金棒材的电导率是否可以从棒材端面上直接测得？如何对测量视在值加以修正？

8．不同牌号、热处理状态的薄规格裸铝板材是否可采用叠加方式测量其电导率？

9．电磁、涡流测厚实验中应注意哪些事项？

10．铝合金薄板的涡流测厚实验为什么要选用涡流电导仪进行？如果选用涡流探伤仪或涡流测厚仪有何不足之处？

参考文献

1. 李家伟，陈积懋主编．无损检测手册．北京：机械工业出版社，2002
2. 中国机械工程学会无损检测学会编．涡流检测．北京：机械工业出版社，1986
3. 任吉林，林俊明，高春法编著．电磁检测．北京：机械工业出版社，2000
4. 钟文定著．铁磁学：中册．北京：科学出版社，2000
5. 邱关源主编．电路：上册．北京：高等教育出版社，1997
6. 冯慈璋，马西奎主编．工程电磁场导论．北京：高等教育出版社，2000
7. Jim Cox．Classroom Training Handbook Nondestructive Testing Eddy Current．Harrisburg：PH Diversified, Inc．1997
8. 赵全仁，崔壬午主编．标准化词典．北京：中国标准出版社，1990
9. 徐可北，任吉林．电磁涡流无损检测国家标准概述．无损检测，1993，15（12）：350～351
10. 徐可北，陈小泉．国外电磁涡流检测的应用发展．见：中国机械工程学会无损检测学会第五届年会论文集．1991，264～273
11. 杨宝初．铁磁管的远场涡流检测．无损检测．1996，18（1）：6～8
12. 李家伟．ASTM与无损检测．无损检测，1996，18（3）：73～75
13. 杨宝初．我国核蒸汽发生器传热管在役检测现状．无损检测，2000，22（5）：215～216
14. 姚广仁．磁性金属基体上非磁性涂层厚度的无损检测方法．无损检测，2000，22（5）：217～218
15. 杨宝初．蒸发器多频涡流检查．无损检测，1987，9（4）：97～101
16. Department of Defense．United States of America：MIL-HDBK-728/2 Eddy Current Testing，1985
17. Department of Defense．United States of America：MIL-STD-2032（SH）Eddy Current Inspection of Heat Exchanger Tubing on Ships of the United States Navy，1990
18. （美）美国金属学会主编．金属手册：第十一卷无损检测与质量控制．第 8 版．王庆绥等译．北京：机械工业出版社，1988
19. ASNT. Level III Study Guide Eddy Current Method. The American Society for Nondestructive Testing, Inc. Harrisburg：PH Diversified, Inc．1983
20. 《中国航空材料手册》编辑委员会编．中国航空材料手册：第 3 卷铝合金，镁合金．第 2 版．北京：中国标准出版社，2002